Web 前端开发
技术与应用

- 主 编　朱元忠　郭　蕊　赵元苏　朱贺新
- 副主编　王　巍　刘业辉　方水平　王英卓

中国教育出版传媒集团

高等教育出版社·北京

内容提要

本书为 Web 全栈开发校企"双元"合作系列教材之一,以"岗课赛证"融通的模式编写,遵循高等职业教育 Web 前端开发基础课程的教学需求,融入 Web 全栈开发职业技能等级证书培训认证内容,对接金砖国家职业技能大赛中"Web 技术"赛项,以职业岗位技能需求、课程教学标准、职业技能等级证书及职业技能大赛为基础构建教学内容,涉及 HTML、CSS、JavaScript、jQuery、Ajax 和微信小程序五大知识体系。

本书配有微课视频、教学设计、授课用 PPT、案例素材、习题答案等数字化学习资源。与本书配套的数字课程"Web 前端开发技术与应用"在"智慧职教"平台(www.icve.com.cn)上线,学习者可登录平台进行在线学习,授课教师可调用本课程构建符合自身教学特色的 SPOC 课程,详见"智慧职教"服务指南。教师可发邮件至编辑邮箱 1548103297@ qq.com 获取相关资源。

本书可作为高等职业教育计算机类 Web 前端开发类课程教材,也可供 Web 前端开发、网站开发、网页编程等工作人员的自学参考使用。

图书在版编目(C I P)数据

Web 前端开发技术与应用/朱元忠等主编. --北京:
高等教育出版社,2024.10

ISBN 978-7-04-062012-2

Ⅰ.①W… Ⅱ.①朱… Ⅲ.①网页制作工具-高等职业教育-教材 Ⅳ.①TP393.092.2

中国国家版本馆 CIP 数据核字(2024)第 059253 号

Web Qianduan Kaifa Jishu yu Yingyong

| 策划编辑 | 白 颢 | 责任编辑 | 刘子峰 白 颢 | 封面设计 | 张雨微 | 版式设计 | 杨 树 |
| 责任绘图 | 李沛蓉 | 责任校对 | 高 歌 | 责任印制 | 赵 佳 | | |

出版发行	高等教育出版社	网 址	http://www.hep.edu.cn
社 址	北京市西城区德外大街 4 号		http://www.hep.com.cn
邮政编码	100120	网上订购	http://www.hepmall.com.cn
印 刷	天津市银博印刷集团有限公司		http://www.hepmall.com
开 本	787mm×1092mm 1/16		http://www.hepmall.cn
印 张	21.25		
字 数	460 千字	版 次	2024 年 10 月第 1 版
购书热线	010-58581118	印 次	2024 年 10 月第 1 次印刷
咨询电话	400-810-0598	定 价	59.00 元

本书如有缺页、倒页、脱页等质量问题,请到所购图书销售部门联系调换
版权所有 侵权必究
物 料 号 62012-00

"智慧职教" 服务指南

　　"智慧职教"（www.icve.com.cn）是由高等教育出版社建设和运营的职业教育数字教学资源共建共享平台和在线课程教学服务平台，与教材配套课程相关的部分包括资源库平台、职教云平台和 App 等。用户通过平台注册，登录即可使用该平台。

　　● 资源库平台：为学习者提供本教材配套课程及资源的浏览服务。

　　登录"智慧职教"平台，在首页搜索框中搜索"Web 前端开发技术与应用"，找到对应作者主持的课程，加入课程参加学习，即可浏览课程资源。

　　● 职教云平台：帮助任课教师对本教材配套课程进行引用、修改，再发布为个性化课程（SPOC）。

　　1. 登录职教云平台，在首页单击"新增课程"按钮，根据提示设置要构建的个性化课程的基本信息。

　　2. 进入课程编辑页面设置教学班级后，在"教学管理"的"教学设计"中"导入"教材配套课程，可根据教学需要进行修改，再发布为个性化课程。

　　● App：帮助任课教师和学生基于新构建的个性化课程开展线上线下混合式、智能化教与学。

　　1. 在应用市场搜索"智慧职教 icve" App，下载安装。

　　2. 登录 App，任课教师指导学生加入个性化课程，并利用 App 提供的各类功能，开展课前、课中、课后的教学互动，构建智慧课堂。

　　"智慧职教"使用帮助及常见问题解答请访问 help.icve.com.cn。

前　言

随着"互联网+"的发展，IT 行业人才需求量逐年增加，在快速发展的前端技术中，Web 全栈开发岗位的需求不断递增。经过大量的行业市场调研与数据分析，本书以 Web 全栈开发工程师岗位的职业素养和技术技能为重点培养目标，以项目导向、任务驱动的模式组织教材内容。本书以 Web 全栈开发职业标准为依据，以综合职业能力培养为目标，以典型的网站设计为载体，以学生为中心，以能力培养为本位，将理论与实践有机结合；以"微信朋友圈"的开发流程为主线，通过 3 个项目全面讲解，包括微信朋友圈静态网站的实现，微信朋友圈组件化功能设计以及微信朋友圈移动端设计。

项目 1 朋友圈网页的设计。结合 HTML、CSS、JavaScript 的基础知识及应用。将知识和技能融入 3 个任务，参考典型前端开发的典型流程，完成新闻详情页的设计、新闻详情页的优化设计和视频页面特效与交互设计。

项目 2 微信朋友圈的组件化设计。从组件化设计的思路出发，主要融合面向对象的 JavaScript 程序设计、jQuery 的基本操作、jQuery 特效动画和 Ajax 原理与操作等知识，分别从新闻列表页的组件化设计、某学校网站的设计实现和天气网页的设计实现 3 个任务进行技能的提升。

项目 3 微信朋友圈移动端的设计。从微信小程序的创建与发布，调查问卷微信小程序的设计和微信小程序项目"朋友圈"的设计等任务提升综合应用网页开发和小程序知识能力。

为推进党的二十大精神进教材、进课堂、进头脑，本书在 Web 网页制作的案例中有机融入了白鹤滩水电站、中国高铁、北盘江大桥、眉山湖大坝、港珠澳大桥、特高压变电站、塞罕坝、风力发电等高精尖科技介绍和图片，在传授技能的同时介绍我国科技的发展，激发学生对科学技术的兴趣，提升科学素养；在小程序制作的案例中融入中国壮美山川湖海照片展示，坚定文化自信自强。

本书配有微课视频、教学设计、授课用 PPT、案例素材、习题答案等数字化学习资源，满足各类授课需求及学习场景。与本书配套的数字课程在"智慧职教"平台

（www.icve.com.cn）上线，学习者可登录平台在线学习，授课教师可调用本课程构建符合自身教学特色的 SPOC 课程，详见"智慧职教"服务指南。

　　本书由北京工业职业技术学院联合腾讯科技（深圳）有限公司"校企"双元编写。参与本书编写工作的有朱元忠、郭蕊、赵元苏、朱贺新、王巍、刘业辉、方水平、王英卓等。朱元忠、郭蕊、赵元苏、朱贺新为本书做了整体策划和内容统筹。在此向给予我们帮助和指导的老师表达最诚挚的感谢。

　　由于编者的水平有限，书中如有不妥之处，请批评指正。

编　　者

2024 年 9 月

目　录

项目1　朋友圈网页的设计

学习目标

知识目标

- 了解 HTML 常用标签和属性；
- 理解 HTML5 语义化标签；
- 理解 HTML5 与 HTML 的区别；
- 理解 CSS 对于网页的意义；
- 掌握 CSS 常用语法；
- 理解盒子模型；
- 掌握常见布局方法；
- 理解 CSS 与 CSS3 区别；
- 理解 JavaScript 对于网页的意义；
- 掌握 JavaScript 基本语法；
- 了解雪碧图与标注设计图的使用方法；
- 了解 Photoshop 切图的方法。

技能目标

- 具备使用 HTML 制作完成页面结构搭建的能力；
- 能够结合 HTML 标签搭建网页，提高网页的可读性；
- 能够使用 CSS 选择器，快速实现样式设置；
- 灵活运用 CSS 实现网页布局；
- 能够结合 HTML 标签与 CSS 属性，将效果图实现为静态页面；
- 能够通过 CSS 绘制特殊图形；

- 能够结合 HTML5、CSS3、JavaScript，为网页添加交互行为，编写网页特效。

素养目标

- 培养分析问题、解决问题的能力；
- 培养良好的沟通交流能力、责任心和团队合作精神；
- 养成认真的学习态度和严谨的作风；
- 培养良好的心理素质和职业道德素质；
- 培养创意思维和创新意识。

项目描述

项目背景及需求

微信（WeChat）是腾讯公司于 2011 年推出的一个为智能终端提供即时通信服务的免费应用程序，微信朋友圈是微信在 2012 年新增的一项社交功能，在朋友圈可以发表文字、分享链接、图片和小视频等，可以对好友发布的内容进行评论和点赞操作。朋友圈中，自己发表的评论可以随时删除，点赞后再点击一次可以取消。

为了实现微信朋友圈的静态页面效果，可以通过 HTML5+CSS3 技术来实现，朋友圈页面采用 DIV+CSS 的布局方式，给页面添加文字和图片，并通过 CSS 给文字和图片添加样式并美化显示效果。

项目构成

本项目根据需求添加 HTML 标签，完成微信朋友圈页面文字、图片等标签的添加，根据页面需求进行页面布局，并给标签添加 CSS 样式，项目构成如图 1-1 所示。

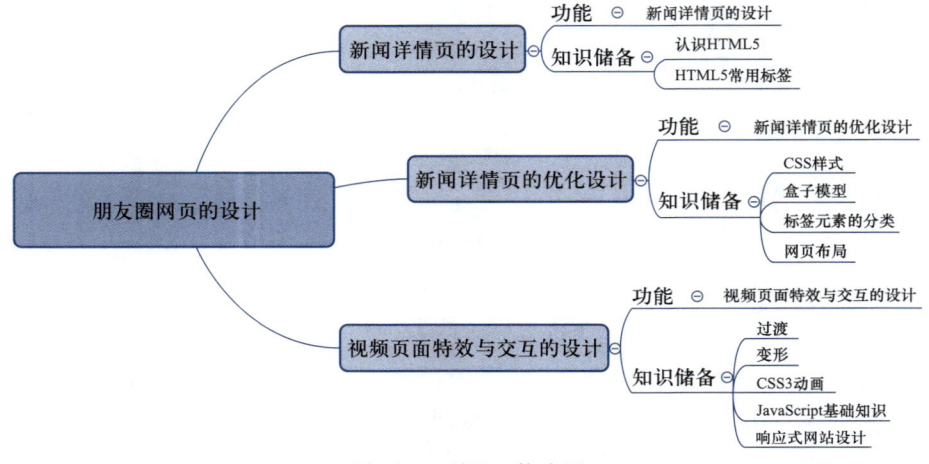

图 1-1　项目 1 构成图

任务 1-1　腾讯新闻详情页的设计

任务 1-1

任务描述

本任务要完成一个手机端新闻详情页面的设计，效果如图 1-2 所示。

问题引导

通过 HTML 代码实现页面中的文字和图像的显示，请思考以下问题。

- 什么是 HTML？
- 什么是标签？
- 标题效果如何实现？
- 图片显示效果如何实现？
- 如何控制标签实现页面布局？
- 怎么使用 HTML 标签实现图文混排？

知识准备

图 1-2　手机端新闻详情页面设计

1. 认识 HTML5

超文本标记语言（HyperText Markup Language，HTML）是一种用于创建网页的标准标记语言。使用 HTML 可以建立 Web 站点。HTML 运行在浏览器上，由浏览器来解析。

HTML5 发布于 2008 年。除了个别浏览器的兼容问题，现在主流浏览器都支持 HTML5。HTML5 在移动设备上有更好的适应性，是 Web 前端的主流技术。

2. HTML5 常用标签

1）HTML5 文档

新建一个 HTML5 文件时，会自动生成一个基本页面，代码如下。

```
<!DOCTYPE html>
<html>
    <head>
        <meta charset="UTF-8">
```

```
        <title></title>
    </head>
    <body>
    </body>
</html>
```

下面对该文档里面的标签进行说明。

（1）单标签和双标签

在 HTML5 代码中，带有 "<>" 符号的元素被称为 HTML 标记，也称为 HTML 标签或 HTML 元素。HTML 的标签分为单标签、双标签和注释标签。单标签是用一个标记符号 "</>" 描述某个功能，单标签的语法格式如下。

```
<标签名 />
```

常用的单标签有
、<hr/>、<img/>、<input/>、<param/>、<meta/>、<link/>等。

双标签是指由开始和结束两个标记符组成的标签：<>表示标签开始；</>表示标签结束。双标签的语法格式如下。

```
<标签名>内容</标签名>
```

常用的双标签有<html>、<head>、<title>、<body>、<table>、<tr>、<td>、<span>、<p>、<form>、<h1>、<h2>、<h3>、<h4>、<h5>、<h6>、<object>、<style>、<b>、<u>、<strong>、<i>、<div>、<a>、<script>等。

注释标签<!--...-->用来在源文档中插入注释。注释不会在浏览器中显示。基本语法格式如下。

```
<!--注释语句 -->
```

（2）文档格式

在 HTML5 文档中，<html>、<head>、<body>都是 HTML 标签，示例网页代码如下。

```
<!--DOCTYPE :向浏览器说明用什么规范    -->
<!DOCTYPE html>
<html lang="en">
    <!--head 标签代表网页头部-->
    <head>
        <!--meta 描述性标签,用来描述网页的一些信息-->
        <meta charset="UTF-8">
        <meta name="keywords" content="第一个网页">
        <meta name="description" content="开始学习网页设计">
        <!--title 网页标题-->
        <title>我的第一个网页</title>
    </head>
    <!--body 标签代表网页主体 -->
    <body>
        hello,world!
    </body>
</html>
```

　　<!DOCTYPE>标签必须在 HTML 文档的第一行，位于<html>标签之前，向浏览器说明当前文档使用的是哪个 HTML 标准规范，是文档类型的声明。

　　<html>标签在<!DOCTYPE>标签之后，用于告知浏览器这是一个 HTML 文档。HTML 元素是 HTML 文档中最外层的元素，HTML 元素也被称为根元素。<html>表示 HTML 文档开始，</html>表示文档的结束，中间包含文档的头部和主题内容。

　　<head>标签在<html>标签之后，定义 HTML 文档的头部信息，也被称为头部标签。<head>标签主要用来封装其他位于文档头部的标签，例如<title>、<meta>、<link>和<style>等。<title>标签用于定义 HTML 页面的标题。一个 HTML 文档只能含有一对<title></title>标签。<title></title>间的内容将显示在浏览器窗口的标题栏中。<meta>标签用于定义页面的元信息，例如针对搜索引擎和更新频度的描述和关键词，可重复出现在<head>头部标签中。<link>标签用于指明与当前文档有关联的外部资源，大多用于链接到外部样式表。一个页面允许使用多个<link>标签引用多个外部文件。<style>标签用于为 HTML 文档定义样式信息。

　　<body>标签定义 HTML 文档所要显示的内容，也被称为主体标签。浏览器中显示的所有文本、图像、音频和视频等信息位于<body>标签内。

　　2）文本标签

　　HTML 提供了文本标签用来控制网页中文字的效果、排版和结构等，常用的文本标签如表 1-1 所示。

<center>表 1-1　常用文本标签</center>

标　签	作　用
 	换一行
<b></b>	定义文本粗体
<i></i>	定义斜体字
<u></u>	定义下画线文本
<s></s>	定义加删除线的文本
<h1></h1>、<h2></h2>、…、<h6></h6>	定义各级标题
<font　color="" size=""　face=""></font>	定义文字的字体、颜色、大小
<span></span>	定义块
<div></div>	定义文档中的节
<p></p>	定义文档中的段落
<ul><li></li></ul>	定义列表

　　（1）标题标签

　　HTML 提供了 6 个等级的标题，即<h1>~<h6>，对应 6 个级别的标题。<h1>代表最大的标题，<h6>代表最小的标题，标题标签的用法示例代码如下。

```
<!DOCTYPE html>
<html>
```

```
<head>
    <meta charset="UTF-8">
    <title>标题</title>
</head>
<body>
    <h1>一级标题</h1>
    <h2>二级标题</h2>
    <h3>三级标题</h3>
    <h4>四级标题</h4>
    <h5>五级标题</h5>
    <h6>六级标题</h6>
</body>
</html>
```

运行结果如图 1-3 所示。

（2）段落标签

在网页中如果要把文字进行合理排版，就要使用段落标签。在 HTML 中，可以利用<p>标签来标记段落；用
标签来完成换行的功能；<pre>标签可以让文字按照原始代码的排列方式进行显示；<blockquote>标签用来表示引用文字，会将标签内的文字换行并缩进，该标签包含一个属性 cite，该属性取值为 URL，定义引用的来源；<hr/>标签用来添加分隔线。

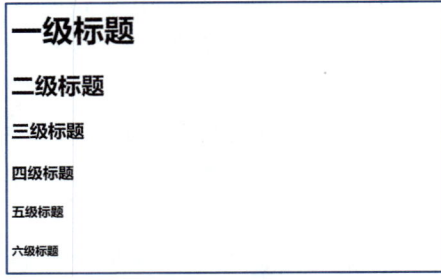

图 1-3　标题标签

（3）特殊字符标签

网页中有一些特殊符号，例如版权符号（©）、商标注册符号（®）、关闭符号（×）等。网页中常用的特殊符号如表 1-2 所示。

表 1-2　特殊字符标签

HTML 代码	显示结果	描述
&lt;	<	小于号或显示标记
&gt;	>	大于号或显示标记
&amp;	&	可用于显示其他特殊字符
&quot;	"	引号
&reg;	®	已注册
&copy;	©	版权
&trade;	™	商标
		半个空白位
		一个空白位

特殊字符标签的用法示例代码如下。

```
<!DOCTYPE html>
<html>
```

```
<head>
    <meta charset="UTF-8" />
    <title>特殊字符</title>
</head>
<body>
    <p>下面演示几个特殊符号的效果</p>
    <p>&plusmn;</p>
    <p>&times;&divide;</p>
    <p>2&sup3;=8</p>
    <p>人民币符号 &yen;100000</p>
    <p>版权所有 &copy;Web 开发</p>
    <p>注册商标:Web 开发 &reg;</p>
</body>
</html>
```

运行结果如图 1-4 所示。

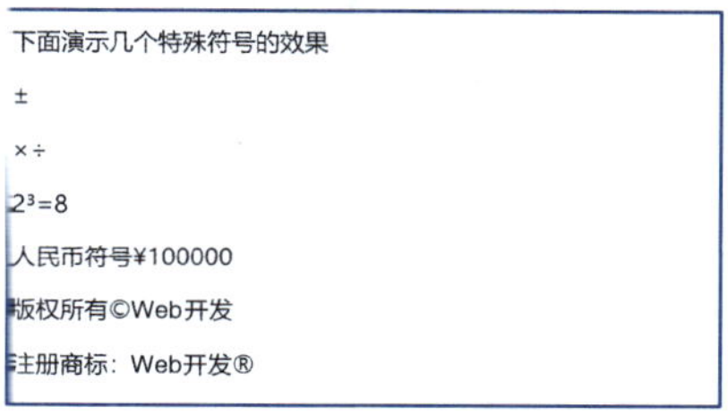

3）图像标签

（1）图像标签的设置

<img>标签用于给网页添加图片，语法如下。

```
<img src = "图像 URL(图像的文件路径和文件名)" />
```

<img>标签属性如表 1-3 所示。

下面演示几个特殊符号的效果

±

×÷

2³=8

人民币符号¥100000

版权所有©Web开发

注册商标：Web开发®

图 1-4　特殊字符标签

表 1-3　<img>标签属性

属　　性	说　　明
src	图像的源文件
alt	提示文字
width	宽度
height	高度
vspace	垂直间距
hspace	水平间距
align	排列
border	边框

注意：在进行图片尺寸修改的时候，只需要修改图片的 width 或者 height 其中一项即可。修改其任意一个，高度和宽度都会等比例缩小或放大。例如定义这样一个图像标签。

```
<img src="logo. gif" alt="这个是 Logo 图标" width="80" height="50">
```

<img>标签使用示例如下。

```
<!DOCTYPE html>
<html>
    <head>
```

```
    <meta charset="UTF-8">
    <title>图片标签</title>
</head>
<body>
    <p>title 属性用于鼠标悬停时,显示的内容</p>
    <img src="ChinaHighSpeedRail.jpg" title="图片" />
    <p>width 属性用于设置图片的宽度,height 属性用于设置图片的高度</p>
    <img src="ChinaHighSpeedRail.jpg" title="图片" width="100" height="40" />
    <p>border 属性用于设置图片的边框</p>
    <img src="ChinaHighSpeedRail.jpg" title="图片" border="10" />
</body>
</html>
```

运行结果如图 1-5 所示。

（2）图像标签的地址

在 Web 网页上插入图片时，需要定义图片的地址，引用地址分为绝对地址和相对地址。图片源文件在磁盘目录或者网页上，相对于磁盘或者网页的位置去定位文件的地址称为绝对地址，相对于引用文件本身去定位被引用的文件地址称为相对地址。在整体文件迁移时，绝对地址会因为磁盘和上级目录的改变而找不到文件。而使用相对路径理论上就避免了这个问题的发生。相对路径的常用符号及作用如表 1-4 所示。

图 1-5　图像标签示例运行结果

"./" 表示当前文件所在目录，例如 "./pic.jpg" 表示当前目录下的 pic.jpg 文件，在使用时可以省略。

"../" 表示当前文件所在目录的上一级目录，例如 "../images/pic.jpg" 表示当前目录的上一级目录下的 images 文件夹中的 pic.jpg 文件。

表 1-4　相对路径常用符号及作用

相对路径符号	作　　用
./	当前目录
/	下一目录
../	上一目录

示例代码如下。

```
<!DOCTYPE html>
<html>
    <head>
        <meta charset="UTF-8">
```

```
    <title>网页插入图片</title>
  </head>
  <body>
    <h1>图片</h1>
    <h2>相对路径</h2>
    <!--网页和 images 在同一目录,./ 表示当前目录,可以省略-->
    <img src="./images/Baihetan.jpg" alt="图片" />
    <img src="images/Baihetan.JPG" alt="加载中" />
    <!--图片没有显示出来 -->
    <img src=Baihetan.JPG" alt="图片" />
  </body>
</html>
```

运行结果如图 1-6 所示。

图 1-6   图像标签的地址

4）超链接标签

（1）超链接的设置

在 HTML 中，可以将文本、图像等对象定义超链接，定义了对象的超链接后，单击可以实现跳转。超链接基本语法格式如下。

```
<a href="目标地址" target="目标窗口的弹出方式">添加超链接的对象</a>
```

其中，<a>标签定义超链接，用于从一个页面跳转到另一个页面。href 属性用于指定链接的目标。在常用的浏览器中，链接的默认外观是：未被访问的链接带有下画线而且是蓝色的；已被访问的链接带有下画线而且是紫色的；活动链接带有下画线而且是红色的。target 属性定义了目标窗口的弹出方式，其取值及含义如表 1-5 所示。

表 1-5   target 属性取值及含义

值	描　　述
_blank	在新窗口中打开被链接文档
_self	默认值，在相同的框架中打开被链接文档
_parent	在父框架集中打开被链接文档
_top	在整个窗口中打开被链接文档，能跳出框架

超链接用法示例代码如下。

```
<!DOCTYPE html>
<html>
    <head>
        <meta charset="UTF-8" />
    </head>
    <body>
        <a href="https://www.hep.com.cn" target="_blank">高等教育出版社</a>
    </body>
</html>
```

运行结果如图1-7所示。

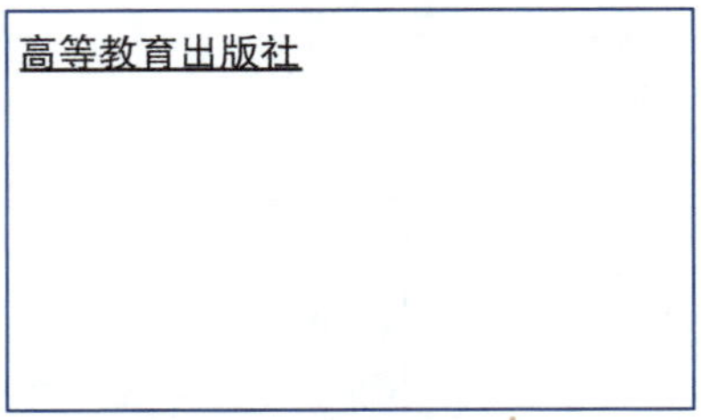

当单击超链接标签之后，就会跳转到链接 www.hep.com.cn，如图1-8所示。

（2）锚点链接

当 Web 页面过长，需要不停地拖动浏览器的滚动条才可以查看内容时，可以创建锚点链接跳到当前页面的某个位置。

创建锚点链接分为以下两步。

第1步：使用"<a href='#id名'>链接文本</a>"创建；

第2步：使用"id名"标注跳转目标的位置。

高等教育出版社

图1-7 超链接的设置

图1-8 超链接跳转

锚点链接用法示例如下。

```
<!DOCTYPE HTML>
<html>
    <head>
        <meta charset='utf-8'>
        <title>锚点链接</title>
    </head>
    <body>
        <h3 id="dingbu">这是顶部</h3>
        <a href="#one">第一章</a><br />
        <a href="#two">第二章</a><br />
        <a href="#three">第三章</a><br />
        <a href="#four">第四章</a><br />
        <h3 id="one">第一章的内容</h3>
        <p>…</p>
        <p>…</p>
        <p>…</p>
        <p>…</p>
        <p>…</p>
        <p>…</p>
        <p>…</p>
        <p>…</p>
        <p>…</p>
        <p>…</p>
        <a href="#dingbu">回到顶部</a>
        <h3 id="two">第二章的内容</h3>
        <p>…</p>
        <p>…</p>
        <p>…</p>
        <p>…</p>
        <p>…</p>
        <p>…</p>
        <p>…</p>
        <p>…</p>
        <p>…</p>
        <a href="#dingbu">回到顶部</a>
        <h3 id="three">第三章的内容</h3>
        <p>…</p>
        <p>…</p>
        <p>…</p>
        <p>…</p>
        <p>…</p>
        <p>…</p>
        <p>…</p>
        <p>…</p>
        <p>…</p>
        <a href="#dingbu">回到顶部</a>
        <h3 id="four">第四章的内容</h3>
        <p>…</p>
```

```
    <p>…</p>
    <p>…</p>
    <p>…</p>
    <p>…</p>
    <p>…</p>
    <p>…</p>
    <p>…</p>
    <p>…</p>
    <a href="#dingbu">回到顶部</a>
  </body>
</html>
```

运行结果如图 1-9 所示。

5）列表标签

在网页中导航、排名等显示相同类型内容的功能大部分采用列表来实现。HTML 语法中列表有 3 种：无序列表、有序列表和自定义列表。

（1）无序列表

无序列表是一列项目，各列表项之间是没有顺序级别之分的，是并列的。在显示时列项目使用粗体圆点（小黑圆圈）进行标记。基本语法如下。

```
<ul>
    <li>列表项 1</li>
    <li>列表项 2</li>
    <li>列表项 3</li>
    ...
</ul>
```

无序列表用法示例如下。

```
<!DOCTYPE HTML>
<html>
    <head>
        <meta charset='UTF-8'>
        <title>无序列表</title>
    </head>
    <body>
        <ul>
            <li>新闻</li>
            <li>读书</li>
            <li>娱乐</li>
        </ul>
    </body>
</html>
```

代码运行结果如图 1-10 所示。

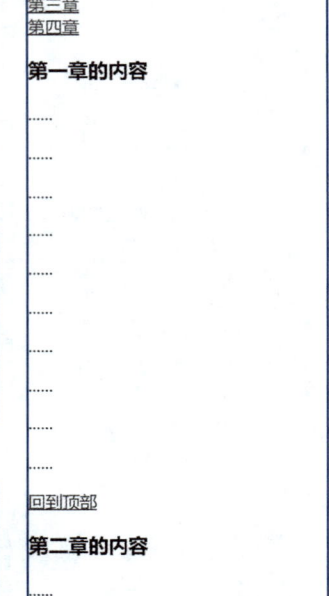

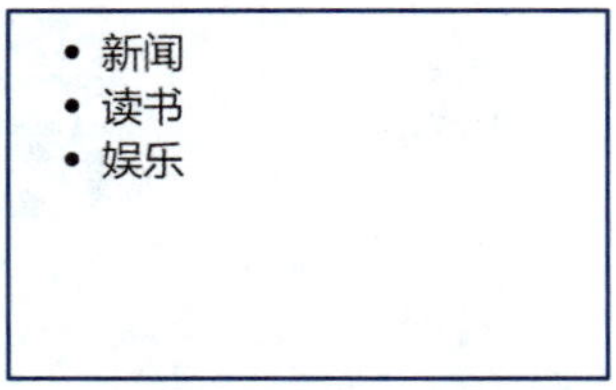

图 1-9 锚点链接

图 1-10 无序列表示例

（2）有序列表

有序列表也是一列项目，显示时列表项目使用数字进行标记。基本语法如下。

```
<ol>
    <li>列表项 1</li>
    <li>列表项 2</li>
    <li>列表项 3</li>
    ...
</ol>
```

有序列表用法示例如下。

```
<!DOCTYPE HTML>
<html>
    <head>
        <meta charset='UTF-8'>
        <title>有序列表</title>
    </head>
    <body>
        <ol>
            <li>新闻</li>
            <li>读书</li>
            <li>娱乐</li>
        </ol>
    </body>
</html>
```

运行结果如图 1-11 所示。

（3）自定义列表

自定义列表不仅是一列项目，而是项目及其注释的组合。基本语法如下。

```
<dl>
<dt>定义标题 1</dt>
<dd>定义描述 1</dd>
<dd>定义描述 2</dd>
    ...
</dl>
```

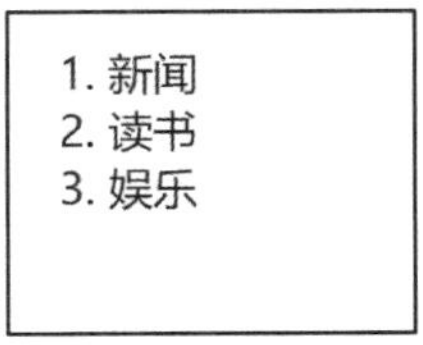

```
1. 新闻
2. 读书
3. 娱乐
```

图 1-11　有序列表示例

其用法示例如下。

```
<!DOCTYPE HTML>
<html>
    <head>
        <meta charset='UTF-8'>
        <title>定义列表</title>
    </head>
    <body>
        <dl>
            <dt>北京市</dt>
            <dd>海淀区</dd>
```

```
            <dd>西城区</dd>
            <dd>朝阳区</dd>
            <dd>石景山区</dd>
            <dd>等</dd>
            <dt>上海市</dt>
            <dd>黄浦区</dd>
            <dd>徐汇区</dd>
            <dd>长宁区</dd>
            <dd>静安区</dd>
            <dd>等</dd>
        </dl>
    </body>
</html>
```

```
北京市
        海淀区
        西城区
        朝阳区
        石景山区
        等
上海市
        黄浦区
        徐汇区
        长宁区
        静安区
        等
```

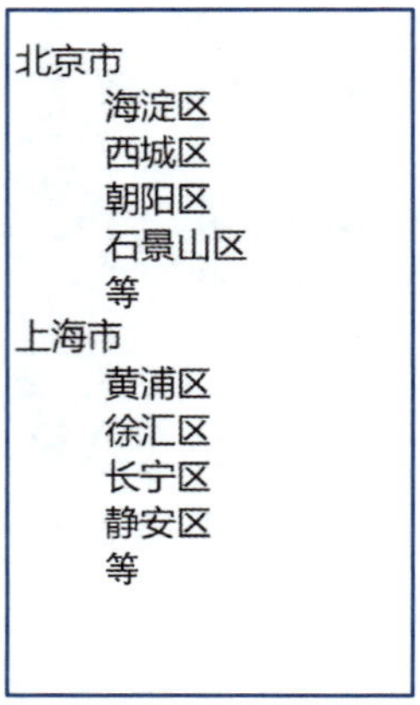

图 1-12   定义列表示例

运行结果如图 1-12 所示。

6）表格标签

HTML 表格通过<table>标签来定义。HTML 表格包括 table 元素、一个或多个 tr、th 以及 td 元素。tr 元素定义表格行，th 元素定义表头，td 元素定义表格单元。较复杂的 HTML 表格还包含了<caption>、<tfoot>和<tbody>等标签，其作用如表 1-6 所示。

表 1-6   表 格 标 签

标　　签	作　　用
<caption>	定义表格标题
<col>	为表格中的一列或多列设置属性值
<colgroup>	用于对表格中的列进行分组，以便对各列组进行统一排版
<thead>	与<tbody>和<tfoot>标签一起使用，定义表格的表头
<tbody>	定义表格主体（正文）
<tfoot>	定义表格的页脚（脚注或表注）

表格标签用法示例如下。

```
<!DOCTYPE HTML>
<html>
    <head>
        <meta charset='UTF-8'>
        <title>定义列表</title>
    </head>
    <body>
        <table border="1">
            <tr>
                <th>班级</th>
                <th>性别</th>
            </tr>
            <tr>
                <td>移动互联 1831</td>
```

```
        <td>女</td>
      </tr>
    </table>
  </body>
</html>
```

运行结果如图 1-13 所示。

7）表单标签

表单是一个包含表单元素的区域。表单元素允许用户在表单中输入内容，例如文本输入域（textarea）、下拉列表<select>、单选按钮（radio-button）、复选框（checkbox）等。表单使用表单标签<form>来设置。基本语法如下。

班级	移动互联1831
性别	女

图 1-13　表格标签示例

```
<form name=" " action=" url " method="get | post"></form>
```

其中 name 属性用于设置表单名称；url 可以是绝对路径，也可以是相对路径；method 属性规定用于发送表单的 HTTP 方法，有 post、get 两种方法可选，分别对应于 HTTP 的 post、get 方法。

（1）文本输入域

文本输入域可以在表单中输入大段文字，基本语法如下。

```
<textarea rows="行数" cols="列数">文本</textarea>
```

文本输入域用法示例如下。

```
<!DOCTYPE html>
<html>
  <head>
    <meta charset="UTF-8" />
  </head>
  <body>
    <form method=" " action=" ">
      <label>意见与建议</label>
      <textarea cols="50" rows="10">在这里输入内容...</textarea>
    </form>
  </body>
</html>
```

运行结果如图 1-14 所示。

（2）输入元素

<input>标签定义输入单行的文本信息，默认宽度为 20 个字符。基本语法如下。

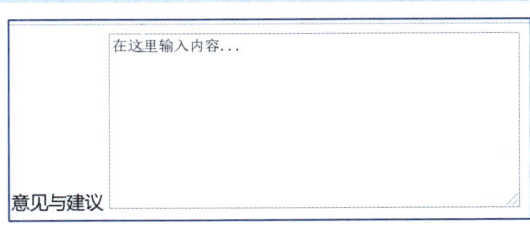

图 1-14　文本输入域示例

```
<input type="text" value=" " />
```

<input>标签用法示例如下。

```
<!DOCTYPE html>
<html>
```

```
<head>
    <meta charset="UTF-8" />
</head>
<body>
    请输入姓名:<input type="text" value=" " />
</body>
</html>
```

运行结果如图 1-15 所示。

当输入的是密码类型时，使用<input>标签的语法示例如下。

```
<input type="password" name=" " />
```

用法示例如下。

请输入姓名: _____

图 1-15 输入元素示例

```
<!DOCTYPE html>
<html>
    <head>
        <meta charset="UTF-8" />
    </head>
    <body>
        密码:<input type="password" value="   " />
    </body>
</html>
```

运行结果如图 1-16 所示。

（3）单选按钮

在 HTML 中定义单选按钮，基本语法如下。

```
<input type="radio" value=" " name=" " checked="checked" />
```

密码: •• _____

图 1-16 密码类型的输入元素示例

单选按钮的常用属性如表 1-7 所示。

表 1-7 单选按钮的常用属性

常用属性	说　　明
name	控件的名称
checked	页面加载时，选项被默认选中
value	提交数据到服务器的值

单选按钮用法示例如下。

```
<!DOCTYPE html>
<html>
    <head>
        <meta charset="UTF-8" />
    </head>
    <body>
```

```
        性别:
        <input type = "radio"  name = "sex"  checked = "checked" />男
        <input type = "radio"  name = "sex" />女
    </body>
</html>
```

运行结果如图 1-17 所示。

（4）复选框

与单选按钮类似，定义复选框的基本语法如下。

性别:　◉男　○女

图 1-17　单选按钮示例

```
<input type = " checkbox" value = " " name = " " checked = "checked' />
```

常用属性与单选按钮类似，参考表 1-7。

复选框用法示例如下。

```
<!DOCTYPE html>
<html>
    <head>
        <meta charset = "UTF-8" />
    </head>
    <body>
        爱好:
        <input type = "checkbox" name = "hobbey" checked = "checkec" />跑步
        <input type = "checkbox" name = "hobbey" />读书
        <input type = "checkbox" name = "hobbey" />篮球
    </body>
</html>
```

运行结果如图 1-18 所示。

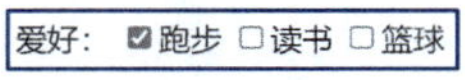

（5）按钮

HTML 中，<button>标签表示一个可单击的按钮，基本语法如下。

爱好:　☑跑步　□读书　□篮球

图 1-18　复选框示例

```
<button type = " "  value = " " > </button>
```

按钮标签的 type 属性取值如表 1-8 所示。

表 1-8　type 属性取值

值	描　　述
submit	表示提交按钮
button	表示是可单击的按钮
reset	表示重置按钮

按钮用法示例如下。

```
<!DOCTYPE html>
<html>
    <head>
        <meta charset = "UTF-8" />
```

```
    </head>
    <body>
        单击按钮：
        <input type="button" value="按钮" />
    </body>
</html>
```

运行结果如图 1-19 所示。

（6）下拉列表

<select>标签用来创建下拉列表，基本语法如下。

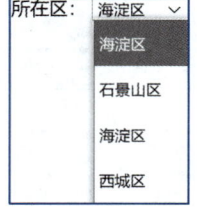

图 1-19 按钮示例

```
<select>
<option>选项 1</option>
<option>选项 2</option>
<option>选项 3</option>
...
</select>
```

<select>标签用法示例如下。

```
<!DOCTYPE html>
<html>
    <head>
        <meta charset="UTF-8" />
    </head>
    <body>
        所在区：
        <select>
            <option>海淀区</option>
            <option>石景山区</option>
            <option>海淀区</option>
            <option>西城区</option>
        </select>
    </body>
</html>
```

运行结果如图 1-20 所示。

8）音频标签

HTML5 新增<audio>标签可以在网页中加入音频，其语法
如下。

<audio src=" " autoplay=" " loop=" " controls=" "></audio>

<audio>标签属性如表 1-9 所示。

图 1-20 下拉列表示例

表 1-9 <audio>标签属性

属　　　性	值	描　　　述
src	url	要播放音频的 URL 地址
autoplay	autoplay	音频加载后马上播放

<div align="right">续表</div>

属　　性	值	描　　述
loop	loop	音频文件完成播放后再次播放
controls	controls	显示控件
preload	preload	音频在页面加载时进行加载，并预备播放

9）视频标签

HTML5 新增<video>标签可以在网页中加入视频文件。其语法如下：

<video src=" " controls="controls" width=" " height=" "></video>

<video>标签属性如表 1-10 所示。

<div align="center">表 1-10　<video>标签属性</div>

属　　性	值	描　　述
src	url	要播放的视频的 URL 地址
autoplay	autoplay	视频加载后马上播放
controls	controls	显示控件
width	pixels	设置视频播放器的宽度
height	pixels	设置视频播放器的高度
loop	loop	视频文件完成播放后再次播放
preload	preload	视频在页面加载时进行加载，并预备播放 如果使用"autoplay"，则忽略该属性

10）块容器标签

<div>标签是一个块容器标签，可以把 HTML 文档分割为独立的、不同的部分，以实现网页的规划和布局。大多数 HTML 标签都可以嵌套在<div>标签中。<div>中还可以嵌套多次<div>。<div>标签相当于一个盒子，可以设置内外边距、宽和高等。

<div>标签用法示例如下。

```
<!DOCTYPE html>
<html>
    <head>
        <title>div 标签</title>
        <meta charset="UTF-8" />
    </head>
    <body>
        <h1>这是一个标题</h1>
        <p>这是一个段落。</p>
        <div style="background-color:#00aa00">
            <h1>这是一个在 div 标签中的标题</h1>
            <p>这是一个在 div 标签中的段落。</p>
        </div>
    </body>
</html>
```

运行结果如图 1-21 所示。

这是一个标题

这是一个段落.

这是一个在div标签中的标题

这是一个在div标签中的段落.

图 1-21 <div>标签示例

任务实施

本任务设计的新闻详情页面按照流动布局进行排版，即标签元素按照正常文档流自上而下的排列，除了<div>标签独占一行，其他标签元素按先后顺序逐行往下排序，具体任务实施步骤如下。

1. 创建文件

新建文件夹 news，新建一个 HTML 文件 xinwen.html，在 news 文件夹下创建一个新的文件夹 img 用于存放图片资源，如图 1-22 所示。

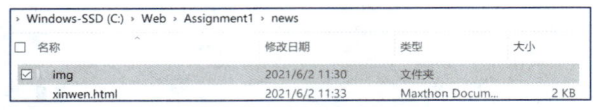

	名称	修改日期	类型	大小
☑	img	2021/6/2 11:30	文件夹	
	xinwen.html	2021/6/2 11:33	Maxthon Docum...	2 KB

图 1-22 创建文件

2. 添加文本信息

在 xinwen.html 中的<title>标签中添加标题，在<h1>标签中设置新闻的标题，新闻的文字信息添加到标签<p>中，通过<font>标签可设置文字的大小、颜色等，代码示例如下。

```
<!DOCTYPE html>
<html lang = "en">
    <head>
        <title>新闻详情页</title>
    </head>
    <body>
        <h1>我国建成世界最大清洁能源走廊</h1>
        <p>
            <font size = "4">从三峡集团获悉：<br />
                2022 年 12 月 20 日,世界综合技术难度最高、单机容量最大、装机规模全球第二大<br />
                水电站——白鹤滩水电站最后一台机组顺利完成 72 小时试运行,正式投产发电。<br />
                至此,白鹤滩水电站 16 台百万千瓦水轮发电机组全部投产发电,<br />
                标志着我国在长江之上建成世界最大清洁能源走廊。<br />
                目前,长江干流的乌东德、白鹤滩、溪洛渡、向家坝、三峡、葛洲坝<br />
                6 座巨型梯级水电站共安装 110 台水电机组,<br />
                总装机容量达 7169.5 万千瓦,形成世界最大清洁能源走廊。<br />
                这条走廊跨越 1800 千米,<br /><br /><br />
                形成总库容 919 亿立方米的梯级水库群和战略性淡水资源库,<br /><br />
```

```
                其中防洪库容 376 亿立方米，<br />
                对保障长江流域防洪、发电、航运、水资源利用和生态安全具有重要意义。<br />
            </font>
        </p>
    </body>
</html>
```

运行结果如图 1-23 所示。

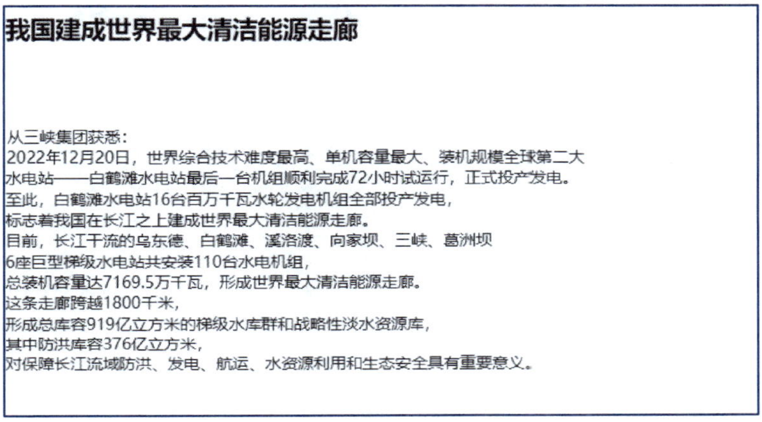

图 1-23 添加文本信息示例

3. 添加导航信息

在页面最上面添加导航信息，将人民网首页和新闻通过<a>标签链接，放到<div>标签中，可以在同一行显示，代码示例如下。

```
...
<div>
        <a href = " http://www.people.com.cn//">人民网首页</a>
        <a href = " http://www.people.com.cn//">综合报道</a>
</div>
...
```

运行结果如图 1-24 所示。

4. 添加图片

添加<div>和<img>标签，将图片放在 img 目录，通过 width 属性可以设置图片的宽度，在<h1>标签下添加如下代码。

```
<div>
        <img src = " img/Baihetan.jpg " width = "400px" alt = " "><br />
        <a href = http://www.people.com.cn//">打开,查看更多图片</a>
</div>
```

最终运行结果如图 1-25 所示。

图 1-24　添加导航信息示例　　　　　　图 1-25　手机端新闻详情页面设计

知识拓展

　　HTML5 相比 HTML4 更加简洁，并增加了新元素和新属性等。HTML5 的语法兼容 HT-ML4 和 XHTML1，但不兼容 SGML（标准通用标记语言）。HTML5 有向下兼容的特性，可以完整地显示 HTML4 的内容。HTML5 和 HTML4 的区别主要在以下几个方面。

1. DOCTYPE 声明

　　HTML5 和 HTML4 在 DOCTYPE 声明方面的区别如表 1-11 所示。

表 1-11　DOCTYPE 声明的区别

版　　本	区　　别
HTML4	<!DOCTYPE HTMLPUBLIC"-//W3C//DTD HTML 4.01 Transitional//EN" http://www.w3.org/TR/html4/loose.dtd>
HTML5	<!DOCUTYPE html>

2. 字符编码

　　HTML5 和 HTML4 在字符编码方面的区别如表 1-12 所示。

表 1-12　字符编码的区别

版　　本	区　　别
HTML4	\<meta http-equiv="content-type" content="text/html;charset=UTF-8" /\>
HTML5	\<meta charset="UTF-8" /\>

3. 元素标记

可以省略标记的元素分为以下 3 类。

第一类是不允许写结束标签，例如\<area\>、\<base\>、\<br\>、\<col\>、\<command\>、\<embed\>、\<hr\>、\<img\>、\<input\>、\<keygen\>、\<link\>、\<meta\>、\<param\>、\<source\>、\<track\>、\<wbr\>。

第二类是可以省略结束标签，例如\<li\>、\<dt\>、\<dd\>、\<p\>、\<rt\>、\<rp\>、\<optgroup\>、\<option\>、\<colgroup\>、\<thead\>、\<tbody\>、\<tfoot\>、\<tr\>、\<td\>、\<th\>。

第三类是开始标签和结束标签可以全部省略，例如\<html\>、\<head\>、\<body\>、\<colgroup\>、\<tbody\>。

4. HTML5 新增元素

在 HTML5 中，追加了带有明确语义的新标签，例如\<section\>、\<video\>、\<progress\>、\<nav\>、\<meter\>、\<time\>、\<aside\>、\<canvas\>、\<command\>、\<datalist\>、\<details\>、\<embed\>、\<figcaption\>、\<figure\>、\<footer\>、\<header\>、\<hgroup\>、\<keygen\>、\<mark\>、\<output\>、\<rp\>、\<rt\>、\<ruby\>、\<source\>、\<summary\>、\<wbr\>。

5. 删除元素

在 HTML5 中，删除了的标签有\<acronym\>、\<applet\>、\<basefont\>、\<big\>、\<center\>、\<dir\>、\<font\>、\<frame\>、\<frameset\>、\<isindex\>、\<noframes\>、\<s\>、\<strike\>、\<tt\>、\<u\>。

任务 1-2　新闻详情页的优化设计

任务描述

任务 1-2

实操任务 1-1 后可以发现，使用 HTML 标签完成的网页有很多局限性，页面也不够美观。因此，需要在页面中添加 CSS。将网页中的结构与样式进行分离，这样网页维护也更加方便。为了更好地控制页面标签的效果，需要对页面进行布局。本任务在任务 1-1 的基础上，给新闻页面添加 CSS 和布局效果，如图 1-26 所示。

问题引导

想要完成本次任务，需要对页面进行布局并添加 CSS，以控制页面标签呈现的效果，请思考以下问题。

- 什么是 CSS？
- 如何给页面添加 CSS？
- 什么是盒子模型？
- 盒子模型有哪些属性？
- 什么是网页布局？
- 如何添加布局对网页进行定位？

知识准备

图 1-26　新闻详情页面
的优化设计

1. 层叠样式表（CSS）

1）认识 CSS

层叠样式表（Cascading Style Sheets，CSS）在 HTML 基础上，修饰网页字体、颜色、背景、排版等，还可以添加脚本语言对网页元素进行美化和控制。CSS 是一种标记语言，属于浏览器解释型语言，可以直接由浏览器执行，不需要进行编译。

CSS3 是 CSS2 的升级版本，在 CSS2 的基础上增加了新功能。目前主流浏览器支持 CSS3 的大部分功能。

2）CSS3 和 CSS 区别

CSS1 中定义了网页的基本属性，包括字体、颜色、补白、基本选择器等。CSS2 中在 CSS1 的基础上添加了高级功能，包括浮动和定位、高级选择器等。CSS3 在 CSS2 的基础上，增加了很多新属性，主要的新属性如表 1-13 所示。

表 1-13　CSS3 新属性

属性名称	说　　明
CSS3 选择器	CSS3 属性选择器：通过已经存在的属性名或属性值匹配元素。 结构伪类选择器：根据文档结构来选择元素，常用于匹配父级选择器里面的子元素。 伪元素选择器：利用 CSS 创建新标签，而不需要 HTML 标签，从而简化 HTML 结构
CSS3 边框与圆角	border-radius：设置边框圆角大小。 border-image：设置所有边框的图像。 box-shadow：设置阴影

续表

属性名称	说　明
CSS3 背景与渐变	background-clip：设置背景绘制区域。 background-origin：设置背景图的定位位置。 background-size：设置背景图的尺寸。 background：linear-gradient：线性渐变。 background：radial-gradient：径向渐变
CSS3 过渡	transition：设置后面 4 个过渡属性。 transition-property：设置用于过渡的 CSS 属性。 transition-duration：设置过渡动画的时间。 transition-timing-function：设置过渡动画的时间曲线。 transition-delay：设置过渡动画什么时候开始
CSS3 变形	transform 应用于元素的 2D 或 3D 变形，可以将元素进行旋转、缩放、移动、倾斜等。 transform-origin 用于设置变换的基础位置，对于 2D 变形元素可以改变元素的 X 和 Y 轴。对于 3D 变形元素，可以更改该元素的 Z 轴
CSS3 动画	@ Keyframes：创建动画。 animation：为元素添加动画
flex 布局	display：指定 HTML 元素盒子类型。 flex-direction：指定了弹性容器中子元素的排列方式 flex：为弹性盒子的子元素分配空间

3）给网页添加 CSS 样式

CSS 的基本语法如下。

```
选择器{属性:值;属性:值;……}
```

属性和属性值之间用冒号（:）隔开，定义多个属性时，属性之间用英文输入法的分号（;）隔开。给网页添加 CSS 样式的方法有 3 种：行内样式、内部样式表和外部样式表。

（1）行内样式

行内样式又称行间样式、内联样式等，是通过标签的 style 属性来设置元素的样式，其基本语法格式如下。

```
<标签名 style = "属性 1:属性值 1;属性 2:属性值 2;属性 3:属性值 3;">内容</标签名>
```

style 是标签的属性，实际上任何 HTML 标签都拥有 style 属性，用来设置行内式。其中属性和值的书写规范与 CSS 规则相同，行内样式只对其所在的标签及嵌套在其中的子标签起作用。行内样式用法示例如下。

```
<!DOCTYPE html>
<html>
    <head>
        <meta charset = "UTF-8" />
    </head>
```

```
    <body>
        <p style="color:red;">CSS 行内样式添加法</p>
    </body>
</html>
```

运行结果如图 1-27 所示。

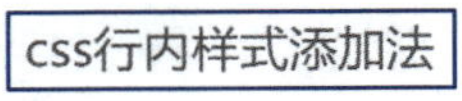

（2）内部样式表

内部样式表又称为内嵌式是将 CSS 代码集中写在 HTML 文档的
<head>头部标签中，并且用<style>标签定义，其基本语法格式如下。

CSS行内样式添加法

图 1-27　行内样式示例

```
<head>
<style type="text/css">
    选择器{属性 1:属性值 1;属性 2:属性值 2;属性 3:属性值 3;}
</style>
<head>
```

<style>标签一般位于<head>标签中的<title>标签之后，也可以把<style>标签放在 HT-
ML 文档的任何地方。内部样式表用法示例如下。

```
<!DOCTYPE html>
<html>
    <head>
        <meta charset="UTF-8">
        <title>Document</title>
        <style type="text/css">
            p {
                color: red;
            }
        </style>
    </head>
    <body>
        <p>内部样式表添加法</p>
    </body>
</html>
```

运行结果如图 1-28 所示。

（3）外部样式表

外部样式表又称为外链式，将所有的样式放在一个或多个以
.css 为扩展名的外部样式表文件中，通过<link>标签将外部样式
表文件链接到 HTML 文档中，其用法如下。

内部样式表添加法

图 1-28　内部样式表示例

```
<head>
    <link href="CSS 文件的路径"　rel="stylesheet" />
</head>
```

<link>是单标签，<link>标签需要放在<head>头部标签中，并且必须指定<link>标签
的 3 个属性，其属性如表 1-14 所示。

表 1-14　link 标签的三个属性

属　　性	说　　明
href	定义所链接外部样式表文件的 URL，可以是相对路径，也可以是绝对路径
type	定义所链接文档的类型，在这里需要指定为 "text/css"，表示链接的外部文件为 CSS
rel	定义当前文档与被链接文档之间的关系，在这里需要指定为 "stylesheet"，表示被链接的文档是一个样式表文件。

外部样式表用法示例如下。

```
<!DOCTYPE html>
<html>
    <head>
        <meta charset="UTF-8">
        <title>Document</title>
        <link href="style.css"  type="text/css" rel="stylesheet" />
    </head>
    <body>
        <p>外部样式表添加法</p>
    </body>
</html>
```

外部样式表须要建立 CSS 文件，在 .html 同目录下创建 style.css，运行结果如图 1-29 所示。

4）CSS 选择器

定义 CSS 选择器语法如下。

```
[code] 选择器{样式} [/code]
```

CSS 常用选择器有标签选择器、类选择器和 id 选择器等，下面将分别进行说明。

（1）标签选择器

标签选择器按照 HTML 标签的名称作为选择器，指定标签特定的样式，基本语法如下。

```
标签选择器名{属性:属性值;}
```

标签选择器用法示例如下。

```
<!DOCTYPE html>
<html>
    <head>
        <meta charset="UTF-8" />
        <title>标签选择器</title>
        <style>
            div {
                width: 800px;
                height: 200px;
                background-color: #c6ffa2;
```

外部样式表添加法

图 1-29　外部样式表示例

```
                        margin-top：10px；
                }
            </style>
        </head>
        <body>
            <div>
                标签选择器给 div 添加样式
            </div>
            <div>
                标签选择器给 div 添加样式
            </div>
            <div>
                标签选择器给 div 添加样式
            </div>
        </body>
    </html>
```

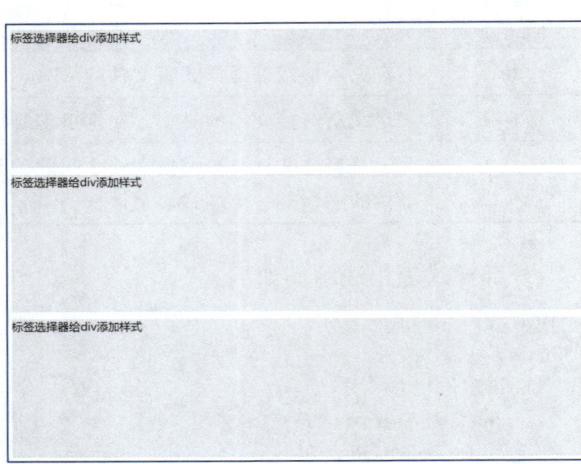

代码运行结果如图 1-30 所示。

图 1-30　标签选择器示例

（2）类选择器

类选择器在 CSS 中使用 "." 来标识，在 HTML 中以 class 属性标识，基本语法如下。

```
. 类名{属性:属性值;}
......
<标签 class="类名"></标签>
```

类选择器用法示例如下。

```
<!DOCTYPE html>
<html>
    <head>
        <meta charset="UTF-8" />
        <title>类选择器</title>
        <style>
            . content {
                width：800px；
                height：200px；
                background-color：#c6ffa2；
            }
        </style>
    </head>
    <body>
        <div class="content">
            通过类选择器给 div 添加样式
        </div>
    </body>
</html>
```

运行结果如图 1-31 所示。

（3）id 选择器

id 选择器为标有特定 id 的 HTML 元素指定特定的样式，CSS 中 id 选择器以"#"来标识，HTML 中元素以 id 属性来设置。基本语法如下。

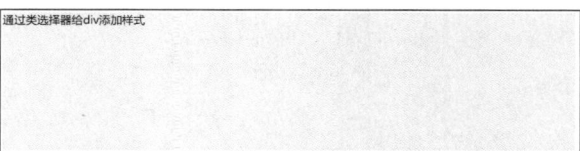

图 1-31　类选择器示例

```
#id 名{属性:属性值;}
```

id 选择器用法示例如下：

```
<!DOCTYPE html>
<html>
    <head>
        <meta charset="UTF-8" />
        <title>id 选择器</title>
        <style>
            #div01 {
                width: 600px;
                height: 100px;
                background-color: #c6ffa2;
            }
        </style>
    </head>
    <body>
        <div id="div01">
            通过 id 选择器给 div 添加样式
        </div>
    </body>
</html>
```

运行结果如图 1-32 所示。

（4）派生选择器

派生选择器根据元素在其位置的上下文关系来定义样式。使用派生选择器，让代码变得更加整洁。派生选择器用法示例如下。

图 1-32　id 选择器示例

```
<!DOCTYPE html>
<html>
    <head>
        <meta charset="UTF-8" />
        <title>派生选择器</title>
        <style type="text/css">
            ul li {
                height: 50px;
```

```
            line-height: 50px;
            width: 200px;
            border: 1px dashed green;
            margin-top: 10px;
        }
    </style>
</head>
<body>
    <ul>
        <li>派生选择器</li>
        <li>派生选择器</li>
        <li>派生选择器</li>
    </ul>

</body>
</html>
```

运行结果如图 1-33 所示。

（5）通配符选择器

通配符选择器用一个星号（＊）表示，可以与文档中的任何元素匹配，就像一个通配符。基本语法如下。

＊{属性:属性值;}

图 1-33　派生选择器示例

通常设置"＊{padding:0;margin:0;}"来清除 HTML 标签的默认边距。

（6）并集选择器

并集选择器指可以同时对多个选择器进行相同的操作，包括标签选择器、类选择器、id 选择器等都可以作为并集选择器。使用选择器定义样式的相同部分时，可以利用并集选择器为它们定义相同的 CSS 样式。并集选择器用法示例如下。

```
<!DOCTYPE html>
<html>
    <head>
        <title>并集选择器</title>
        <style type="text/css">
            h3,
            div,
            p,
            span {
                color: green;
            }
        </style>
    </head>
    <body>
        <h3>并集选择器</h3>
```

```
        <div>并集选择器</div>
        <p>并集选择器</p>
        <span>并集选择器</span>
    </body>
</html>
```

运行结果如图 1-34 所示。

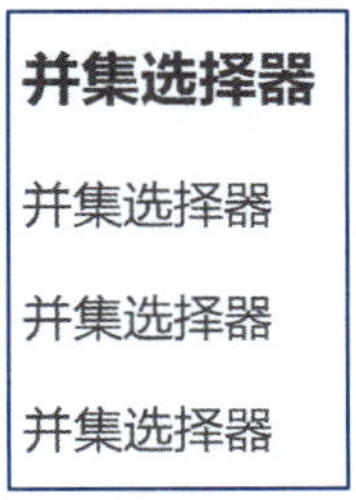

（7）属性选择器

CSS 属性选择器通过已经存在的属性名或属性值来选择标签元素，并设置标签元素的样式。常用属性选择器的语法如表 1-15 所示。

并集选择器

并集选择器

并集选择器

并集选择器

图 1-34　并集选择
器示例

表 1-15　常用属性选择器语法

语　　法	描　　述
［att］	选择具有 att 属性的标签元素
［att = "val"］	选择具有 att 属性且属性值等于 val 的标签元素
［att ~ = "val"］	选择有 att 属性的标签元素，且属性列表中有一个符合 val 的值的标签元素
［att^= "val"］	选择具有 att 属性且属性值以 val 开头的标签元素
［att$ = "val"］	选择具有 att 属性且属性值以 val 结尾的标签元素
［att* = "val"］	选择具有 att 属性且属性值包含 val 的标签元素

5）CSS 文本样式设置

CSS 中常用文本样式如表 1-16 所示。

表 1-16　CSS 中常见文本样式

样　　式	取　　值	作　　用
font-size	数字	设置字体大小，推荐使用像素单位 px
font-family	字体名称	设置文字显示的字体名称
font-weight	normal ｜ bold ｜ bolder ｜ lighter	normal：默认值，定义标准字符 bold：表示粗体字符 bolder：表示更粗字体 lighter：表示更细字符
font-style	normal ｜ italic ｜ oblique	normal：为默认值，标准的字体样式 italic：表示斜体字体样式 oblique：表示倾斜字体样式
text-indent	length1% ｜ inherit	length：定义固定缩进 %：定义基于父元素宽度的百分比进行缩进 inherit：规定从父元素继承该属性值
text-align	left ｜ center ｜ right ｜justify	left：表示默认值，左对齐 right：表示右对齐 center：表示居中对齐 justify：表示两端对齐

样　式	取　值	作　用
vertical-align	top ｜middle｜ bottom ｜text-bottom	top：表示将支持 valign 特性的对象的内容对象顶端对齐 middle：表示将支持 valign 特性的对象的内容对象中部对齐 bottom：表示将支持 valign 特性的对象的内容对象底端对齐 text-bottom：表示将支持 valign 特性的对象的文本与对象顶端对齐
line-height	normal ｜ length	normal：表示默认值，一般为 1.2em length：百分比数字，也可以为单位标识符组成的长度值。常用的属性值单位有 3 种，分别为像素 px、相对值 em 和百分比％，使用最多的是像素 px
text-decoration	none ｜ underline ｜ line-through｜overline	none：表示没有装饰 underline：表示下画线 line-through：表示删除线 overline：表示上画线

常用文本样式示例如下。

```
<!DOCTYPE html>
<html>
    <head>
        <title>CSS 文本样式</title>
        <meta charset="UTF-8" />
        <style type="text/css">
            /* 标签选择器 */
            h1 {
                text-align: center;
            }

            p {
                font-size: 20px;
                text-align: center;
            }

            /* id 选择器 */
            #yiwen {
                color: #00aa7f;
                text-indent: 2em;
            }

            /* 类选择器 */
            .anthor {
                font-size: 20px;
                color: red;
```

```
            font-style：italic；
            text-align：center；
        }
    </style>
</head>
<body>
    <h1>游子吟</h1>
    <p class="anthor">唐·孟郊</p>
    <p>慈母手中线,游子身上衣。<br />
        临行密密缝,意恐迟迟归。<br />
        谁言寸草心,报得三春晖。</p>
    <p id="yiwen">慈母用手中的针线,为远行的儿子赶制身上的衣衫。<br />
        临行前一针针密密地缝缀,怕的是儿子回来得晚衣服破损。<br />
        有谁敢说,子女像小草那样微弱的孝心,能够报答得了像春晖普泽的慈母恩情呢?
    </p>
</body>
</html>
```

运行结果如图 1-35 所示。

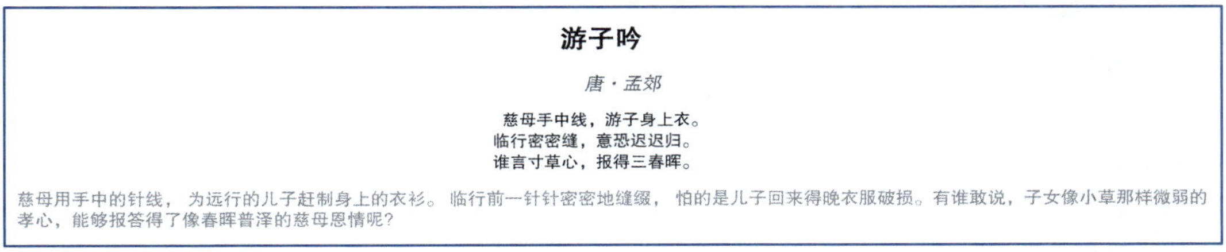

游子吟

唐·孟郊

**慈母手中线，游子身上衣。
临行密密缝，意恐迟迟归。
谁言寸草心，报得三春晖。**

慈母用手中的针线，　为远行的儿子赶制身上的衣衫。　临行前一针针密密地缝缀，　怕的是儿子回来得晚衣服破损。有谁敢说，子女像小草那样微弱的孝心，能够报答得了像春晖普泽的慈母恩情呢?

图 1-35　常用文本样式示例

2. 盒子模型

HTML 中所有的元素都可以由图 1-36 所示的结构构成，所有页面元素都包含在一个矩形框内，这个矩形框就称为盒子模型。每个盒子模型都由元素的 margin（边界）、border（边框）、padding（空白）和 content（内容）组成。

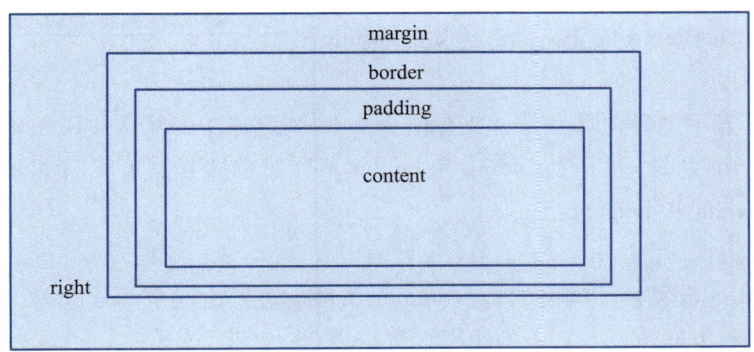

图 1-36　盒子模型

在 HTML 中所有的元素和对象呈现出矩形的盒子效果，网页就是由多个盒子嵌套的结果。下面将说明盒子模型的主要属性。

1）盒子的宽和高

在 CSS 中可以使用 width 和 height 属性分别设置盒子的宽和高，width 和 height 的属性值最常用的是像素值（px），也可以使用不同单位的数值和相对于父元素的百分比。盒子的宽和高设置代码示例如下。

```html
<!DOCTYPE html>
<html>
    <head>
        <title>盒子的宽和高</title>
        <meta charset="utf-8" />
        <style type="text/css">
            .div1 {
                width：800px；
                height：600px；
                background-color:#00aa00
            }
        </style>
    </head>
    <body>
        <div class="div1">div 标签的宽和高</div>
    </body>
</html>
```

运行结果如图 1-37 所示。

可以通过设置 CSS3 中的 box-sizing 属性来指定盒模型，语法格式如下。

```
box-sizing:content-box | border-box
```

其中属性值 content-box 表示正常盒模型，一般在浏览器中使用的都是这个盒模型。盒子的实际宽度等于设置的 width + padding + border，其中 padding 和 border 不被包含在定义的 width 和 height 之内。

图 1-37　盒子的宽和高示例

border-box 表示怪异盒模型，一般在低版本 IE 浏览器中的默认使用怪异盒模型，盒子的实际宽度等于设置的 width（padding 和 border 不会影响实际宽度），padding 和 border 被包含在定义的 width 和 height 之内。

2）盒子的边框

可以通过 CSS 设置盒子模型的边框 border 属性，边框由 3 个部分组成：边框宽度（粗细）、边框样式和边框颜色，盒子的边框设置如表 1-17 所示。

表 1-17　盒子的边框

设　　置	样式属性
边框样式	border-style:上边［右边下边左边］;
边框宽度	border-width:上边［右边下边左边］;
边框颜色	border-color:上边［右边下边左边］;
综合设置	border:四边宽度四边样式四边颜色;
圆角边框	border-radius:水平半径参数/垂直半径参数;
图片边框	border-images:图片路径裁切方式/边框宽度/边框扩展距离重复方式

盒子的边框设置用法示例如下。

```
<!DOCTYPE html>
<html>
    <head>
        <title>盒子的边框</title>
        <meta charset="UTF-8" />
        <style type="text/css">
            .div1 {
                width：800px;
                height：80px;
                line-height：50px;
                border：1px solid green;
            }
        </style>
    </head>
    <body>
        <div class="div1">盒子的边框</div>
    </body>
</html>
```

运行结果如图 1-38 所示。

盒子的边框

图 1-38　盒子的边框设置示例

3）盒子的边距

盒子的内边距是指标签内容与边框之间的距离，在 CSS 中 padding 属性用于设置内边距，其设置如表 1-18 所示。

表 1-18　盒子的内边距属性

属　　性	描　　述
padding-left	左内边距
padding-right	右内边距

续表

属　　性	描　　述
padding-top	上内边距
padding-bottom	下内边距
margin	简写属性，同时设置边框 4 个方向的内边距

　　盒子的外边距是指标签边框与相邻标签间的距离，在 CSS 中 margin 属性用于设置外边距，即控制盒子和盒子之间的距离，其设置如表 1-19 所示。

表 1-19　盒子的外边距属性

属　　性	描　　述
margin-left	左外边距
margin-right	右外边距
margin-top	上外边距
margin-bottom	下外边距
margin	简写属性，同时设置边框 4 个方向的外边距

　　内边距和外边距的取值如表 1-20 所示。

表 1-20　内边距和外边距的取值

取　　值	描　　述
auto	指定的边距方向自动充满
length	内/外边距值，单位为 px、em、cm 等
%	基于父元素宽度的百分比来计算内/外边距
inherit	继承父级元素的内/外边距

　　内边距和外边距用法示例如下。

```
<!DOCTYPE html>
<html>
    <head>
        <title>盒子的边距属性</title>
        <meta charset="UTF-8" />
        <style type="text/css">
            body {
                margin: 0;
                /* margin:0; 外边距的上下左右都为 0 */
                padding: 0;
                /* padding:0; 内边距的上下左右都为 0 */
            }
            #box {
```

```
                width：300px；
                border：2px solid red；
                margin：0 auto；/＊元素水平居中＊/
            }
        form {
                background：yellow；
            }
        input {
                border：1px solid black；
                /＊给文本框设置样式＊/
                margin：10px 5px；
                /＊设置文本的外边距＊/
                padding：10px 10px；
                /＊设置文本的内边距＊/
            }
    </style>
</head>
<body>
    <div id="box">
        <form action="#">
            <div>
                <input type="text" value="第 1 个 input">
            </div>
            <div>
                <input type="text" value="第 2 个 input">
            </div>
        </form>
    </div>
</body>
</body>
</html>
```

代码运行结果如图 1-39 所示。

4）盒子的背景

网页的背景在 CSS 中使用 background 属性来设置，具体属性如表 1-21 所示。

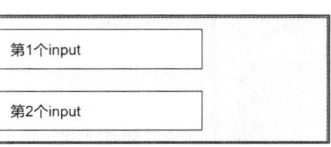

图 1-39 盒子的边距示例

表 1-21 盒子的背景属性

属　　性	描　　述
background-color	设置背景颜色，可以是颜色名、rgb、十六进制等
background-position	设置背景图像的位置，可以是 px、百分比和方位名
background-size	设置背景图片的尺寸，可设置为 px、百分比、cover 和 contain。cover 进行等比例缩放至最小的一边将盒子完全盖住；contain 进行等比例缩放至最大的一边将盒子完全盖住

属　　性	描　　述
background-repeat	设置重复背景平铺图像。 repeat-x：图片延 x 轴复制 repeat-y：图片延 y 轴复制 Inherited：继承父级属性 no-repeat：不重复，只有单张图片
background-origin	设置背景图片的定位区域
background-clip	设置背景的绘制区域
background-attachment	设置背景图像是否固定或者随着页面的其余部分滚动 fixed：固定背景图片 scroll：向下滚动页面是，背景也随着滚动 inherit：继承父级属性
background-image	设置要使用的背景图像，URL 指定图像文件的路径，可以是相对路径或绝对路径

设置盒子背景用法示例如下。

```html
<!DOCTYPE html>
<html>
    <head>
        <title>盒子的背景属性</title>
        <meta charset="UTF-8" />
        <style type="text/css">
            * {
                margin: 0;
                padding: 0;
            }

            .wrap {
                width: 220px;
                background-color: #e9e9e9;
                border: 1px solid #005f8e;
                margin: 0 auto;
            }

            .list {
                width: 100%;
                height: 60px;
                background-color: #00aaff;
                text-align: center;
                color: #fff;
                line-height: 60px;
                font-size: 20px;
```

```
                font-weight: bold;
            }

            li {
                list-style: none;
                border-bottom: 1px solid #d9dde1;
                font-size: 14px;
                line-height: 20px;
                margin: 0px 15px;
                padding: 5px;
            }
        </style>
    </head>
    <body>
        <div class="wrap">
            <div class="list">
                <p>城市</p>
            </div>
            <ul>
                <li>
                    <p>北京市</p>
                </li>
                <li>
                    <p>上海市</p>
                </li>
                <li>
                    <p>深圳市</p>
                </li>
            </ul>
        </div>
    </body>
</html>
```

运行结果如图 1-40 所示。

3. 标签元素的分类

HTML 中有很多标签。标签元素可以分为行内元素、块状
元素和行内块状元素 3 种，可以使用 display 属性互相变形，具
体含义如表 1-22 所示。

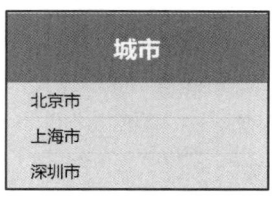

图 1-40   盒子的背景示例

表 1-22   display 属性

属　　性	描　　述
inline	变形为行内元素
block	变形为块状元素
inline-block	变形为行内块状元素

1）行内元素

行内元素不能设置宽高，默认的宽度就是文字的宽度，与其他行内元素并排，不会自动进行换行。常用的行内元素有\<span\> \<a\> \<i\> \<em\> \<u\> \<strong\> \<br\>等。

行内元素用法示例如下：

```
<!DOCTYPE html>
<html>
    <head>
        <meta charset="UTF-8" />
        <title>行内元素</title>
        <style type="text/css">
            span {
                width: 120px;
                height: 120px;
                margin: 1000px 20px;
                padding: 50px 40px;
                background: green;
            }
        </style>
    </head>
    <body>
        <span>行内元素</span>
        <strong>行内元素</strong>
        <i>行内元素</i>
    </body>
</html>
```

运行结果如图 1-41 所示。

2）块状元素

块状元素能设置宽高，可以自动换行，多个块状元素的默认排列方式为从上至下。常见的块状元素有\<div\>\<p\>\<hr\>\<h1\>~\<h6\>\<ul\>\<li\>\<ol\>\<dl\>\<dt\>\<dd\>\<table\>\<tr\>\<td\>等。

图 1-41　行内元素示例

块状元素用法示例如下。

```
<!DOCTYPE html>
<html>
    <head>
        <meta charset="UTF-8" />
        <title>块元素</title>
        <style type="text/css">
            div {
                width: 200px;
                height: 50px;
                margin: 10px 10px;
                padding: 10px 10px;
                background: green;
            }
```

```
        </style>
    </head>
    <body>
        <p>块元素</p>
        <h1>块元素</h1>
        <div>块元素</div>
        <div>块元素</div>
    </body>
</html>
```

运行结果如图 1-42 所示。

3）行内块状元素

行内块状元素综合了行内元素和块状元素的特性，可以设置识别宽、高，不能自动换行，默认排列方式为从左到右。常见行内块状元素有 <img> <input><label> <textarea><select> <option>等。

行内块状元素用法示例如下。

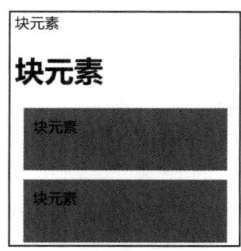

图 1-42　块状元素示例

```
<!DOCTYPE html>
<html>
    <head>
        <meta charset = " UTF-8 " />
        <title>行内块元素</title>
        <style type = " text/css " >
            div {
                display：inline-block；
                width：140px；
                height：50px；
                background：green；
                font-size：20px；
                color：white；
            }
        </style>
    </head>
    <body>
        <img src = " images/HongKong-Zhuhai-MacaoBridge. jpg " />
        <img src = " images/DesertSolarPower. jpg " />
        <div>行内块状元素</div>
        <div>行内块状元素</div>
    </body>
</html>
```

运行结果如图 1-43 所示。

4. 网页布局

1）认识布局

在 Web 前端网页设计中，网页中的标

图 1-43　行内块状元素示例

签默认是按照从上到下的方式进行排版
的。当网页标签多的时候就需要采用
DIV＋CSS 的方式对页面进行布局设计。
网页布局将网页中的所有元素进行定位，
首先使用<div>标签进行分块，然后对每
个块进行 CSS 定位以及设置显示效果，
最后在每个块中添加相应的内容。网页
布局有很多种方式，一般分为头部区域、
菜单导航区域、内容区域和底部区域等，
如图 1-44 所示。

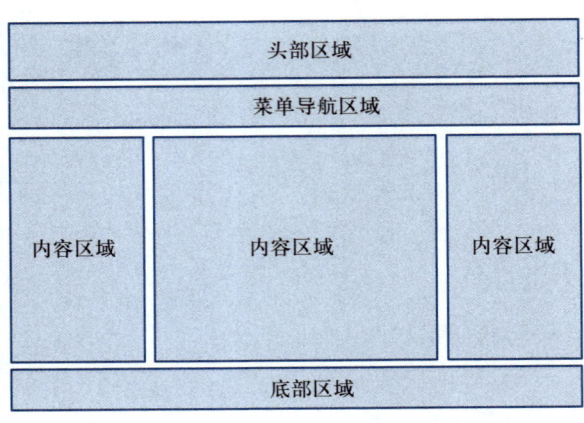

图 1-44　网页布局

　　2）CSS 定位

　　在 CSS 中，标签的定位可以通过设置 position 属性来完成，基本的语法格式如下。

选择器{position:属性值;}

　　属性值可设置为 static（默认定位）、relative（相对定位）、absolute（绝对定位）和
fixed（固定定位），如表 1-23 所示。

表 1-23　position 属性

属　　　性	描　　　述
static	自动定位
relative	相对定位，相对于其原文档流的位置
absolute	绝对定位，相对其上一个已经定位的父元素的位置
fixed	固定定位，相对于浏览器窗口

　　static 定位是默认值，遵循正常的文档流排列，即标签会自动从左往右、从上往下地
排列。相对定位、绝对定位和固定定位可以设置偏移属性来描述定位元素各边相对于其包
含块的偏移量，如表 1-24 所示。

表 1-24　偏 移 属 性

属　　　性	值		描　　　述
left	auto ｜ 长度		设置标签左边距
right	auto ｜ 长度		设置标签右边距
top	auto ｜ 长度		设置标签上边距
bottom	auto ｜ 长度		设置标签下边距
z-index	auto ｜ 数字		设置标签层叠顺序

　　（1）绝对定位

　　绝对定位是将标签的位置定位相对于最近已定位的父元素，如果标签没有已定位的父
元素，那么它的位置相对于<body>标签排列。

绝对定位用法示例如下。

```html
<!DOCTYPE html>
<html>
    <head>
        <title>绝对定位</title>
        <meta charset="UTF-8" />
        <style type="text/css">
            /* 正文内容 */
            .mainDiv {
                width: 800px;
                height: 400px;
                background-color: #9ecdff;
                position: absolute;
                /* 设置标签为绝对定位 */
                left: 100px;
                /* 距左定位 100px */
                top: 100px;
                /* 距上定位 100px */
            }
        </style>
    </head>
    <body>
        <!--正文内容 -->
        <div class="mainDiv">
            <img src="./images/MeishanLakeDam.jpg" />
        </div>
    </body>
</html>
```

运行结果如图 1-45 所示。

（2）相对定位

相对定位是相对于标签原来位置移动，元素设置此属性之后仍然处在文档流中，不影响其他元素的布局。通过设置水平或垂直偏移量，让该元素相对于它在文档流中位置的起始点进行移动。在使用相对定位时，即使元素被设置了偏移，仍然保留着偏移前的位置。

相对定位代码示例如下。

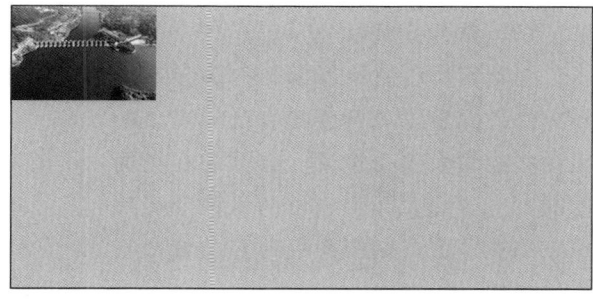

图 1-45　绝对定位示例

```html
<!DOCTYPE html>
<html>
    <head>
        <title>相对定位</title>
```

```
        <meta charset="UTF-8" />
        <style type="text/css">
            /* 正文内容 */
            . mainDiv {
                width: 900px;
                height: 500px;
                background-color: #b5e9ff;
                position: absolute;
                left: 100px;
                top: 100px;
            }

            . img1 {
                /* 设置元素相对定位 */
                position: relative;
                /* 距左定位 50% */
                left: 50%;
                /* 距上定位 50% */
                top: 50%;
            }
        </style>
    </head>
    <body>
        <!--正文内容 -->
        <div class="mainDiv">
            <img class="img1" src="./images/QixiashanBridge.jpg" />
        </div>
    </body>
</html>
```

运行结果如图 1-46 所示。

（3）固定定位

固定定位以浏览器窗口作为参考进行定位，元素位置不会随浏览器窗口的滚动条滚动而改变位置，会浮动在页面中的对应位置。固定定位的元素会始终位于浏览器窗口内视图的对应位置，不会受文档流动影响。

固定定位用法示例如下。

图 1-46　相对定位示例

```
<!DOCTYPE html>
<html>
    <head>
        <meta charset="UTF-8">
        <title>固定定位</title>
```

```
        <style>
            div {
                width：200px；
                height：200px；
                background-color：green；
                position：fixed；
                right：0；
                top：100px；
            }
        </style>
    </head>
    <body>
        <!--固定定位不会随浏览器窗口的滚动条滚动而变化 -->
        <div>
            固定定位
        </div>
        <p><img class="img1" src="./images/Saihanba.jpg" /></p>
        <p><img class="img1" src="./images/Saihanba.jpg" /></p>
        <p><img class="img1" src="./images/Saihanba.jpg" /></p>
        <p><img class="img1" src="./images/Saihanba.jpg" /></p>
        <p><img class="img1" src="./images/Saihanba.jpg" /></p>
        <p><img class="img1" src="./images/Saihanba.jpg" /></p>
        <p><img class="img1" src="./images/Saihanba.jpg" /></p>
    </body>
</html>
```

运行结果如图 1-47 所示。

3）CSS 浮动

所谓浮动就是让网页元素向左或向右移动，直到元素的外边距到其父级的内边距或者是上一个元素的外边距。可以在 CSS 中添加 float 属性来定义浮动，其基本语法如下。

图 1-47　固定定位示例

选择器{float:属性值}

浮动布局常见属性如表 1-25 所示。

表 1-25　浮动布局常用属性

属　　性	取　　值	取值描述
float	none| left | right| inherit	设置标签浮动 none：让元素不浮动 left：让元素向左浮动 right：让元素向右浮动 inherit：让元素从父级继承浮动属性

续表

属　　性	取　　值	取值描述
clear	left ∣ right ∣ both	清除浮动 left：清除左侧浮动 right：清除右侧浮动 both：同时清除左右两侧浮动
overflow	visible ∣ auto ∣ hidden ∣ scroll∣ inherit	设置内容超出标签时的处理方式 visible：默认值，内容不会被修剪，会呈现在元素框之外 auto：如果内容被修剪，则浏览器会显示滚动条以便于查看其余内容 hidden：内容会被修剪，并且其余内容是不可见的 scroll：内容会被修剪，但是浏览器会显示滚动条以便查看其余的内容 inherit：从父元素继承 overflow 属性的值
overflow-x	visible∣ auto ∣ hidden ∣ scroll	设置内容超出标签宽度时的处理方式 取值描述同 overflow
overflow-y	visible∣ auto ∣ hidden ∣ scroll	设置内容超出标签高度时的处理方式 取值描述同 overflow
visibility	visible ∣ hidden ∣ collapse∣ inherit	设置标签是否可见 visible：默认值，标签可见 hidden：标签不可见 collapse：当在表格标签中使用时，此值可删除一行或一列，但是不会影响表格的布局，被行或列占据的空间会留给其他内容使用。如果此值被用在其他的元素上，会呈现为"hidden" inherit：从父元素继承 visibility 属性的值

浮动布局用法示例如下。

```
<!DOCTYPE html>
<html>
    <head>
        <meta charset = "UTF-8" />
        <title>CSS 浮动</title>
        <style type = "text/css">
            div {
                width：800px;
                height：200px;
            }
            .left {
                float：left;
                width：200px;
```

```
                background：seagreen；
            }

        . right {
            float：right；
            width：200px；
            background：yellow；
        }
        . center {
            background：blue；
        }
    </style>
</head>
<body>
    <div>
            <div class="left">left</div>
            <div class="right">right</div>
            <div class="center">center</div>
    </div>
</body>
</html>
```

运行结果如图 1-48 所示。

4）弹性布局

弹性布局是 CSS3 的一种新的布局模式，弹性布局中的子元素可以在任何方向上排列，根据屏幕尺寸或浏览器窗口尺寸自动调

图 1-48　浮动布局示例

整在页面中的显示方式。一个弹性布局是由一个弹性容器（flex container）和弹性子项（flex item）组成，基本语法如下。

```
display：flex；
```

弹性容器通过设置 display 属性的值为 flex 或 inline-flex 将其定义为弹性容器。弹性容器内包含了一个或多个弹性子元素。弹性容器属性如表 1-26 所示。

表 1-26　弹性容器属性

属　　性	描　　述	取　　值
display	指定 HTML 元素盒子类型	flex：将对象作为弹性伸缩盒显示 inline-flex：将对象作为内联块级弹性伸缩盒显示
flex-direction	指定了弹性容器中子元素的排列方式	row：横向排列（默认值） row-reverse：横向反向排列 column：纵向排列 column-reverse：纵向反向排列

续表

属　　性	描　　述	取　　值
justify-content	设置弹性盒子元素在主轴（横轴）方向上的对齐方式	flex-start（默认值）：左对齐 flex-end：右对齐 center：居中 space-between：两端对齐，项目之间的间隔都相等 space-around：每个项目两侧的间隔相等。所以，项目间的间隔比项目与边框的间隔大一倍
align-items	设置弹性盒子元素在侧轴（纵轴）方向上的对齐方式	flex-start：顶端对齐 flex-end：底部对齐 center：竖直方向上居中对齐 baseline：项目第一行文字的底部对齐 stretch（默认值）：当 item 未设置高度时，item 将和容器等高对齐
flex-wrap	设置弹性盒子的子元素超出父容器时是否换行	nowrap（默认）：不换行 wrap：换行，第一行在上方 wrap-reverse：换行，第一行在下方
align-content	修改 flex-wrap 属性的行为，类似 align-items，但不是设置子元素对齐，而是设置行对齐	flex-start：左对齐 flex-end：右对齐 center：居中对齐 space-between：两端对齐 space-around：沿轴线均匀分布 stretch（默认值）：各行将根据其 flex-grow 值拉伸以占据剩余空间
flex-flow	flex-direction 和 flex-wrap 的简写	默认值为 row nowrap，即横向排列，不换行
flex-grow	定义了当弹性盒子有多余空间时，item 是否放大	默认为 0，即如果存在剩余空间，也不放大
flex-shrink	定义了当弹性盒子空间不足时，item 是否缩小	默认为 1，即如果空间不足，项目将自动缩小
order	设置弹性盒子的子元素排列顺序	默认为 0，数值越小，排列越靠前
align-self	在弹性子元素上使用，覆盖容器的 align-items 属性	auto：和父元素 align-self 的值一致 flex-start：顶端对齐 flex-end：底部对齐 center：竖直方向上居中对齐 baseline：item 第一行文字的底部对齐 stretch：当项目未设置高度时，项目将和容器等高对齐

弹性容器用法示例如下。

```html
<html>
    <head>
        <meta charset="UTF-8">
        <title>弹性布局</title>
        <style type="text/css">
            * {
                margin: 0;
                padding: 0;
            }

            html,
            body {
                width: 100%;
                height: 100%;
            }

            .box {
                width: 100%;
                height: 100%;
                display: flex;
                flex-direction: column;
            }

            .top {
                width: 100%;
                height: 200px;
                background: #ADD8E6;
            }

            .content {
                flex: 1;
                display: flex;
            }

            .left {
                width: 200px;
                height: 100%;
                background: #FFA500;
            }

            .right {
                flex: 1;
                background: #FF0000;
            }
        </style>
    </head>
```

```
<body>
    <div class = "box">
        <div class = "top"></div>
        <div class = "content">
            <div class = "left"></div>
            <div class = "right"></div>
        </div>
    </div>
</body>
</html>
```

运行结果如图 1-49 所示。

图 1-49　弹性布局示例

任务实施

本次设计的新闻详情页面按照流动布局进行排版，即标签元素按照正常文档流自上而下的排列，除了 <div> 标签独占一行，其他标签元素按先后顺序逐行往下排序，具体任务实施步骤如下。

1. 为 body 添加样式

由于手机端的页面较窄，因此把整个页面宽度设置为父元素即浏览器的 40%，居中对齐，任务 1-1 任务实施的 HTML 代码中添加 <style> 标签，代码示例如下。

```
<style type = "text/css">
    body {
        width：40%；
        margin：auto；
    }
</style>
```

运行效果如图 1-50 所示。

2. 为导航栏添加样式

将导航模块添加到 <div> 标签中，并设置样式，代码示例如下。

图 1-50　为 body 添加样式示例

```
...
<style type = "text/css">
    body {
        width：40%；
```

```
    margin：auto；
}
.top {
    /* 设置高度 */
    height：3rem；
    /* 设置 div 背景颜色 */
    background：#537BFF；
}
.back {
    /* 设置颜色是白色 */
    color：white；
    /* 设置字体大小 */
    font-size：1.28rem；
    /* 设置行高 */
    line-height：2rem；
    /* 去掉下画线 */
    text-decoration：none；
    /* 设置宽度和高度 */
    width：3rem；
    height：2.11rem；
    /* 设置边距 */
    top：0.5rem；
    padding-left：2.5rem；
    padding-right：0.1rem；
    /* 标签采用相对定位 */
    position：relative；
    /* 设置背景为一个返回图标的图片 */
    background：url(./img/return.png)；
    /* 设置背景图片的宽度和高度 */
    background-size：2.8rem 1.5rem；
    /* 设置背景图像的起始位置,第一个值是水平位置,第二个值是垂直位置 */
    background-position：0 center；
    /* 背景图像仅显示一次,不重复 */
    background-repeat：no-repeat；
    /* 使用 inline-block 来创建水平显示导航链接 */
    display：inline-block；
}
/* 在类选择器为 back 的元素后面的内容之后插入新内容即首页和新闻之间插入一条竖线 */
.back::after {
    content：''；
    width：0.02rem；
    height：1.5rem；
    right：0；
    margin-top：0.3rem；
    /* 相对于最近的定位父元素进行定位 */
    position：absolute；
```

```
            background: #e0f2ff;
            /* 设置不透明度 */
            opacity: 0.5;
        }
        .xinwen {
            color: #fff;
            font-size: 1.28rem;
            line-height: 2rem;
            text-decoration: none;
            top: 0.5rem;
            padding-left: 0.3rem;
            position: relative;
        }
        .more {
            line-height: 3.24rem;
            width: 2rem;
            top: 27%;
            float: right;
            position: relative;
        }
        .more img {
            width: 1.5rem;
            height: 1.5rem;
            top: 0;
            left: 0;
            position: absolute;
        }
    </style>
</head>
    <body>
        <div class="top">
            <a class="back" href="http://www.people.com.cn/">人民网首页</a>
            <a class="xinwen"  href="http://www.people.com.cn/">综合报道</a>
            <a class="more" href="http://www.people.com.cn" ><img src="./img/more.png" alt=""></a>
        </div>
...
```

运行结果如图 1-51 所示。

3. 为标题添加样式

把标题放在<div>标签中，设置类名为 titile 的样式，并为<h1>标签设置字体、大小、颜色、行高等样式，代码示例如下：

图 1-51   为导航栏添加样式示例

```
...
    <style type="text/css">
        ...
        .titile {
            padding: 0 1.18rem;
        }
        .titile h1 {
            font-size: 1.21rem;
            font-weight: 400;
            font-family: '微软雅黑';
            color: #222;
            letter-spacing: 0;
            line-height: 1.32rem;

            padding: 0.16rem 0 0.15rem;
        }
    </style>
</head>
    <body>
        ...
        <div class="titile">
            <h1>我国建成世界最大清洁能源走廊</h1>
        </div>
        ...
```

运行结果如图 1-52 所示。

图 1-52　为标题添加样式示例

4. 为作者添加样式

将作者头像和信息放在类名为 author 的<div>中，并设置为弹性布局，默认里面的元素按照横向排列，设置头像的类名为 logo 的样式，将作者的名字和时间信息放在一个类名 info 的<div>中，最终实现头像和作者信息并排显示，代码示例如下：

```
...
<style type="text/css">
        ...
        .author {
            font-family: '微软雅黑';
            color: #828c9b;
            font-size: 0.12rem;
            line-height: 0.24rem;

            margin-left: 1rem;
            margin-bottom: 0.24rem;
            /* 设置该标签为弹性布局,元素默认横向排列 */
            display: flex;
        }
```

```
.logo {
    width: 4rem;
    background: url(./img/logo.png) center no-repeat;
    background-size: contain;
    margin-right: 0.06rem;
}

.info {
    font-size: 0.12rem;
    color: #828c9b;
    line-height: 0.24rem;
    font-family: '微软雅黑';
}

.name {
    font-size: 0.8rem;
    color: #000;
    line-height: 1;
    padding: 0.2rem 0.1rem 0.2em 0.1rem;
}

.desc {
    font-size: 0.6rem;
    color: #a2a2a2;
    line-height: 1;
    padding-left: 0.2rem;
}
    </style>
</head>
<body>
    ...
    <div class="author">
        <div class="logo"></div>
        <div class="info">
            <div class="name">作者</div>
            <div class="desc">2022 年 12 月</div>
        </div>
    </div>
    ...
```

运行效果如图 1-53 所示。

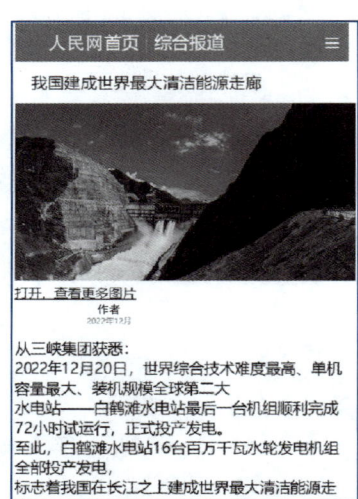

图 1-53　为作者添加样式示例

5. 为图片和内容添加样式

给图片设置圆角等样式属性，把新闻主体内容放在 id 名为 main 的<div>中，给新闻的字体设置类名为 content 的样式属性，代码示例如下：

```
<!DOCTYPE html>
<html lang="en">
    <head>
        <title>新闻详情页</title>
        <style type="text/css">
        ...
        .image {
                /* 设置图片的最大宽度 */
                max-width: 100%;
                /* 给图片添加圆角效果 */
                border-radius: 5px;

        }

            .image-more {
                color: #537bff;
                font-size: 14px;
                background: #f0f6ff;
                max-width: 631px;
                margin: 0 auto;
                /* 添加圆角效果 */
                border-radius: 4px;
                border: 5px solid #f0f6ff;
            }

            a {
                text-decoration: none;
            }

            .content {
                line-height: 2.28rem;
                text-indent: 2em;
                font-size: 1.17rem;
                word-break: break-all;
                margin-bottom: 10px;
            }
        </style>
</head>
    <body>
        <div class="top">
            <a class="back" href="http://www.people.com.cn/">人民网首页</a>
            <a class="xinwen" href="http://www.people.com.cn/">综合报道</a>
            <a class="more" href="http://www.people.com.cn"><img src="./img/more.png" alt=""></a>
        </div>
        <div class="titile">
            <h1>我国建成世界最大清洁能源走廊</h1>
        </div>
```

```
<div style="margin-bottom：20px；text-align：center；">
    <img class="image" src="img/Baihetan.jpg" width="400px" alt=""><br />
    <div class="image-more"><a href="http://www.people.com.cn">打开,查看更多图片</a></div>

</div>
<div class="author">
    <div class="logo"></div>
    <div class="info">
        <div class="name">作者</div>
        <div class="desc">2022 年 12 月</div>
    </div>
</div>

<div class="content">
    <p>从三峡集团获悉:</p>
    <p>
        2022 年 12 月 20 日,世界综合技术难度最高、单机容量最大、装机规模全球第二大
        水电站——白鹤滩水电站最后一台机组顺利完成 72 小时试运行,正式投产发电。
        至此,白鹤滩水电站 16 台百万千瓦水轮发电机组全部投产发电,
        标志着我国在长江之上建成世界最大清洁能源走廊。
        目前,长江干流的乌东德、白鹤滩、溪洛渡、向家坝、三峡、葛洲坝
        6 座巨型梯级水电站共安装 110 台水电机组,
        总装机容量达 7169.5 万千瓦,形成世界最大清洁能源走廊。
        这条走廊跨越 1800 千米,
        形成总库容 919 亿立方米的梯级水库群和战略性淡水资源库,
        其中防洪库容 376 亿立方米,
        对保障长江流域防洪、发电、航运、水资源利用和生态安全具有重要意义。
    </p>
</div>
</body>
</html>
```

本次任务的最终效果如图 1-54 所示。

知识拓展

1. CSS 的继承性

CSS 的继承性是指在父元素中设置一些属性(如 color、font、text、line 等),子元素或者孙元素也可以继承使用。继承性一般用于设置网页上的公共信息如网页文字颜色、字体以及大小等内容,达到优化网页、提高效率的目的。注意:有一些特殊情况例如<a>标签的文字颜色和下画线、<h1>~<h6>标签的文字大小等是不能被继承的。代码示例如下。

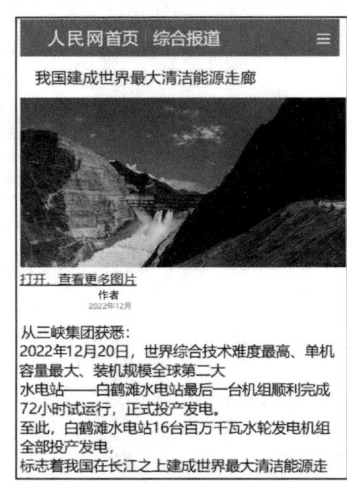

图 1-54 为内容添加样式示例

```html
<!DOCTYPE html>
<html>
    <head>
        <meta charset="UTF-8">
        <title>CSS 继承性</title>
        <style>
            .father {
                color: blue;
                font-size: 12px;
                text-decoration: underline;
                background: #c8c8c8;
            }
        </style>
    </head>
    <body>
        <div class="father">
            <p>子元素标签 p 继承了父类 div 的样式</p>
            <ul>
                <li>
                    <p>后代元素也继承了父类 div 的样式</p>
                </li>
            </ul>
            <a href="#">a 标签是不能继承父类 div 的颜色和文字装饰属性</a>
            <h1>h 标签也是不能继承父类 div 的属性</h1>
        </div>
    </body>
</html>
```

运行结果如图 1-55 所示。

图 1-55　CSS 的继承性示例

2. CSS 的层叠

CSS 层叠是指 CSS 产生了冲突，即多个选择器中设置了一个标签的相同样式但是不同值的情况，产生了层叠。当出现 CSS 层叠时，在相同优先级的情况下，下面的样式会将上面的样式替换掉，以 CSS 书写顺序中最后的样式为准，代码示例如下。

```html
<html>
    <head>
        <title>CSS 层叠</title>
        <style>
            div {
                color: green;
            }
```

```
            div {
                color: yellow;
            }
        </style>
    </head>
    <body>
        <!-- 最终样式显示就近原则 -->
        <div>CSS 层叠</div>
    </body>
</html>
```

运行结果如图 1-56 所示。

3. CSS 的优先级

当出现 CSS 层叠的时候，层叠的结果首先由优先级来确定。
CSS 优先级由高到低依次为：!important>行内样式>ID 选择器>类选择器>标签选择器>通配符选择器>继承>浏览器默认属性。在标签属性后面使用!important 会覆盖页面内其他的标签样式，同一级别中后面的样式会覆盖前面写的样式，代码示例如下。

图 1-56　CSS 层叠示例

```
<html>
    <head>
        <title>CSS 层叠</title>
        <style>
            div {
                color: green;
            }

            div {
                color: yellow;
            }
        </style>
    </head>
    <body>
        <!-- color 样式最终的颜色为 blue,因为行内样式比其他选择器的优先级高 -->
        <div style="color: blue;">根据 CSS 优先级最终颜色是什么</div>
    </body>
</html>
```

运行结果如图 1-57 所示。

其实，在进行 CSS 设置时，CSS 为每一种基础选择器分配了权重，权重值如下。

- 标签选择器：1。
- 类选择器：10。
- id 选择器：100。
- 继承样式：0。
- 行内样式：远大于 100。

图 1-57　CSS 优先级示例

当选择器是由多个基础选择器组成时，其权重为基础选择器权重值的叠加，例如如下示例。

```
.gray div{background-color:gray}      /* 权重值为 10+1=11 */
#red div{background-color:red}        /* 权重值为 100+1=101 */
.yellow #bg{ background-color:yellow} /* 权重值为 10+100=110 */
```

注意：如果复合选择器是由多个标签选择器或者类选择器组成，其权重值永远不会高于 id 选择器和类选择器。

关于 CSS 优先级的总结如下。

- ! important 的优先级最高。
- 行内样式的优先级>内联样式>外联样式。
- 开发者设置的样式高于浏览器的默认样式。
- 样式出现叠加时，权重值越高优先级越高。
- 复合选择器的权重值为基础选择器权重值之和。
- 继承的样式优先级最低。

任务 1-3　视频页面特效与交互的设计

任务 1-3

任务描述

本次任务要基于 HTML+CSS+JavaScript 完成视频网站的开发，效果如图 1-58 所示。

在该任务中，要求使用 HTML 和 CSS 实现静态页面，给页面添加 transiton 过渡和 transform 变形动画效果，使用 JavaScript 实现每隔 1.5 秒轮播 banner 图片的动态效果，当光标移动到图片或者图片导航标题的时候，停止轮播，鼠标离开则继续轮播。

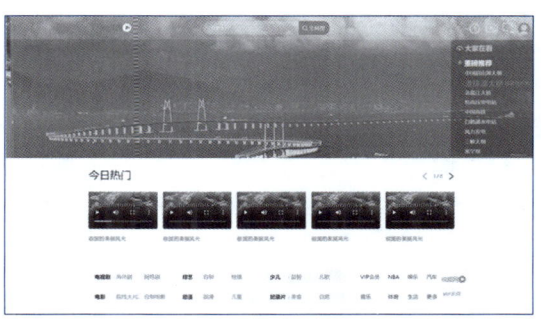

图 1-58　视频页面

问题引导

实现视频页面设计，请思考以下问题。

- 如何设置 transiton 实现过渡动画效果？
- 如何设置 transform 实现变形动画效果？

- 什么是 JavaScript？
- 怎么利用 JavaScript 实现轮播动画效果？
- 怎么添加鼠标移动事件？
- 如何添加定时器控制切换时间间隔？

知识准备

1. 过渡

在 CSS3 中，通过设置 transition 属性可实现过渡动画效果，该属性用于设置 HTML 标签以平滑渐变的方式变化，从而形成动画效果。过渡动画的语法如下。

```
transition：property duration timing-function delay；
```

transition 属性的具体含义如表 1-27 所示。

表 1-27　transition 属性

属　　性	描　　述	取　　值
property	规定设置过渡效果的 CSS 属性的名称	none：没有属性会获得过渡效果 all：所有属性都将获得过渡效果 property：定义应用过渡效果的 CSS 属性名称，以逗号分隔
duration	规定完成过渡效果需要多少秒或毫秒	默认值是 0
timing-function	规定过渡效果的速度	linear：规定以相同速度开始至结束的过渡效果（效果等同于 cubic-bezier(0,0,1,1)） ease：规定慢速开始之后变快，然后以慢速结束的过渡效果（效果等同于 cubic-bezier(0.25,0.1,0.25,1)） ease-in：规定以慢速开始的过渡效果（效果等同于 cubic-bezier(0.42,0,1,1)） ease-out：规定以慢速结束的过渡效果（效果等同于 cubic-bezier(0,0,0.58,1)） ease-in-out：规定以慢速开始和结束的过渡效果（效果等同于 cubic-bezier(0.42,0,0.58,1)） cubic-bezier(n,n,n,n)：在 cubic-bezier 函数中自定义，取值范围是 0~1
delay	规定在过渡效果开始前需要等待的时间，单位是秒或毫秒	默认值是 0

transition 属性用法示例如下：

```
<!DOCTYPE html>
<html>
    <head>
        <meta charset="UTF-8">
        <title>过渡效果</title>
        <style>
            div {
                width: 100px;
                height: 100px;
                background: red;
                /* 设置div完成过渡动画的时间为2秒且1秒后执行 */
                transition: all 2s ease 1s;
            }
            /* 设置光标移入div上方后宽度为1000像素,高度为500像素 */
            div:hover {
                width: 1000px;
                height: 500px;
            }
        </style>
    </head>
    <body>
        <div></div>
        <p>请把鼠标指针移动到红色的div元素上,就可以看到过渡效果。</p>
    </body>
</html>
```

运行结果如图 1-59 所示。

2. 变形

在 CSS3 中提供了变形操作，即 transform 属性，主要通过 rotate（旋转）、scale（缩放）、translate（移动）、skew（倾斜）等功能来实现文字或图像的变形操作。其基本语法如下。

图 1-59　transition 属性示例

```
transform: none | transform-functions;
```

主要参数和含义如表 1-28 所示。

表 1-28　transform 属性

取　值	描　述
none	不进行变形
matrix(n,n,n,n,n,n)	以一个含 6 个值的(a,b,c,d,e,f)变换矩阵的形式指定一个 2D 变换，相当于直接应用一个 $\begin{bmatrix} a & b & c \\ d & e & f \end{bmatrix}$ 2 维变换矩阵
matrix3d(n,n,n,n,n,n,n,n,n,n,n,n,n,n,n,n)	定义 3D 变形，使用 16 个值的 4×4 矩阵

续表

取　　值	描　　述
translate(x,y)	定义 2D 变形，按照设定的 x、y 参数值，当值为负数时，反方向移动物体，其基点默认为元素中心点，也可设置 transform-origin 属性改变基点
translate3d(x,y,z)	定义 3D 变形
translateX(x)	仅水平方向移动（X 轴移动）
translateY(y)	仅垂直方向移动（Y 轴移动）
translateZ(z)	定义 3D 变形，仅 Z 轴移动
scale(x,y)	定义 2D 缩放变形
scale3d(x,y,z)	定义 3D 缩放变形
scaleX(x)	通过设置 X 轴的值来定义缩放变形
scaleY(y)	通过设置 Y 轴的值来定义缩放变形
scaleZ(z)	通过设置 Z 轴的值来定义 3D 缩放变形
rotate(angle)	定义 2D 旋转，在参数中规定角度。如果设置的值为正数，则表示顺时针旋转。如果设置的值为负数，则表示逆时针旋转。默认情况下旋转的基点就是元素的中心点，如果要改变基点，通过 transform-origin 属性进行定义
rotate3d(x,y,z,angle)	定义 3D 旋转
rotateX(angle)	定义沿着 X 轴的 3D 旋转
rotateY(angle)	定义沿着 Y 轴的 3D 旋转
rotateZ(angle)	定义沿着 Z 轴的 3D 旋转
skew(x-angle,y-angle)	定义沿着 X 和 Y 轴的 2D 倾斜变形
skewX(angle)	定义沿着 X 轴的 2D 倾斜变形
skewY(angle)	定义沿着 Y 轴的 2D 倾斜变形
perspective(n)	为 3D 变形元素定义透视视图

transform 属性用法示例如下。

运行结果如图 1-60 所示。

代码：任务 1-3
transform 属性
用法

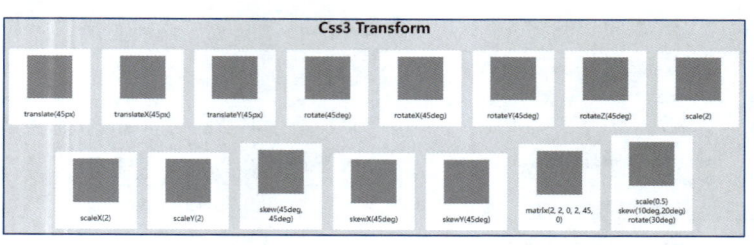

图 1-60　transform 属性示例

3. CSS3 动画

transition 通过控制属性值在一定的时间内平滑地过渡，需要通过单击、获得焦点、被单击或对元素任何改变的时候触发，从而实现动画效果。在 CSS3 中，想要实现更为复杂的动画效果，可以设置和使用 animation 属性，通过控制关键帧来控制动画的每一步，aini-mation 实现动画效果主要两步，首先设置@ keyframes 关键帧声明动画，再设置 animation 属性调用关键帧声明的动画。声明动画@ keyframes 基本语法如下。

```
@ keyframes animation-name {keyframes-selector {css-styles;}}
```

参数含义如表 1-29 所示。

表 1-29　keyframes 参数

参数名称	参数含义
animation-name	声明动画的名称
keyframes-selector	动画持续时间的百分比，也可以使用 "from" 和 "to" 的形式
css-styles	CSS 样式属性

设置 animation 属性的语法如下。

```
animation：name duration timing-function delay iteration-count direction;
```

animation 属性参数含义如表 1-30 所示。

表 1-30　animation 参数

参数名称	参数含义
name	规定需要绑定到选择器的 keyframe 名称
duration	规定完成动画所花费的时间，单位为秒或毫秒
timing-function	规定动画的运动速度曲线
delay	规定在动画开始之前的延迟
iteration-count	规定动画应亥播放的次数
direction	规定是否应该反向播放动画

animation 属性代码示例如下。

```
<!DOCTYPE html>
<html>
    <head>
        <meta charset="UTF-8">
        <title>CSS3 动画</title>
        <style>
```

```
            #div1 {
                margin: 0 auto;
                position: relative;
                width: 800px;
                height: 600px;
                border: 2px dashed green;
                background:#dddddd;
            }
            #div2 {
                position: absolute;
                width: 60px;
                height: 60px;
                background: #55aaff;
                animation: animation1 4s ease infinite;
            }

            @ keyframes animation1 {
                0% {
                    left: 0;
                    top: 0;
                }
                25% {
                    left: 740px;
                    top: 0;
                }
                50% {
                    left: 740px;
                    top: 540px;
                }
                75% {
                    left: 0;
                    top: 540px;
                }
                100% {
                    left: 0;
                    top: 0;
                }
            }
        </style>
    </head>
    <body>
        <div id = "div1">
            <div id = "div2"></div>
        </div>
    </body>
</html>
```

运行结果如图 1-61 所示。

4. JavaScript 基础知识

1）认识 JavaScript

（1）JavaScript 介绍

JavaScript（简称 JS）是一种网络脚本语言，广泛用于 Web 应用开发，通过嵌入在 HTML 中来为网页添加动态功能，为用户提供更流畅、美观的浏览效果。

JavaScript 功能包括验证表单、检测浏览器、创建 Cookies 等，是较为流行的脚本语言，可以在主流浏览器中运行。JavaScript 组成如表 1-31 所示。

图 1-61　animation 属性

表 1-31　JavaScript 的组成

组成部分	功能含义
ECMAScript	JavaScript 的核心基础语法
Brower Object Model（浏览器对象模型，简称 BOM）	获取浏览器信息或操作浏览器的对象
Document Object Model（文档对象模型，简称 DOM）	操作 HTML 页面中的元素

（2）为网页添加 JavaScript

给网页添加 JavaScript 的方式有 3 种：行内式、内嵌式和外链式。行内式是直接写在 HTML 代码的标签内部，是一个简写的事件，又称为事件属性，如下面的鼠标单击事件——onclick 单击事件。

```
<a href="https://www.qq.com"    onclick="alert('您将要跳转到腾讯官网')">腾讯</a>
```

内嵌式是在用于在 HTML 页面中，添加 JavaScript 代码，基本语法如下。

```
<script type="text/javascript">
    javascript 相关代码；
</script>
```

需要注意的同一 HTML 页面中，可以有多个<script>标签，但是<script>标签不能互相嵌套。

给网页添加 JavaScript 用法示例如下。

```
<!DOCTYPE html>
<html>
    <head>
        <meta charset="UTF-8">
        <title>CSS3 动画</title>
        <script type="text/javascript">
            window.onload = function() {
```

```
            alert("JavaScript 语句 1")
        }
    </script>
</head>
<body>
    <script type="text/javascript">
        document. write("JavaScript 语句 2");
    </script>
</body>
</html>
```

运行结果如图 1-62 所示。

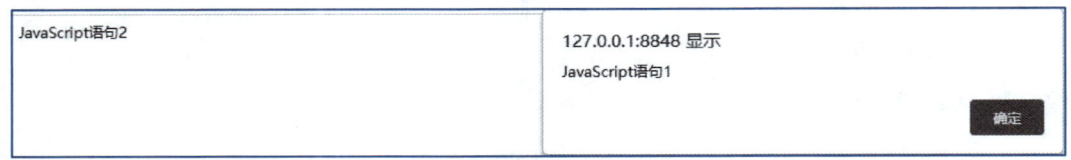

图 1-62   为网页添加 JavaScript 示例

外链式需要创建文件类型为 . js 的文件，把 JavaScript 语句写入该文件中，在 HTML 页面中通过<script>标签进行引入，引入语法如下。

```
<script src="JS 文件路径地址"></script>
```

（3）JavaScript 注释

JavaScript 注释用于解释 JavaScript 代码，分为单行注释和多行注释。单行注释以//开头，本行位于//后的文本都会被 JavaScript 忽略（不会执行）。一般在每条代码行之前使用单行注释，也可通过按 Ctrl+/组合键进行快速注释。代码示例如下。

```
<script type="text/javascript">
    //单行注释
    document. write("JavaScript 语句 2");
</script>
```

多行注释以/ * 开头，以 * /结尾。任何位于/ * 和 * /之间的文本都会被 JavaScript 忽略，不会被执行，可通过按 Ctrl+Shift+/组合键，进行快速注释。代码示例如下。

```
<script type="text/javascript">
/ * 多行注释
多行注释 * /
    window. onload = function() {
        alert("JavaScript 语句 1")
        alert("JavaScript 语句 2")
        }
</script>
```

2）JavaScript 输出

JavaScript 中可以通过不同的方式输出数据，如表 1-32 所示。

表 1-32　JavaScript 输出数据的方式

输 出 方 式	说　　明
window. alert( )	在浏览器中弹出一个对话框，然后把要输出的内容显示
document. write( )	直接的在页面中显示输出的内容
console. log( )	在控制台输出内容
innerHTML	写入 HTML 元素

（1） window. alert( )

window. alert( )在浏览器中弹出对话框，方便地输出结果。例如显示"欢迎"，代码如下。

```
<!DOCTYPE html>
<html>
    <head>
        <meta charset="UTF-8">
        <title>alert( )输出</title>
    </head>
    <body>
        <script>
            window. alert("欢迎");
        </script>
    </body>
</html>
```

运行结果如图 1-63 所示。

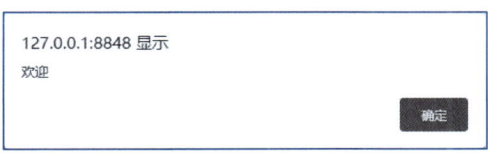

图 1-63　window. alert( )用法示例

（2） document. write( )

document. write( )方法将内容写到 HTML 文档中，代码示例如下。

```
<!DOCTYPE html>
<html>
    <head>
        <meta charset="UTF-8">
        <title>document. write( )</title>
    </head>
    <body>
        <script>
            document. write('<h1>你好</h1>');
        </script>
    </body>
</html>
```

运行结果如图 1-64 所示。

（3）console. log（）

console. log（）方法用于在浏览器的控制台中输出信息。在浏览器中按 F12 键启用调试模式，在调试窗口中单击"Console"选项卡，浏览器控制台中会显示 JavaScript 输出信息，示例代码如下。

图 1-64　document. write（）
用法示例

```html
<!DOCTYPE html>
<html>
    <head>
        <meta charset="UTF-8">
        <title>console. log</title>
    </head>
    <body>
        <h1>按 F12 键使用 console. log()方法调试 JavaScript</h1>
        <script>
            console. log("你好")
        </script>
    </body>
</html>
```

运行结果如图 1-65 所示。

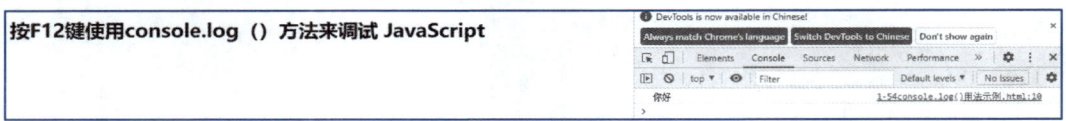

图 1-65　console. log（）用法示例

（4）innerHTML

innerHTML 语句用来获取或插入标签内容。在 HTML 中先使用 id 属性来标识 HTML 标签。在 JavaScript 中通过 document. getElementById（id）方法访问该标签，再通过 innerHTML 语句修改标签的 HTML 内容，示例代码如下。

```html
<!DOCTYPE html>
<html>
    <head>
        <meta charset="UTF-8">
        <title>innerHTML</title>
    </head>
    <body>
        <p id="p1">请使用 id 属性标识 HTML 标签,使用 innerHTML 来获取或插入标签的内容。</p>
        <script>
            document. getElementById("p1"). innerHTML = "可以通过 innerHTML 修改内容";
        </script>
    </body>
</html>
```

运行结果如图 1-66 所示。

3）JavaScript 数据类型

JavaScript 中的数据类型有字符串值、数值、布尔值、数组和对象等，如表 1-33 所示。

可以通过innerHTML修改内容

图 1-66　innerHTml
用法示例

表 1-33　JavaScript 的数据类型

数据类型	说　　明
字符串（String）	表示文本的数据类型，可以使用单引号或双引号，示例如下： "hello" 'hello'
数值（Number）	数值表示数字的类型，可以是整数或者浮点数，可以是二进制、八进制、十进制，或者十六进制，示例如下： 22；　　　　// 变量类型为十进制的整型数字 5.06；　　　 // 变量类型为实数表示法的浮点型数字 31e2；　　　 // 变量类型为科学记数法表示的数字 0b1011；　　 // 前缀为 0b 或 0B 的数值变量类型为二进制的整型数字 0o7632；　　 // 前缀为 0o 或 0O 的数值变量类型为八进制的整型数字 0xb3a6；　　 // 前缀为 0x 或 0X 的数值变量类型为十六进制的整型数字
布尔（Boolean）	布尔常用在条件判断中，取值范围为 true 或 false 两个值
对象（Object）	对象由花括号分隔，在括号内部，对象的属性以名称和值对的形式（name：value）来定义，属性由逗号分隔，示例如下： {name:"amy"，age:20, id:3123}
数组（Array）	数组表示一些项目的集合，用一对"［］"来标识，项目之间用逗号隔开，数组的索引由 0 开始计算，所以第 1 个项目的索引是 0，第 2 个项目的索引是 1，以此类推。数组类型，示例如下： ［"white"，"red"，"yellow"］

4）JavaScript 语法

（1）JavaScript 值

JavaScript 语句定义两种类型的值：混合值和变量值。混合值被称为字面量（literal），即固定的一个值。变量值被称为变量，用于存储数据值。JavaScript 使用 var 关键词来声明变量，等号用于为变量赋值。示例如下所示：

```
var x = 30;
```

（2）JavaScript 运算符

JavaScript 运算符包括算术运算符、赋值运算符和关系运算符等，运算符的类型和说明如表 1-34 所示。

表 1-34   **JavaScript** 的运算符

运算符类型	运算符	说　明
算术运算符	+	加法
	−	减法
	*	乘法
	/	除法
	%	取余
	++	自增
	−−	自减
赋值运算符	=	x = y
	+=	x += y
	−=	x −= y
	*=	x *= y
	/=	x /= y
	%=	x %= y
字符串运算符	+	str= str1 + str2
	+=	str1 += str2
比较运算符	==	等于
	===	值及类型均相等（恒等于）
	!=	不等于
	!==	值与类型均不等（不恒等于）
	<	小于
	>	大于
	>=	大于或等于
	<=	小于或等于
逻辑运算符	&&	与
	||	或
	!	非
位运算符处理	&	与
	|	或
	~	非
	^	异或
	<<<	零填充左位移
	>>	有符号右位移
	>>>	零填充右位移

（3）JavaScript 关键字

JavaScript 语句通常以一个关键字为开始，常见 JavaScript 语句的关键字如表 1-35 所示。

表 1-35 JavaScript 的关键字

关键字	描 述
var	声明一个变量
function	定义一个函数
return	退出函数
if…else	基于不同的条件来执行不同的语句
while	当条件语句为 true 时,执行语句块
do…while	执行一个语句块,在条件语句为 true 时继续执行该语句块
continue	跳过循环中的一个迭代
switch	基于不同的条件来执行不同的语句
for	在条件语句为 true 时,可以将代码块执行指定的次数
for…in	遍历数组或者对象
break	跳出循环

5)JavaScript 流程控制

在 JavaScript 中,程序是按照自上向下的顺序执行的。通过流程控制语句可以基于条件改变程序执行的顺序,或者反复执行某一段程序。JavaScript 中常见的流程控制语句如下。

(1)if 语句

JavaScript 使用 if 来进行条件判断,基本语法如下。

```
if(条件判断){
    条件成立时执行的代码
}
else{
    条件不成立时执行的代码
}
```

if 语句用法示例如下。

```
<!DOCTYPE html>
<html>
    <head>
        <meta charset="utf-8">
        <title>条件语句</title>
    </head>
    <body>
        <p>JavaScript 使用 if(){...}else{...}来进行条件判断</p>
        <script>
            var score = 76;
            if (score >= 90) {
                alert("优秀");
            } else if (score >= 80) {
                alert("良好");
            } else if (score >= 70) {
```

```
        alert("良好");
    } else if (score >= 60) {
        alert("及格");
    } else {
        alert("不及格");
    }
    </script>
    </body>
</html>
```

运行结果如图 1-67 所示。

（2）switch 语句

switch 语句根据不同的条件来执行不同的代码块，基本语法如下。

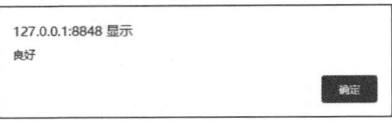

图 1-67　if 语句用法示例

```
switch(表达式) {
case 1:
    // 代码块
    break;
...
case n:
    // 代码块
    break;
default:
    // 代码块
    break;
}
```

如果调用 switch() 时，变量的值和某 case 中的值相等则执行此 case 中的代码。当所有 case 都不符合时，执行 default 语句中的代码，示例代码如下。

```
<!DOCTYPE html>
<html>
    <head>
        <meta charset="UTF-8">
        <title>switch 分支语句</title>
    </head>
    <body>
        <p>switch 语句根据不同的条件来执行不同的动作</p>
        <script>
            var day = 2;
            switch (day) {
                case 1:
                    window.alert("星期一");
                    break;
                case 2:
                    window.alert("星期二");
                    break;
```

```
            case 3:
                window.alert("星期三");
                break;
            case 4:
                window.alert("星期四");
                break;
            case 5:
                window.alert("星期五");
                break;
            case 6:
                window.alert("星期六");
                break;
            case 7:
                window.alert("星期天");
                break;
            default:
                alert("请输入数字1~7");
            }
        </script>
    </body>
</html>
```

运行结果如图 1-68 所示。

（3）for 循环语句

for 循环是一种循环语句，由循环体及循环的判定条件两部分组成，for 语句语法如下。

```
for(初始化变量;循环条件;循环迭代){
循环语句;
}
```

示例代码如下。

图 1-68　switch 语句用法示例

```
<!DOCTYPE html>
<html>
    <head>
        <meta charset="UTF-8">
        <title>for 循环语句</title>
    </head>
    <body>
        <p>for 循环运行结果如下:</p>
        <script>
            for(var a=0;a<10;a++)
            {
            document.write("a="+a+"<br/>");
            }
        </script>
    </body>
</html>
```

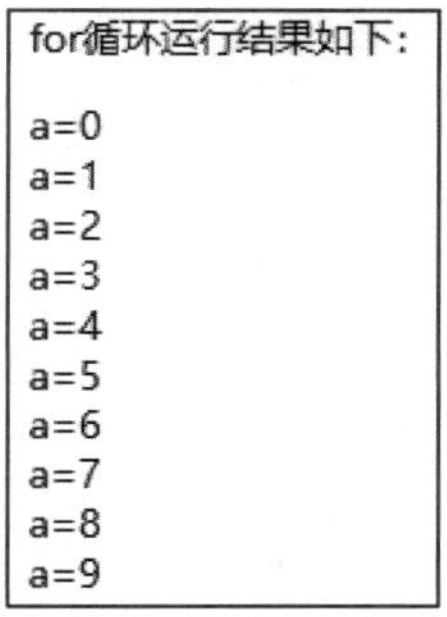

```
for循环运行结果如下:

a=0
a=1
a=2
a=3
a=4
a=5
a=6
a=7
a=8
a=9
```

图 1-69　for 循环语句用法示例

运行结果如图 1-69 所示。

（4）while 循环语句

while 循环也是一种循环语句。当 while 中的条件为 true 时循环指定的循环体，其语法如下。

```
while(条件)
{
循环体
}
```

示例代码如下。

```html
<!DOCTYPE html>
<html>
    <head>
        <meta charset="UTF-8">
        <title>while 循环语句</title>
    </head>
    <body>
        <p>while 循环运行结果如下:</p>
        <script>
            var a=1;
            // 先判断,再执行
            while(a<6)
            {
            document.write("a="+a+"<br/>");
             a++;
            }
        </script>
    </body>
</html>
```

运行结果如图 1-70 所示。

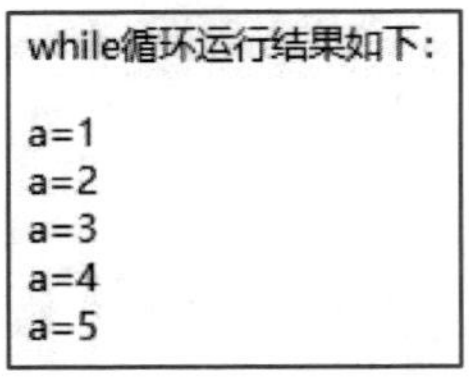

（5）三元表达式

三元表达式又称三元运算符，比 if…else 语句更简洁。三元语表达式法如下。

```
(表达式 1)？(表达式 2):(表达式 3)
```

语法含义是在表达式 1 值为 true 时取值为表达式 2；在表达式 1 值是 false 时，取值为表达式 3。

三元表达式的用法示例如下。

```
while循环运行结果如下:

a=1
a=2
a=3
a=4
a=5
```

图 1-70　while 循环语句
用法示例

```html
<!DOCTYPE html>
<html>
    <head>
        <meta charset="UTF-8">
        <title>while 循环语句</title>
    </head>
```

```
<body>
    <p>使用三元运算符判断较大的数:</p>
    <script type="text/javascript">
        var a = 5;
        var b = 9;
        var max;
        max = a > b ? a : b;
        document.write(a + "和" + b + "相比,较大的数是" + max);
    </script>
</body>
</html>
```

运行结果如图 1-71 所示。

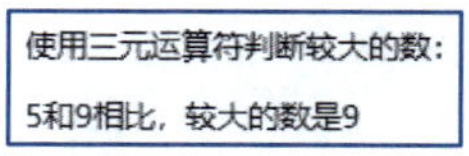

6）JavaScript 函数

JavaScript 开发中常把需要重复使用的代码，用 function
语法抽象出来，方便重复调用。JavaScript 封装了一些常用
的方法供开发者直接调用，如 alert()、parseInt() 等，这些函数是内置函数，也可以使用
function 关键字来构造函数。JavaScript 中函数的知识点如下。

```
使用三元运算符判断较大的数:
5和9相比，较大的数是9
```

图 1-71　三元表达式用法示例

（1）函数定义

JavaScript 使用关键字 function 定义函数，函数内部独立的语句段可以被当作一个整体
来引用和执行，基本语法如下。

```
function 函数名(形式参数){函数体}
```

如果需要函数返回计算值，使用 return 关键字。JavaScript 对大小写敏感，关键词
function 必须是小写。定义函数时可以设置参数，这些参数称为形式参数，形式参数之间
用逗号隔开。函数只有被调用后才会执行，调用函数的语法如下。

```
函数名(实际参数);
```

调用函数时，必须用正确的函数名称调用。调用函数时，参数为实际参数，即在函数
调用时给形参赋的值。函数的定义和调用的示例代码如下。

```
<!DOCTYPE html>
<html>
    <head>
        <meta charset="UTF-8">
        <title></title>
    </head>
    <body>
        <script>
            // 定义一个函数 fun1
            function fun1(a, b){
                return a + b;
            }
            // 调用函数 fun1
```

```
        alert(fun1(11, 22)); // 显示 30
    </script>
    </body>
</html>
```

运行结果如下图 1-72 所示。

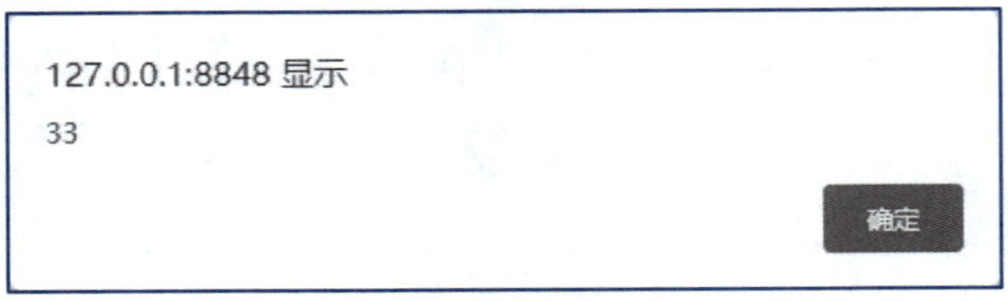

```
127.0.0.1:8848 显示

33

                                    确定
```

图 1-72   函数的定义和调用示例

（2）匿名函数

匿名函数就是没有名字的函数，在声明函数时不写函数名称，将函数赋值给变量，其语法如下所示。

```
var fn = function(形式参数){函数体}
```

调用该匿名函数语法如下。

```
fn(实际参数);
```

在匿名函数中，将匿名函数赋值给一个变量，通过变量名调用函数。通过匿名函数实现图片轮播的示例代码如下。

```
<!DOCTYPE html>
<html>
    <head>
        <meta charset="UTF-8">
        <title></title>
        <style type="text/css">
            img {
                width: 400px;
                border: 1px solid green;
                margin: 0 auto;
                display: block;
            }
        </style>
        <script type="text/javascript">
            // 定义一个变量
            var i = 0;

            // 循环切换图片
            // window.setInterval(匿名函数, 时间毫秒); 在指定的时间毫秒间隔, 不断调用第一个参数传
入的匿名函数
            window.setInterval(function() {
```

```
            i++;
            // 动态获取页面中的 img 标签, 然后修改 img 标签的 src 属性
            document.getElementById("img").src = "images/0" + i + ".jpg";

            // 判断
            if (i == 3) {
                i = 0;
            }
        }, 1000);
    </script>
</head>
<body>
    <img src="" id="img">
</body>
</html>
```

运行结果如图 1-73 所示, 可以看到通过匿名函数 window.setInterval()实现每隔 1000 毫秒 (即 1s) 对图片进行轮播。

7) JavaScript 对象

对象是一个包含相关数据和方法的集合, 通常由一些变量和函数组成, 即对象里面的属性和方法。对象的属性和方法统称为对象的成员。属性指的是与 JavaScript 对象相关的值, 属性可以被访问、添加和删除等。访问对象属性的语法如下。

图 1-73 匿名函数示例

```
objectName.property
```

JavaScript 方法是能够在对象上执行的方法或函数, 访问对象方法的语法如下。

```
objectName.methodName()
```

(1) 自定义对象

JavaScript 中可以直接创建自定义对象。创建自定义对象语法以及自定义对象的属性和方法如下。

```
var objectName = {
    property1 : value1,
    property2 : value2,
    ...,
    methodName1 : function([parameter_list]){
        // 函数体
    },
    ...,
}
```

property 是对象的属性; value 是对象的属性值; methodName 是对象的方法; parameter_ list 是方法的参数。可以通过创建自定义构造函数的方法创建对象，构造函数与一般函数的区别在于是否使用 new 运算符，语法如下所示。

```
function   构造函数([参数列表]){
    this.属性 = 属性值;     // 公开属性(可以通过对象名.属性名来访问)
    var 属性 = 属性值;       // 私有属性(只能通过对象的内部函数来访问)
    …
    this.函数 1 = function([参数列表]){
        // 函数体
};
    …
}
```

自定义对象的用法示例如下。

```html
<!DOCTYPE html>
<html>
    <head>
        <meta charset="UTF-8">
        <title>自定义对象</title>
        <script>
            // 直接创建自定义对象
            var student = {
                name: "Zhangsan",
                sex: "female",
                age: 19,
                "study": function() {
                    document.write("I am a student" + "<br/>");
                }
            };
            document.write("student name:" + student.name + "<br/>");
            document.write("student sex:" + student.sex + "<br/>");
            document.write("student age:" + student.age + "<br/>");
            student.study();
            document.write("<br/>")
            // 通过构造函数创建对象
            function Teacher(name, sex, age) {
                this.name = name;
                this.sex = sex;
                this.age = age;
                this.work = function() {
                    document.write("I am a teacher");
                }
            }
            var teacher = new Teacher("Tom", "male", 30);
            document.write("teacher name:" + teacher.name + "<br/>");
            document.write("teacher sex:" + teacher.sex + "<br/>");
            document.write("teacher age:" + teacher.age + "<br/>");
```

```
        teacher. work();
    </script>
</head>
<body>
</body>
</html>
```

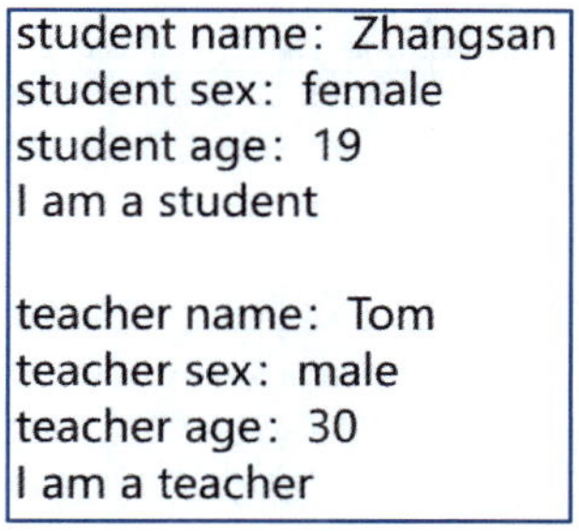

```
student name: Zhangsan
student sex: female
student age: 19
I am a student

teacher name: Tom
teacher sex: male
teacher age: 30
I am a teacher
```

运行结果如图 1-74 所示。

图 1-74　自定义对象示例

（2）内置对象

JavaScript 中的内置对象是指 JavaScript 语言的自带对象，提供了常用属性和方法。JavaScript 提供了多个内置对象如 Math、Date、Array、String 等，如表 1-36 所示。

表 1-36　内 置 对 象

对象名称	描　　述
String	字符串对象，提供对字符串文本进行操作的属性和方法
Array	数组对象，用于在单个的变量中存储多个值
Date	日期时间对象，用于处理日期和时间，会自动把当前日期和时间保存为初始值
Boolean	布尔对象，其值为"true"或"false"
Number	数值对象
Math	数学对象，提供数学运算方面的属性和方法
RegExp	对象表示正则表达式，描述字符模式的对象
Function	内置 function 类型的对象
Events	事件对象，用于描述所产生的事件

（3）事件对象

事件对象即 Event 对象代表事件的状态，例如 HTML 标签的改变、按钮的状态、键盘按键的状态等。事件通常与函数结合使用，函数在事件后被执行。当事件发生的时候，和事件相关信息都会被临时保存到 Event 对象中，语法格式如下。

事件源 . 事件类型 = 执行指令

JavaScript 常见的事件如表 1-37 所示。

表 1-37　事 件 对 象

对象名称	描　　述
onclick	单击某个对象
ondblclick	双击某个对象
onmousedown	鼠标按键被按下

续表

对象名称	描　　述
onmousemove	鼠标指针被移动
onmouseout	鼠标指针从某元素移开
onmouseover	鼠标指针被移到某元素之上
onmouseup	鼠标按键被松开
onload	某个页面或图像加载完成
onunload	用户退出页面
onabort	图像加载被中断
onerror	当加载文档或图像时发生某个错误
onfocus	元素获得焦点
onblur	元素失去焦点
onchange	用户改变域的内容
onkeydown	键盘的某个键被按下
onkeypress	键盘的某个键被按下或按住
onkeyup	键盘的某个键被松开
onreset	重置按钮被单击
onresize	窗口或框架被尺寸调整
onselect	文本被选定
onsubmit	提交按钮被单击

按钮被鼠标单击事件的示例代码如下。

```
<!DOCTYPE html>
<html>
    <head>
        <title>JavaScript 事件</title>
        <meta charset="UTF-8" />
        <script type="text/javascript">
            function fn1() {
                alert("您好!");
            }
        </script>
    </head>
    <body>
        <input type="button" value="按钮" style="width:50%;height:50px" onclick="fn1()" />
    </body>
</html>
```

运行结果如图 1-75 所示。

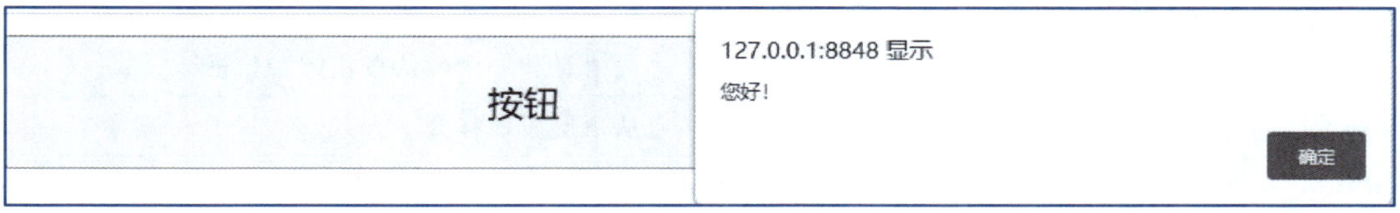

图 1-75　事件对象示例

（4）BOM 对象

BOM（Browser Object Mode）是指浏览器对象模型，BOM 由多个对象构成，提供了与浏览器窗口进行互动的对象结构。BOM 的核心对象是 window 对象，window 对象表示浏览器的一个实例。其他对象都是 window 对象的子对象。BOM 对象常用属性和方法如表 1-38 所示。

表 1-38　BOM 对象常用属性和方法

	对象属性	描　　述
window 对象	closed	返回窗口是否已被关闭
	defaultStatus	设置或返回窗口状态栏中的默认文本
	innerheight	返回窗口文档显示区的高度
	innerwidth	返回窗口文档显示区的宽度
	length	设置或返回窗口中的框架数量
	name	设置或返回窗口的名称
	opener	返回对创建此窗口的窗口的引用
	outerheight	返回窗口的外部高度
	outerwidth	返回窗口的外部宽度
	pageXOffset	设置或返回当前页面相对于窗口显示区左上角的横轴位置
	pageYOffset	设置或返回当前页面相对于窗口显示区左上角的纵轴位置
	parent	返回父窗口
	self	返回对当前窗口的引用，等价于 window 属性
	status	设置窗口状态栏的文本
	top	返回最顶层的窗口
	window	window 属性等价于 self 属性，包含了对窗口自身的引用
	screenLeft screenTop screenX screenY	只读整数，声明了窗口的左上角在屏幕上的 x 坐标和 y 坐标。IE、Safari 和 Opera 浏览器支持 screenLeft 和 screenTop，而 Firefox 和 Safari 浏览器支持 screenX 和 screenY。

续表

	对象方法	描　述
window 对象	alert( )	显示带有一段消息和一个确认按钮的警告框
	blur( )	把键盘焦点从顶层窗口移开
	clearInterval( )	取消由 setInterval( ) 设置的 timeout
	clearTimeout( )	取消由 setTimeout( ) 方法设置的 timeout
	close( )	关闭浏览器窗口
	confirm( )	显示带有一段消息以及确认按钮和取消按钮的对话框
	createPopup( )	创建一个 pop-up 窗口
	focus( )	把键盘焦点给予一个窗口
	moveBy( )	可相对窗口的当前坐标将其移动指定的像素
	moveTo( )	把窗口的左上角移动到一个指定的坐标
	open( )	打开一个新的浏览器窗口或查找一个已命名的窗口
	print( )	打印当前窗口的内容
	prompt( )	显示可提示用户输入的对话框
	resizeBy( )	按照指定的像素调整窗口的大小
	resizeTo( )	按照指定的宽度和高度调整窗口的大小
	scrollBy( )	按照指定的像素值来滚动内容
	scrollTo( )	把内容滚动到指定的坐标
	setInterval( )	按照指定的周期（以毫秒计）来调用函数或计算表达式
	setTimeout( )	在指定的毫秒数后调用函数或计算表达式

	对象属性	描　述
location 对象	hash	设置或返回从井号（#）开始的 URL（锚）
	host	设置或返回主机名和当前 URL 的端口号
	hostname	设置或返回当前 URL 的主机名
	href	设置或返回完整的 URL
	pathname	设置或返回当前 URL 的路径部分
	port	设置或返回当前 URL 的端口号
	protocol	设置或返回当前 URL 的协议
	search	设置或返回从问号（?）开始的 URL（查询部分）

	对象方法	描　述
	assign( )	加载新的文档
	reload( )	重新加载当前文档
	replace( )	用新的文档替换当前文档

续表

	对象属性	描　　述
navigator 对象	appCodeName	返回浏览器的代码名
	appMinorVersion	返回浏览器的辅版本号
	appName	返回浏览器的名称
	appVersion	返回浏览器的平台和版本信息
	browserLanguage	返回当前浏览器的语言
	cookieEnabled	返回指明浏览器中是否启用 cookie 的布尔值
	cpuClass	返回浏览器系统的 CPU 等级
	onLine	返回指明系统是否处于脱机模式的布尔值
	platform	返回运行浏览器的操作系统平台
	systemLanguage	返回操作系统使用的默认语言
	userAgent	返回由客户机发送服务器的 user-agent 头部的值
	userLanguage	返回操作系统的自然语言设置
	对象方法	描　　述
	javaEnabled()	规定浏览器是否启用 Java
	taintEnabled()	规定浏览器是否启用数据污点（data tainting）
screen 对象	**对象属性**	描　　述
	availHeight	返回显示屏幕的高度（除 Windows 任务栏之外）
	availWidth	返回显示屏幕的宽度（除 Windows 任务栏之外）
	bufferDepth	设置或返回调色板的比特深度
	colorDepth	返回目标设备或缓冲器上的调色板的比特深度
	deviceXDPI	返回显示屏幕的每英寸水平点数
	deviceYDPI	返回显示屏幕的每英寸垂直点数
	fontSmoothingEnabled	返回用户是否在显示控制面板中启用了字体平滑
	height	返回显示屏幕的高度
	logicalXDPI	返回显示屏幕每英寸的水平方向的常规点数
	logicalYDPI	返回显示屏幕每英寸的垂直方向的常规点数
	pixelDepth	返回显示屏幕的颜色分辨率（比特每像素）
	updateInterval	设置或返回屏幕的刷新率
	width	返回显示器屏幕的宽度
history 对象	**对象属性**	描　　述
	length	返回浏览器历史列表中的 URL 数量
	对象方法	描　　述
	back()	加载 history 列表中的前一个 URL
	forward()	加载 history 列表中的下一个 URL
	go()	加载 history 列表中的某个具体页面
	back()	加载 history 列表中的前一个 URL

BOM 对象用法示例如下。

```html
<html>
    <head>
        <meta charset="UTF-8" />
        <title>BOM 对象</title>
    </head>
    <body>
        <!--创建打开新窗口按钮 -->
        <input type="button" value="打开新窗口到腾讯网" onclick="OpenNew();" />
        <!--设置 setInterval 按钮 -->
        <input type="button" value="设置定时器" onclick="SetTime();" />
        <!--创建清除 setInterval 按钮 -->
        <input type="button" value="清除定时器" onclick="ClearTime();" />
        <!--创建加载新页面按钮 -->
        <input type="button" value="跳转到腾讯网" onclick="JumpNew();" />

        <script type="text/javascript">
            /* Window 用法:
            示例 1: 打开一个新的窗口
            示例 2: 设置 setInterval 定时器
            示例 3: 清除 setInterval 设置的定时器 */
            // 打开新窗口 open("打开的新窗口的地址 url","","窗口特征,比如窗口宽度和高度")
            function OpenNew() {
                window.open("https://www.qq.com/", "", "width=800,height=600");
            }
            // 定时器返回的值可作为清除该定时器的参数
            function SetTime() {
                time1 = window.setInterval("alert('每三秒输出我一次')", 3000);
            }
            // 清除 setInterval 设置的定时器
            function ClearTime() {
                window.clearInterval(time1);
            }

            // Location 对象 assign()方法,加载新的文档
            function JumpNew() {
                location.assign("https://www.qq.com/");
            }

            // Navigator 对象提供浏览器相关的信息
            document.write("</p>浏览器:");
            document.write(navigator.appName + "<br />");
            document.write("浏览器版本号:");
            document.write(navigator.appVersion + "<br />");
            document.write("操作系统:");
            document.write(navigator.platform + "</p>");
```

```
            // Screen 对象提供用户的屏幕相关信息
            document.write("用户的屏幕分辨率：")
            document.write(screen.width + " * " + screen.height)
            document.write("<br />")
            document.write("可用区域大小：")
            document.write(screen.availWidth + " * " + screen.availHeight + "</p>")

            // History 对象提供访问历史
            document.write("浏览器历史列表中的 URL 数量：")
            document.write(history.length)
        </script>
    </body>
</html>
```

运行结果如图 1-76 所示。

图 1-76　BOM 对象示例

（5）DOM 对象

DOM（Document Object Model）是指文档对象模型，通过 DOM 对象可以访问和操作 HTML 文档的每个标签。当 HTML 文档加载到浏览器的内存后，形成了 DOM 树，即一个 Document 对象，HTML 文档中的标签、标签属性和文本都是 DOM 树上的节点。标签被称作元素节点，标签中的文字内容称为文本节点，标签的属性称为属性节点。

在 DOM 中，Document 对象是 Window 对象的一部分，可通过 window.document 属性进行访问。Element 对象用来表示元素节点。NodeLis 对象表示节点列表。Attr 对象表示属性节点。DOM 对象常用属性和方法如表 1-39 所示。

表 1-39　DOM 对象常用属性和方法

DOM 对象	对象属性/方法	描述
Document 对象	querySelector()	返回匹配指定 CSS 选择器的一个元素
	querySelectorAll()	返回匹配指定 CSS 选择器的所有元素
	getElementById()	返回拥有指定 id 的第一个对象的引用
	getElementsByName()	返回指定 name 值的对象集合

续表

DOM 对象	对象属性/方法	描述
Document 对象	getElementsByTagName( )	返回带有指定标签名的对象集合
	getElementsByClassName( )	返回指定 class 名的对象集合
	body	返回指定的\<body\>标签对象
	title	返回当前文档的标题
	URL	返回当前文档的 URL
	write( )	向文档写 HTML 表达式或 JavaScript 代码
Element 对象	id	获取标签的 id
	innerHTML	获取标签内部的所有内容
	innerText	获取标签内部的文本内容
	hasChildNodes( )	判断是否含有子节点，返回 true 或 false
	appendChild( )	向元素添加新的子节点
	className	设置或返回元素的 class 属性
	cloneNode( )	克隆元素
	getAttributeNode( )	返回指定的属性节点
	getAttribute( )	返回元素节点的指定属性值
	offsetHeight	返回元素的高度
	offsetWidth	返回元素的宽度
	offsetLeft	返回元素的水平偏移位置
	offsetParent	返回元素的偏移容器
	offsetTop	返回元素的垂直偏移位置
Attr 对象	isId	判断属性是否是 id，返回 true 或 false
	name	返回属性的名称
	value	设置或返回属性的值

DOM 节点的常用操作如表 1-40 所示。

表 1-40　DOM 节点的常用操作

节点操作	关键词	描　　述
节点属性	nodeName	元素节点、属性节点、文本节点分别返回元素的名称、属性的名称和#text 的字符串
	nodeValue	元素节点、属性节点、文本节点的返回值分别为 null、属性值和文本节点内容

续表

节点操作	关键词	描　　述
节点属性	nodeType	元素节点、属性节点、文本节点的 nodeType 值分别为 1、2、3
	innerHTML	元素的文本内容
获取节点	document. getElementById	通过 id 获取元素节点
	getElementsByTagName	通过标签名称获取元素节点
	getElementsByClassName	通过类名获取元素节点
	getElementsByName	通过表单元素的 name 获取元素节点
	attributes	获取属性节点
	childNodes	获取内容节点
创建节点	createElement	创建元素节点
	createTextNode	创建文本节点
	createAttribute	创建属性节点
删除节点	remove	删除节点
	removeAttribute	删除属性节点
替换节点	replaceChild	替换节点
插入节点	appendChild	追加节点
	insertBefore	在前方插入节点

DOM 对象常用法示例如下。

```html
<html>
    <head>
        <meta charset = "UTF-8" />
        <title>DOM 节点操作</title>
    </head>
    <body>
        <div id = "d1">通过 id 获取元素节点</div>
        <button onclick = "remove()">删除上面 div</button>
        <h1>通过标签名称获取元素节点</h1>
        <div class = "d2">hello DOM</div>
        <!--通过表单元素的 name 获取元素节点 -->
        用户名<input name = "userName"><br>
        密码<input name = "userPassword" >

        <div id = "d3">创建元素节点</div>
        <button onclick = "add1()">添加一个 hr</button>
        <div id = "d4">创建文本节点</div>
        <button onclick = "add2()">添加文本内容</button><br>
```

```
<div id="d5">获取内容节点</div>

<br>
<script>
    // document. Selector() 获取某个元素对应的元素节点对象
    var ele1 = document. querySelector("#d1")

    document. write(ele1);
    document. write("<br>");

    /* 获取元素节点
    调用 remove()删除该节点 */
    function remove() {
        var ele8 = document. getElementById("d1");
        ele8. remove()
    }

    // getElementsByTagName 根据标签名称获取一个元素数组
    var ele2 = document. getElementsByTagName("h1");
    document. write(ele2[0]);
    document. write("<br>");

    // getElementsByClassName 根据 class 返回一个节点数组
    var ele3 = document. getElementsByClassName("d2");
    document. write(ele3[0]);
    document. write("<br>");

    // getElementsByName 可以根据 name 属性的值,获取元素节点
    var ele4 = document. getElementsByName("userName");
    document. write(ele4[0]);
    document. write("<br>");

    /* 通过 createElement 创建一个新的元素节点
    通过 appendChild 加入到 id 为 d3 的 div 中 */
    function add1() {
        var hr = document. createElement("hr");
        var ele6 = document. getElementById("d3");
        ele6. appendChild(hr);
    }

    /* 创建一个元素节点 p
    通过 createTextNode 创建一个内容节点 text
    把 text 加入到 p,再把 p 加入到 div */
    function add2() {

        var p = document. createElement("p");
        var text = document. createTextNode("通过 DOM 创建文本<p>");
        p. appendChild(text);
```

```
                var ele7 = document.getElementById("d4");
                ele7.appendChild(p);
            }

            /* 通过 document.getElementById 获取元素节点
            通过 childNodes 获取其所有的子节点
            第一个子节点, 就是其内容节点
            nodeName 和 nodeValue 表示一个节点的名称和值 */
            var ele5 = document.getElementById("d5");
            var content = ele5.childNodes[0];
            document.write("节点名是:" + content.nodeName);
            document.write("<br>");
            document.write("节点值是:" + content.nodeValue);
        </script>
</html>
```

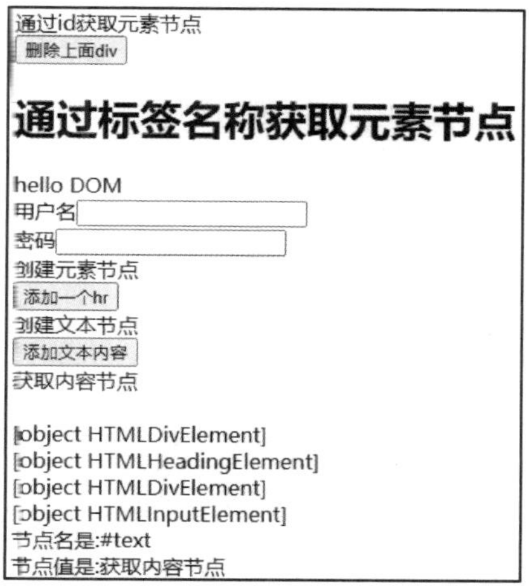

图 1-77　DOM 对象示例

运行结果如图 1-77 所示。

通过 DOM 对标签属性的操作示例如下。

```
<html>
    <head>
        <meta charset="UTF-8" />
        <title>DOM 标签属性操作</title>
    </head>
    <body>
        <input type="text" id="input1" value="请输入用户名" />
        <br>
        <input type="text" id="input2" value="请输入用户名" />
        <br>
        <input type="text" id="input3" value="请输入用户名" />
        <script>
            // 通过 element.getAttribute() 或者 element.属性名获得属性的值
            var input1 = document.getElementById("input1");
            document.write("<br>" + "属性值是:" + input1.value);
            document.write("<br>" + "属性值是:" + input1.getAttribute("value"));

            // element.setAttribute("name","value"):设置属性的值。以直接采用 element.属性名通过单
等号来赋值
            var input2 = document.getElementById("input2");
            input2.setAttribute("value", "tengxun");

            // element.removeAttribute("name");删除某个属性
            var input3 = document.getElementById("input3");
            input3.removeAttribute("value");
        </script>
    </body>
</html>
```

运行结果如图 1-78 所示。

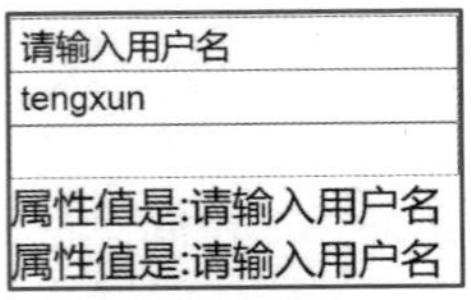

通过 DOM 操作还可以修改元素的样式，例如修改元素的大小、颜色、位置等样式，语法如下。

```
element.style.property = new style      // 行内样式操作
element.className = new className        // 类名样式操作
```

DOM CSS 操作示例如下。

图 1-78 DOM 对标签属性的操作示例

```
<!DOCTYPE html>
<html>
    <head>
        <meta charset="UTF-8">
        <title>DOM CSS 操作</title>
        <style>
            div {
                width: 100px;
                height: 50px;
                color: white;
                text-align: center;
                background-color: green;
                margin: 10px;
            }

            .change {
                width: 200px;
                height: 100px;
                color: white;
                text-align: center;
                background-color: skyblue;
                margin: 10px;
            }
        </style>
    </head>
    <body>
        <button onclick="change1()">单击改变大小和背景颜色</button>
        <div id="d1">DOM 行内样式操作</div>
        <button onclick="change2()">单击改变大小和背景颜色</button>
        <div id="d2">DOM 类名样式操作</div>

        <script>
            var d1 = document.getElementById("d1");
            // element.style 行内样式操作
            function change1() {
                d1.style.backgroundColor = "skyblue";
                d1.style.width = '200px';
                d1.style.height = '100px';
            }
```

```
        var d2 = document. getElementById("d2");
        // 修改元素的 className 更改元素的样式
        function change2() {
            d2. className = 'change';
        }
    </script>
  </body>
</html>
```

运行结果如图 1-79 所示。

5. 响应式网站设计

1）Bootstrap 引入

为了确保网页内容在不同屏幕上都能自动适应显示尺寸，给
用户提供最佳的阅读性和友好体验，可以通过设计响应式网站的
方法来实现。响应式网站设计涉及多种技术，如媒体查询、弹性
布局、断点设计等，可以实现网站布局和样式根据不同设备和屏
幕尺寸进行自适应和优化。

图 1-79　DOM 操作修改
元素的样式示例

Bootstrap 是一个基于响应式设计原则构建的开源前端框架，提供了预定义的 HTML、
CSS 和 JavaScript 组件，包含了大量的响应式组件和栅格系统，可帮助开发人员轻松创建
适应不同屏幕尺寸的网站，快速构建响应式网站和 Web 应用程序。

在官方网站下载 Bootstrap5 的预编译压缩版本，下载完成并解压后，观察文件的结构。
Bootstrap 5 中主要文件的作用如表 1-41 所示。

表 1-41　Bootstrap 5 压缩包中一些主要文件

文　件	描　述
bootstrap. css	完整的 bootstrap 样式表，未经压缩过，可供开发时进行调试用
bootstrap. min. css	是经过压缩后的 bootstrap 样式表，内容和 bootstrap. css 类似，但是把中间不必要的空格等内容删除，所以文件大小会比 bootstrap. css 小，可以在部署网站时引用。如果引用了这个文件，就没必要引用 bootstrap. css 了
bootstrap-grid. css	包含了栅格系统的主要样式，用于定义行和列的布局
bootstrap-grid. min. css	bootstrap-grid. css 的压缩和优化版本，所以文件大小会比 bootstrap-grid. css 小。可以在部署网站的时候引用，如果引用了这个文件，就没必要引用 bootstrap-grid. min. css 了
bootstrap. js	bootstrap 的所有 JS 指令的集合，bootstrap 里面所有的 JS 效果，都是由 bootstrap. JS 控制的
bootstrap. min. js	bootstrap. js 的压缩版，内容与 bootstrap. js 类似，但是文件大小会小很多。引用该文件，在部署网站的时候就可以不引用 bootstrap. js

　　这些文件一起构成了 Bootstrap 5，需要将 Bootstrap 5 中的样式文件和 JavaScript 文件引入到开发项目中，并按照文档中的指导使用相应的 CSS 类和 JavaScript 插件。引入框架后可以开始构建响应式的网站或应用程序。

　　2）Bootstrap 环境安装

　　Bootstrap 环境安装方法比较简便，可以引入 Bootstrap 解压后的文件或使用 CDN 引入，下面分别说明这两种环境安装方法。

　　下载 Bootstrap 预编辑的压缩包，解压后将文件夹改名为 Bootstrap，并复制 Bootstrap 这个目录，将其粘贴到网站开发项目的目录中（即把 html 与 Bootstrap 文件夹放在一起），然后使用相对路径引用所需文件，例如 bootstrap. bundle. min. js 和 bootstrap. min. css 文件等。

　　CSS 文件在网页<head></head>之间引入，添加如下代码。

```
<link href = "Bootstrap/css/bootstrap. min. css" >
```

　　Bootstrap 自带的大部分组件都需要依赖 JavaScript 才能起作用，JS 文件通过<script>标签引入。通常建议将<script>标签放在 HTML 文档的底部，即在</body>标签之前，这是因为将 JavaScript 文件放在页面底部可以改善页面加载性能。在网页</body>之前，添加如下代码：

```
<script src = "Bootstrap/js/bootstrap. bundle. min. js" ></script>
```

　　为了网页能在移动设备上适应屏幕尺寸，通常需要通过 HTML 中的<meta>标签中设置 viewport 来控制和优化，例如引入如下代码。

```
<meta name = "viewport"  content = "width=device-width, initial-scale=1. 0" >
```

　　上述<meta>标签中，content 的属性值为 device-width，表示将 viewport 的宽度设置为设备的宽度，确保网页在移动设备上能够充分利用屏幕空间。initial-scale 属性值设置为 1. 0 表示设置页面的初始缩放级别为 1. 0，确保页面以默认的比例显示，不进行缩放。在移动端开发中，还可能使用其他属性，例如 user-scalable。该属性用于控制用户是否可以手动缩放页面，将 user-scalable 属性值设置为 no，表示禁止用户手动缩放页面。

　　适当设置 viewport 可以确保页面在不同设备上正确呈现 Bootstrap 的各种组件、栅格系统和布局，为用户提供一致且良好的体验。

　　下面通过一个示例演示使用 Bootstrap，代码如下。

```
<!DOCTYPE html>
<html>
    <head>
        <title>Bootstrap 模板</title>
        <meta name = "viewport"  content = "width=device-width, initial-scale=1. 0" >
        <!-- 引入 Bootstrap -->
        <link href = "Bootstrap/css/bootstrap. min. css"  rel = "stylesheet" >
    </head>
    <body>
        <h1>欢迎使用 Bootstrap</h1>
```

```
    <!-- 包括所有已编译的插件 -->
    <script src="Bootstrap/js/bootstrap.min.js"></script>
  </body>
</html>
```

运行结果如图 1-80 所示。

也可以通过 CDN（Content Delivery Network）引入 Bootstrap。CDN 是一种用于加速网站和 Web 应用程序加载速度的服务，通过将资源（如样式表、脚本等）分发到全球各地的服务器，用户可以从最接近他们地理位置的服务器获取这些资源。推荐使用 Staticfile CDN 的库，引入时在网页中添加如下代码。

欢迎使用Bootstrap

图 1-80　使用 Bootstrap 的示例

```
<!-- 引入 Bootstrap CSS 文件 -->
<link rel="stylesheet" href="https://cdn.staticfile.org/twitter-bootstrap/5.3.2/css/bootstrap.min.css">
…
<!-- 引入 Bootstrap JS 文件 -->
<script src="https://cdn.staticfile.org/twitter-bootstrap/5.3.2/js/bootstrap.bundle.min.js"></script>
```

3）Bootstrap 网格系统

Bootstrap 的网格系统是响应式布局的基础，通过设置列（column）和行（row）的数量，设计适应不同屏幕大小的响应式布局页面。Bootstrap 的网格系统每行的有 12 列，通过指定每列应该占据的宽度比例构建不同尺寸设备的布局。Bootstrap 提供了一系列类来支持响应式布局，使得网页能够适应不同大小和类型的设备。常用的响应式布局类如表 1-42 所示。

表 1-42　常用的响应式布局类

类的类型	类　名	描　　述
列大小类	col-*	默认样式，适用于所有屏幕尺寸
	.col-sm-*	小屏幕（Small），宽度大于或等于 576px
	.col-md-*	中等屏幕（Medium），宽度大于或等于 768px
	.col-lg-*	大屏幕（Large），宽度大于或等于 992px
	.col-xl-*	超大屏幕（Extra Large），宽度大于或等于 1200px
	.col-xxl-*	超超大屏幕（Extra Extra Large），宽度大于或等于 1400px
偏移类	col-*-offset-*	用于在相应屏幕大小上偏移列的位置。例如，col-md-offset-2 将在中等屏幕上将列向右偏移 2 列
行类	row	用于定义一行
容器类	container	创建一个固定宽度的容器
	container-fluid	创建一个占据整个视口宽度的容器，使内容能够在各种设备上自适应
图像响应式类	img-responsive	使图像能够根据父元素的宽度进行自适应缩放

关于常用响应式布局类的使用举例如下：

```html
<!DOCTYPE html>
<html>
    <head>
        <meta charset="UTF-8">
        <title>响应式布局类的使用</title>
        <meta name="viewport" content="width=device-width, initial-scale=1.0">
        <!-- 引入 Bootstrap -->
        <link href="../Bootstrap/css/bootstrap.min.css" rel="stylesheet">
        <style type="text/css">
            div {
                border: 1px solid black;
            }
        </style>

    </head>
    <body>
        <div class="container">
            <!-- 控制列的宽度及在不同的设备上如何显示 -->
            <div class="row">
                <div class="col-md-4 col-lg-6">第 1 行第 1 列</div>
                <div class="col-md-8 col-lg-6">第 1 行第 2 列</div>
            </div>

            <!-- 自动处理布局 -->
            <div class="row">
                <div class="col">第 2 行第 1 列</div>
                <div class="col">第 2 行第 2 列</div>
                <div class="col">第 2 行第 3 列</div>
            </div>

            <!-- 如果只设置一列的宽度,其他列会自动均分剩下的宽度-->
            <div class="row">
                <div class="col">第 3 行第 1 列</div>
                <div class="col-6">第 3 行第 2 列</div>
                <div class="col">第 3 行第 3 列</div>
            </div>
        </div>
        <!-- 包括所有已编译的插件 -->
        <script src="../Bootstrap/js/bootstrap.min.js"></script>

    </body>
</html>
```

运行程序，运行结果如图 1-81 所示。

在表的第 1 行中，可以看到控制列的宽度及在不同的设备上如何显示。中等屏幕大小

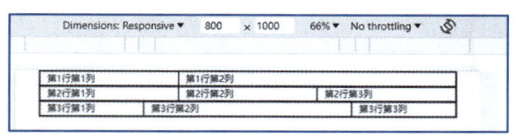

(a) 响应式布局类在中屏上运行结果

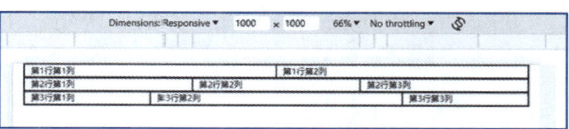

(b) 响应式布局类在大屏上运行结果

图 1-81 响应式布局类在中屏和大屏上的运行结果

（md）第 1 列占据了 4 列，第 2 列占据了 8 列，共 12 列真满了一行；在大屏幕大小（lg）第 1 列占据了 6 列，第 2 列占据了 6 列，共 12 列填满了一行。

在表的第 2 行中，自动处理布局，不在每个 col 上添加数字，让 Bootstrap 自动处理布局，同一行的每个列宽度相等，3 列各占整个宽度的 1/3。

在表的第 3 行中，只设置一列的宽度，其他列会自动均分剩下的宽度，第 2 列占据了 6 列，占据总宽度的 50%，第 1 列和第 3 列各占总宽度的 25%。

（1）列偏移

在 Bootstrap 中可以使用列偏移类来调整列在网格中的位置。将列向右移动一定数量，从而在布局中调整列的位置。列偏移的类名通常是以 col- * -offset- * 或者 offset- * - * 的形式出现，其中第 1 个 * 表示不同的屏幕大小，设置屏幕设备类型，如 sm，md，lg，xl 或 xxl，第 2 个 * 是要偏移的列数，取值范围是 0~11。用法示例如下。

```html
<!DOCTYPE html>
<html>
    <head>
        <meta charset="UTF-8">
        <title>列偏移</title>
        <meta name="viewport" content="width=device-width, initial-scale=1.0">
        <!-- 引入 Bootstrap -->
        <link href="Bootstrap/css/bootstrap.min.css" rel="stylesheet'>
        <style type="text/css">
            div {
                border: 1px solid black;
            }
        </style>

    </head>
    <body>

        <div class="container">
            <div class="row">
                <div class="col-md-4">第 1 行第 1 列</div>
                <div class="col-md-4 col-md-offset-2">第 1 行第 2 列</div>
            </div>
            <div class="row">
                <div class="col-md-3 offset-md-3">第 2 行第 1 列</div>
```

```
        <div class="col-md-3 offset-md-3">第 2 行第 2 列</div>
    </div>

    <!-- 包括所有已编译的插件 -->
    <script src="Bootstrap/js/bootstrap.min.js"></script>
  </div>
</body>
</html>
```

运行结果如图 1-82 所示。

这个例子中有两行，第 1 行第 1 列占据中等屏幕（md）尺寸的 4 列。第 1 行第 2 列占据中等屏幕尺寸的 4 列。通过使用 .col-md-offset-2 类，在水平方向向右偏移了 2 列，达到了屏幕居中的效果。

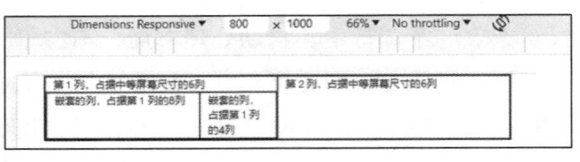

图 1-82　列偏移用法示例

（2）列嵌套

Bootstrap 中可以使用列嵌套来创建更复杂的布局，即在一个列中嵌套其他列。列嵌套在该列中再分为 12 等分。用法示例如下。

```
<!DOCTYPE html>
<html>
  <head>
    <meta charset="UTF-8">
    <title>列嵌套</title>
    <meta name="viewport" content="width=device-width, initial-scale=1.0">
    <!-- 引入 Bootstrap -->
    <link href="../Bootstrap/css/bootstrap.min.css" rel="stylesheet">
    <style type="text/css">
      div {
        border: 1px solid black;
      }
    </style>
  </head>
  <body>

    <div class="container">
      <div class="row">
        <div class="col-md-6">
          第 1 列,占据中等屏幕尺寸的 6 列
          <!-- 嵌套的行和列 -->
          <div class="row">
            <div class="col-md-8">
              嵌套的列,占据第 1 列的 8 列
            </div>
            <div class="col-md-4">
```

```
                嵌套的列,占据第 1 列的 4 列
                    </div>
                </div>
            </div>
            <div class="col-md-6">
                第 2 列,占据中等屏幕尺寸的 6 列
            </div>
        </div>
    </div>
    <!-- 包括所有已编译的插件 -->
    <script src="../Bootstrap/js/bootstrap.min.js"></script>
</body>
</html>
```

运行结果如图 1-83 所示。

该示例中，是一个包含两个列的行，每个列占据中等屏幕尺寸的 6 列。在第 1 列中，又嵌套了一个新的行，第 1 列分为 12 份，包含两个嵌套列，分别占据其中的 8 列和 4 列。

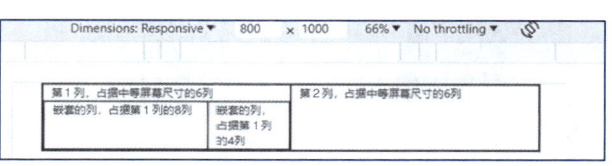

图 1-83 列嵌套用法示例

任务实施

本任务的视频网的页面有头部模块、轮播模块、今日热门模块和导航模块 4 个模块，如图 1-84 所示。

完成 4 个模块的 HTML 部分和 CSS 部分后，通过 JavaScript 实现轮播模块的自动轮播效果，通过定时器控制每隔 1.5s 切换图片和图片对应的题目；添加鼠标指针移动事件，当鼠标指针移动到图片或者图片标题上面的时候，停止自动轮播，当鼠标指针移开的时候，继续轮播。下面将分模块介绍具体实现过程。

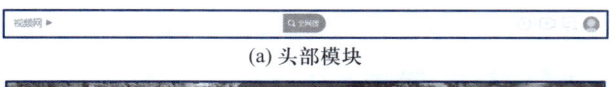

(a) 头部模块

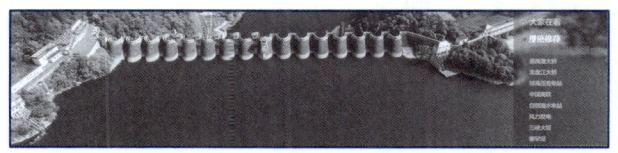

(b) 轮播模块

(c) 今日热门模块

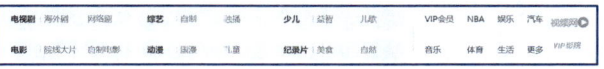

(d) 导航模块

图 1-84 视频网页面的 4 个模块

1. 头部模块

1）HTML 部分

头部模块包含在一个大的<div>盒子中，中间包含了一个<h1>用以显示腾讯视频 Logo

图，一个<div>用于定义网页的搜索模块，一个<div>实现头部右侧的图标部分，HTML 代码如下。

2）CSS 部分

在<head>标签中添加头部模块 HTML 部分对应的 CSS 代码，代码示例如下。

运行 HTML 代码，运行结果如图 1-84（a）所示。

2. 轮播模块

1）HTML 部分

轮播模块整体是一个大的<div>盒子，包含了 2 个小的<div>盒子。第 1 个<div>盒子用于存放轮播的图标，另外一个<div>盒子定义右侧文字部分和链接，在头部模块 HTML 代码下面添加以下代码。

代码：任务 1-3
头部模块 HTML 部分

代码：任务 1-3
头部模块 CSS 部分

代码：任务 1-3
轮播模块 HTML

代码：任务 1-3
轮播模块 CSS 部分

2）CSS 部分

接头部分模块样式，给轮播模块添加下面的样式代码。

保存代码，运行效果如图 1-85 所示。

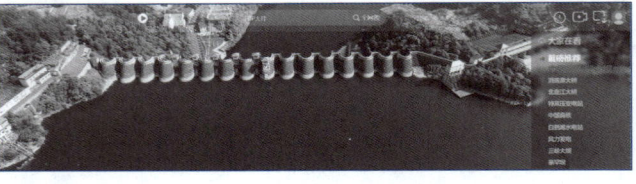

图 1-85   添加轮播模块

3）JavaScript 部分

在 HTML 代码最后添加一行代码如下。

```
<script src = " video. js" ></script>
```

HTML 文件同目录下新建文件 video. js，在 video. js 文件中实现定时轮播效果和鼠标指针移动事件等。

（1）定义全局变量

在 video. js 文件中，编写 JavaScript 代码，首先定义系统全局变量如下。

```
// 定义全局变量 num 表示当前图片
var num = 0;
// 获取 slider_item
// 轮播图容器
let siteSlider = document. querySelector( '. site_slider') ;
// 获取当前容器的宽度
let wiperWidth = siteSlider. offsetWidth
// 获取 slider_img
let sliderImg = document. querySelectorAll( '. slider_img')
```

```
// 获取整个图
let swiper = document. querySelector('. swiper')
// 获取 nav_link
let navImgs = document. querySelectorAll('. nav_link');
console. log(navImgs);
let text = document. querySelectorAll('. text')
```

（2）添加轮播效果

通过定时器实现每隔 1.5s 对图片及对应的标题进行自动轮播，并添加鼠标事件。当鼠标指针移动到标题上时，停止轮播，鼠标指针移开标题继续轮播，在全局变量代码下面添加以下代码。

```
// 获取鼠标移入 nav_link 索引
for(let i = 0; i<navImgs. length; i++){
    (function(index){
        navImgs[index]. addEventListener('mouseover',(e)=>{
            num = index
            window. clearInterval(timer)
            // 当前图 left 值改变
            swiper. style. left = -num * wiperWidth+'px'
            // 当前选中文案加样式
            navImgs[num]. classList. add('text2');

        })
        navImgs[index]. addEventListener('mouseleave',(e)=>{
            timer = setInterval(()=>{
                num>7? num = 0;num++
                swiper. style. left = -num * wiperWidth+'px'
                navImgs[num]. classList. add('text2');
            },1500)
        })
    })(i)
}
```

（3）给图片添加鼠标事件

在轮播部分的 JavaScript 代码后，给图片添加鼠标事件，当鼠标指针移到图片范围时停止轮播，鼠标指针移开继续定时轮播，代码如下。

```
// 鼠标指针移入轮播图,清除定时器
swiper. addEventListener('mouseover',()=>{
    window. clearInterval(timer)
})
// 移出打开定时器
swiper. addEventListener('mouseleave',()=>{
    timer = setInterval(()=>{
        num>7? num = 0;num++
        swiper. style. left = -num * wiperWidth+'px'
```

```
          navImgs[num].classList.add('text2');
      },1500)
})
```

运行效果如图 1-86 所示。

（4）去除样式

当轮播时，图片对应标题的样
式会发生改变，标题字的颜色会变
成红色。需要对这种情况进行处理，
没有轮播图片标题应该清除掉变成

图 1-86　添加轮播效果和鼠标事件

红色的 .text2 样式。同理鼠标指针放到标题或者图片位置的时候，其他图片的标题也要做同
样清除样式的处理。在 JavaScript 中添加清除其他标题样式的函数 siblings()，代码如下。

```
function siblings(elm){
    var a = [];
    // 保存所有兄弟节点
    // 获取父级的所有子节点
    var p = elm.parentNode.children;
    // 循环
    for(var i = 0; i < p.length; i++){
        // 如果该节点是元素节点与不是这个节点本身
        if(p[i].nodeType == 1 && p[i] != elm){
            // 添加到兄弟节点里
            a.push(p[i]);
            // 其他兄弟去除样式
            p[i].classList.remove('text2')
        }
    }
    return a;
}
```

在定时轮播和鼠标事件中调用该函数，代码如下。

```
...
// 获取,鼠标指针移入 nav_link 索引
for(let i = 0; i<navImgs.length; i++){
...
        navImgs[num].classList.add('text2');
            // 其余兄弟文案去除样式 保证唯一性
            siblings(navImgs[num])
        })
        navImgs[index].addEventListener('mouseleave',(e)=>{
...
// 其余兄弟文案去除样式 保证唯一性
            siblings(navImgs[num])
        },1500)
```

```
...
swiper. addEventListener(' mouseleave' ,()=>{
...
// 其余兄弟文案去除样式 保证唯一性
        siblings( navImgs[ num ])
    },1500)
})
```

保存以上代码，刷新浏览器页面，运行效果如图 1-87 所示。

图 1-87 去除样式示例

3. 今日热门模块

1）HTML 部分

今日热门模块整体由一个大的<div>构成，里面由两个<div>构成上下两个部分，上面的部分左边包含了今日热门的标题，右边包含了左右箭头和数字部分；下面部分由 5 个小的<div>构成，每个<div>中包含了图片、文字和链接，在轮播模块的 HTML 代码下面，添加今日热门模块 HTML 代码，具体如下。

2）CSS 部分

在轮播模块 CSS 代码后，添加今日热门模块的 CSS 代码，具体如下。

保存以上代码，刷新浏览器，运行效果如图 1-88 所示。

代码：任务 1-3 今日热门模块 HTML 部分

代码：任务 1-3 今日热门模块 CSS 部分

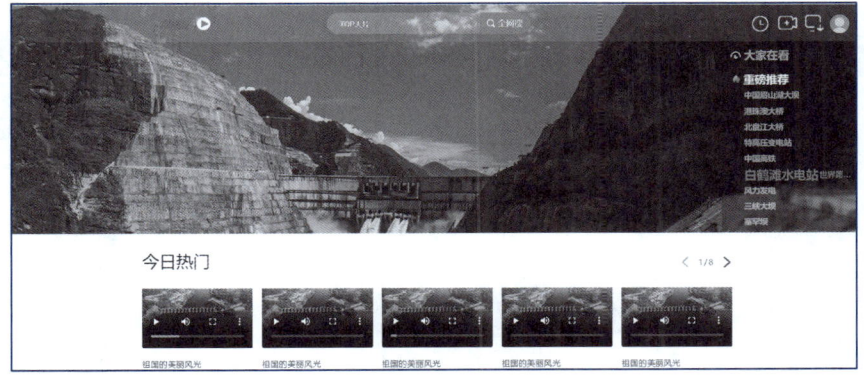

图 1-88 添加今日热门模块

4. 导航模块

1）HTML 部分

导航模块整体上也是由一个大的<div>组成，其中包含 5 个小的<div>。第 1 个<div>包含电视剧和电影模块；第 2 个<div>包含综艺和动漫模块；第 3 个<div>包含少儿和纪录片模块，第 4 个<div>包含了 VIP 会员、音乐和更多等模块；第 5 个<div>包含了右侧的图片和超链接模块。在今日热门模块的 HTML 代码后，添加导航模块的 HTML 代码，具体如下。

2）CSS 部分

在今日热门模块 CSS 代码后，添加导航模块的 CSS 代码，具体如下。

最终完成效果如图 1-89 所示，制作视频网页的任务就完成了，运行结果如图 1-89 所示。

代码：任务 1-3
今日热门模块
HTML 部分

代码：任务 1-3
今日热门模块
CSS 部分

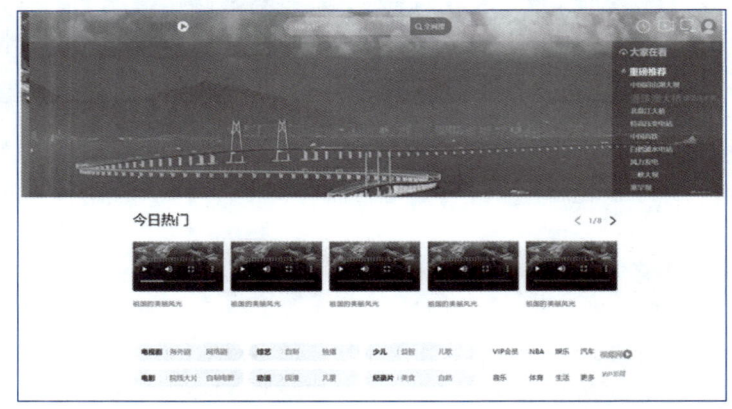

图 1-89　视频网页面

知识拓展

1. 标注与切图

当前端界面设计图完成之后，需要对设计图进行标注并切图以便后续网页设计和开发。切图的时候主要完成图片和小图标即可，对于文字、线条等则需要标注颜色、间距、尺寸、文字等属性，用于代码的实现。

切图是将设计效果图中的素材用切图软件剪切下来存成图片，用于完成页面设计。Photoshop 就是一个常用的切图软件，下面以 Photoshop 的切图为实例，演示切图的具体过程。

1）切片工具

打开 Photoshop 软件，在工具栏中找到并选中"切片工具"，如图 1-90 所示。

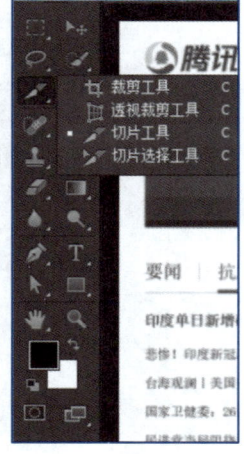

图 1-90　切片工具

2）切片

拖动鼠标用切片工具选择想要图片的范围，如图 1-91 所示。

切片工具切完的区域四周都是蓝色边线，如需要调整蓝色边线则需要使用切片选择工具。

3）保存

切好后在菜单栏"文件"下拉菜单中选择"存储为 Web 所用格式"选项，如图 1-92 所示。

图 1-91　切片操作

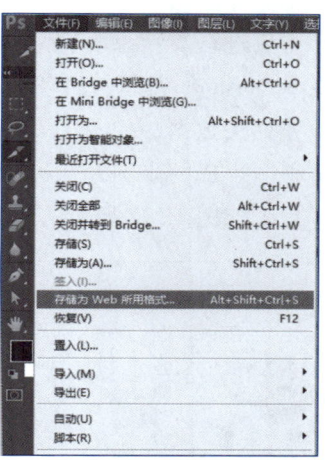

图 1-92　切片后保存

在弹出的"存储为 Web 所用格式"对话框中，在图片格式下拉选择框中选择 JPEG，如图 1-93 所示。

单击"存储"按钮后弹出"将优化结果存储为"对话框，在该对话框中选择存放位置、设置文件信息、选择所有切片并单击"保存"按钮，如图 1-94 所示。

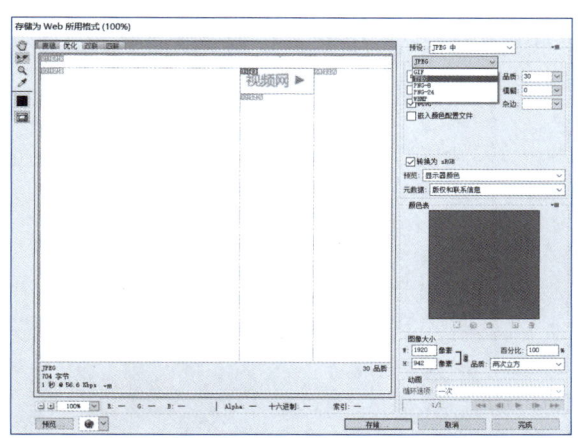

图 1-93　选择图片格式

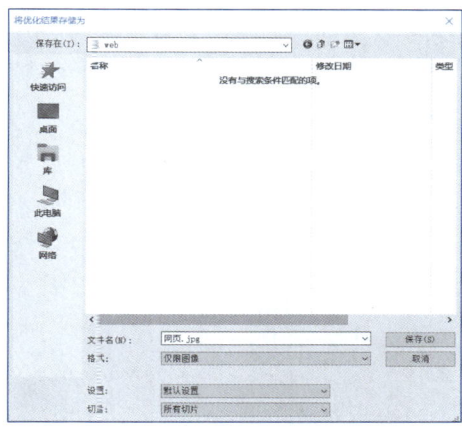

图 1-94　存储图片

在设定的目录下，Photoshop 会自动建立一个 images 文件夹，刚切好的图片就保存在此文件中，如图 1-95 所示。

图 1-95 切图完成

2. 雪碧图

在进行网页设计的时候，为了优化和减少 HTTP 请求，会把多张图片合并到一张背景图片上面，这种图就叫雪碧图（CSS Sprite）。该技术利用 CSS 的背景定位来显示雪碧图中所需的小图片。下面以 Photoshop 中设计雪碧图，在网页设计中通过 CSS 的背景定位显示小图片为例进行演示说明。

在 Photoshop 菜单栏的"文件"下拉菜单中选择"新建"选项，弹出"新建"对话框，填写相关数据，如图 1-96 所示。

将切图生成的小图片通过"魔棒"工具进行处理，并复制到此图片中，排列好每个图像的位置，如图 1-97 所示。

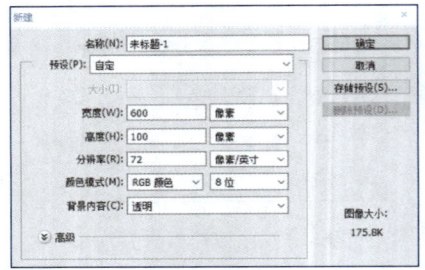

图 1-96 "新建"对话框

图 1-97 设计雪碧图

设计完成之后，将文件另存为透明背景的 png 图片，这个 png 图片就是一个雪碧图。以该雪碧图为例，通过 CSS 的背景定位 background-position 属性显示小图片。在 background-position 属性中，CSS 中规定图片的左上方为原点（即 background-position：0px 0px；），向左为水平正方向，向上为竖直正方向，因此向右和向下的时候为负值，代码示例如下。

```html
<!DOCTYPE html>
<html lang = " en" >
    <head>
        <meta charset = " UTF-8" >
        <title>雪碧图显示</title>
        <style>
            . box {
                width：580px；
                height：100px；
                border：3px solid #e6e6e6；
                background-color：#d3efff；
            }
```

```
        span {
            width: 80px;
            height: 80px;
            border: 1px solid #13c8ff;
            background-image: url(images/tupian.png);
            background-repeat: no-repeat;
            margin: 5px;
            display: inline-block;
        }

        .icon1 {
            /* 第一个图标在 x 轴=0,y 轴=0 的位置作为起始位置来显示图片 */
            background-position: 0 0;
        }

        .icon2 {
            /* 显示第二个图标,左移动雪碧图 x 轴值设置为-80px */
            background-position: -80px 0;
        }

        .icon3 {
            background-position: -160px 0;
        }

        .icon4 {
            background-position: -240px 0;
        }

        .icon5 {
            background-position: -320px 0;
        }

        .icon6 {
            background-position: -400px 0;
        }
    </style>
</head>
<body>
    <div class="box">
        <span class="icon1"></span>
        <span class="icon2"></span>
        <span class="icon3"></span>
        <span class="icon4"></span>
        <span class="icon5"></span>
        <span class="icon6"></span>
    </div>
```

```
    </body>
</html>
```

运行结果如图 1-98 所示。

图 1-98　雪碧图

项目实训

项目 1-项目实训

实训目的

- 通过项目开发强化对 HTML 的使用熟练程度；
- 进一步加强通过添加 CSS 对网页进行优化的能力；
- 进一步熟悉使用 JavaScript 开发交互式动态 Web 网页；
- 培养综合知识运用能力；
- 培养分析问题和解决问题能力；
- 培养 Web 网页开发的编程、调试能力；
- 进一步提高 Web 网页开发实战能力和创新能力。

实训内容

本项目实现微信朋友圈前端静态页面设计，实训内容包含以下几方面。

- 微信朋友圈前端静态页面项目需求分析；
- 微信朋友圈前端静态页面效果图绘制；
- 完成效果图的切图；
- 素材的收集和图片的处理；
- 实现微信朋友圈前端静态页面的布局；
- 给页面添加文字并设置文字的 CSS；
- 给页面添加图片并设置样式；
- 制作页面特效；
- 朋友圈页面的测试与发布。

最终效果如图 1-99 所示。

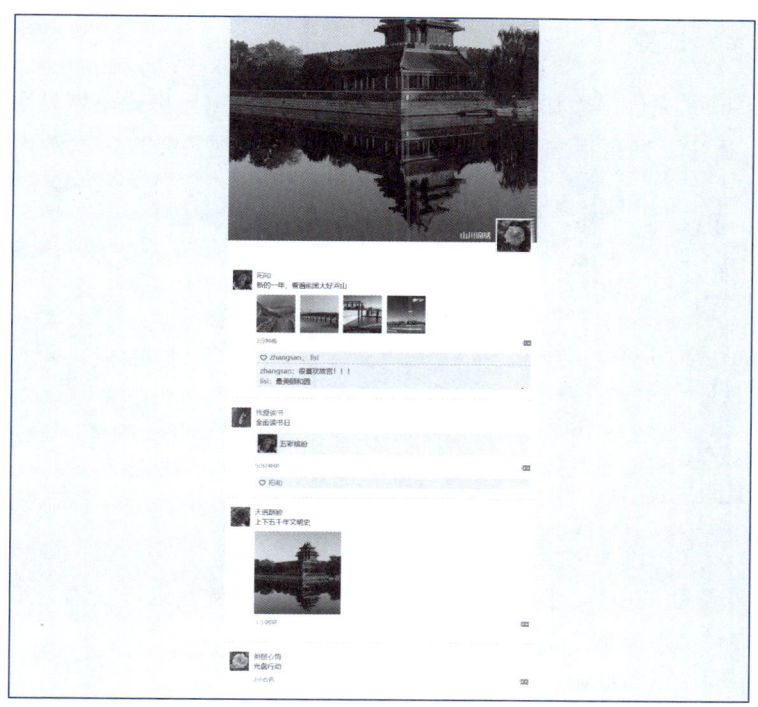

图 1-99　微信朋友圈静态网页

问题引导

- 如何实现页面布局？
- 如何设置页面的初始化样式？
- 如何对页面进行功能模块划分？
- 使用哪些标签完成 HTML 页面？
- 怎样添加页面样式来对页面进行美化和优化？

实训步骤

1. 项目创建

创建朋友圈项目文件夹，在该项目文件夹下创建文件名为 moments.html 的 HTML 文档，用于添加页面标签元素。创建文件名为 init.css 的 CSS 文件，用于完成页面的初始化样式。创建文件名为 style.css 的 CSS 文件，用于给页面添加样式。创建 img 文件夹用于存放图片资源。

2. 添加<head>标签

在 moments. html 文件中添加头部标签，设置页面字符编码格式、网站页面在手机端显示时根据屏幕自适应、网页标题、引入网页初始化样式和网页样式，示例代码如下。

```html
<head>
    <meta charset = "UTF-8">
    <meta name = "viewport" content = "width = device-width, initial-scale = 1. 0">
    <meta http-equiv = "X-UA-Compatible" content = "ie = edge">
    <title>朋友圈信息流</title>
    <link rel = "stylesheet" href = " . /init. css">
    <link rel = "stylesheet" href = ". /style. css">
</head>
```

3. 朋友圈页面主体

代码：项目 1 项目
实训　添加网页
初始化样式

1）添加网页初始化样式

在 init. css 中添加页面初始化样式，示例代码可扫描二维码查看。

2）添加头部模块

（1）HTML 部分

整个朋友圈主体模块放在一个<div>盒子中，在网页主体中添加头部模块，在<div>盒子中嵌套<header>标签用于设置头部模块，显示朋友圈个人封面、头像和名字的效果，示例代码如下。

```html
<body>
    <div class = "page-moments">
        <header class = "header">
            <div class = "header-banner"></div>
            <div class = "header-user">
                <span class = "user-name">山川锦绣</span>
                <a class = "user-link" href = "#"><img src = ". /img/avatar1. png" width = "70" height = "70"
alt = ""></a>
            </div>
        </header>
    </div>
</body>
```

（2）CSS 部分

给头部模块添加 CSS，在 style. css 文件中添加代码，示例代码如下。

```css
. page-moments {
    max-width: 640px;
    margin: 0 auto;
    background: #fff;
}
```

```
/* header */
.header {
    margin-bottom: 20px;
}
.header-banner {
    padding-top: 100%;
    position: relative;
    margin-top: -25%;
    background: url(./img/bg.png) no-repeat;
    background-size: cover;
}
.header-user {
    display: flex;
    margin-top: -52px;
    align-items: center;
    text-shadow: 1px 1px #999;
    justify-content: flex-end;
    position: relative;
}
.header-user .user-name {
    font-size: 16px;
    color: #fff;
}
.header-user .user-link {
    padding: 2px;
    border: 1px solid #dfdfdf;
    background: #fff;
    margin: 0 10px;
}
```

保存以上代码，在网页中运行，效果如图 1-100 所示。

3）添加朋友圈信息流模块

（1）HTML 部分

接下来需要添加朋友圈信息流模块，通过 1 个<div>来实现布局，再嵌套 4 个<div>来实现 4 条朋友圈信息，在</header>标签后添加代码，示例如下。

（2）CSS 部分

给信息流模块页面添加 CSS，在 style.css 文件中添加代码，示例代码可扫描二维码查看。保存并运行，结果如图 1-99 所示。

图 1-100　添加头部模块

代码：项目 1 项目实训
添加朋友圈信息流模块

代码：项目 1 项目实训
给信息流模块页面添加 CSS

项目总结

　　本项目通过 HTML+CSS 实现微信朋友圈的静态页面，通过 HTML 添加页面的标签元素，完成页面文字和图片的添加。再通过 CSS 给页面添加布局和样式，让页面效果更加的美观和生动。

　　本项目以全面提高 Web 网页设计的综合职业能力为核心，结合前面 3 个任务的技能和知识，培养职业素养，进一步提高网页开发的技能，模拟项目开发的实际过程，实操了需求分析、效果图绘制与切图、素材整理、页面设计、特效制作等项目开发任务，培养解决实际问题和创新能力。

> 注意：
> ● 切图时要注意图片尺寸和格式；图片要等比例地缩放，否则会变形；如果想要设置背景透明的效果，图片处理完成之后要存储为 PNG 格式；
> ● 设置 z-index 属性值时，要注意设置元素的层叠顺序，属性值越大，层叠对象就越在前面；如果设置元素有相同的属性值，则根据在 HTML 文档流的顺序层叠，写在后面的元素将会覆盖前面的元素；
> ● 要注意标签的嵌套关系，当标签元素使用得比较多的时候容易嵌套混乱，导致项目布局出错；
> ● 要注重代码注释的编写，对代码功能进行描述，便于后期维护。

课后练习

一、填空题

　　（1）_____是一种用于创建网页的标准标记语言，运行在浏览器上，由浏览器来解析。

　　（2）在 HTML5 代码中，带有 "<>" 符号的元素被称为 HTML 标记，也称为 HTML 标签或 HTML 元素。HTML 的标签分为单标签、_____和注释标签。

（3）在 Web 网页中插入图片时，需要定义图片的路径，引用路径分为_____和相对路径。

（4）HTML 中所有页面中的元素都包含在一个矩形框内，这个矩形框被称为_____。

（5）在 Web 设计中，网页中的标签默认是按照_____的方式进行排版的。

（6）给网页添加 JavaScript 的方式有 3 种：_____、内嵌式和外链式。

（7）JavaScript 使用关键字_____定义函数。

（8）_____提供了与浏览器窗口进行互动的对象结构。

二、选择题

（1）下面标记中，表示换行的标记是（　　　）。

A．
　　　　　　　B．<title>　　　　　　　C．<hr/>　　　　　　　D．<h1>

（2）下面属性中用于定位背景图片位置的属性是（　　　）。

A．background-repeat　　　　　　　B．background-image

C．background-color　　　　　　　D．background-position

（3）下列选项中可以实现相对定位的代码是（　　　）。

A．position：absolute；　　　　　　　B．position：fixed；

C．position：relative；　　　　　　　D．position：static；

（4）在 HTML 中，表示内嵌 CSS 的标记是（　　　）。

A．<style>　　　　　　　B．<title>　　　　　　　C．<head>　　　　　　　D．<html>

（5）关于盒子模型中的宽度和高度属性，下列说法中正确的是（　　　）。

A．盒子模型中的宽度和高度属性对行内元素有效

B．盒子模型中的宽度和高度属性对块级元素有效

C．盒子模型中的宽度和高度属性对所有元素有效

D．以上说法都正确

（6）CSS 中用于设置边框样式的属性是（　　　）。

A．border-height　　　B．border-style　　　C．border-width　　　D．border-color

（7）CSS 注释的写法正确的是（　　　）。

A．<!-- 注释-->　　　B．"注释"　　　　C．/ 注释/　　　　D．/* 注释 */

（8）CSS 用来设置元素背景颜色的是（　　　）。

A．width　　　　　　　　　　B．height

C．background-color　　　　　　　D．background

三、判断题（正确的打"√"，错误的打"×"）

（1）在 HTML 中，标记可以拥有多个属性。　　　　　　　　　　　　　　　（　　　）

（2）HTML 表格通过<input>标签来定义，HTML 表格包括 table 元素、一个或多个 tr/ th/ td 元素。　　　　　　　　　　　　　　　　　　　　　　　　　　　　　　（　　　）

（3）常用的单标签有\
\<hr>\<img>\<input>\<head>\<meta>\<link>等。　　　（　　）

（4）DOM 是指浏览器对象模型，由多个对象构成，提供了与浏览器窗口进行互动的对象结构。　　　　　　　　　　　　　　　　　　　　　　　　　　　　　　（　　）

（5）JavaScript 中可以直接创建自定义对象，自定义对象的属性和方法。　　（　　）

四、简答题

（1）HTML 常用标签有哪些？

（2）请分别说明给网页添加 CSS 样式的方法有哪些。

（3）请分别说明盒子模型由哪些部分构成？

（4）CSS 变形的属性有哪些？

（5）JavaScript 输出方式有哪些？

项目2 微信朋友圈的组件化设计

知识目标

- 理解变量与作用域，掌握作用域的规则；
- 掌握对象的定义及操作，理解构造函数的概念；
- 掌握封装、继承等设计思想，理解原型链机制；
- 了解浏览器的事件机制和渲染过程；
- 熟悉 Ajax 和 HTTP 的相关概念；
- 理解原生 Ajax 请求流程与细节；
- 掌握 jQuery 的扩展方式以及自定义插件的方法；
- 理解组件化的概念及应用。

技能目标

- 能够熟练地使用面向对象的思想进行 DOM 编程；
- 能够熟练地应用 jQuery 处理网页行为，开发网页的动画效果；
- 能够使用 jQuery 和 Ajax 的相关 API，实现异步刷新，异步获取数据；
- 能够结合页面布局、用户界面、功能等，进行抽象和封装，实现组件化；
- 能够综合应用网页的设计与制作技术实现网页开发，具备网页设计、开发、调试和维护的能力。

素养目标

- 具备严谨的科学态度，精益求精的科学精神；
- 具备较强的逻辑思维能力以及综合应用的职业能力；

- 具备发现问题和解决问题的能力以及勇于创新的职业精神；
- 具备接受新事物的能力；
- 具备较强的团队协作能力。

项目描述

项目背景及需求

随着 Web 应用的快速发展，用户交互、前后端数据交互、前端数据渲染等业务需求不断增加，使得 Web 前端开发的复杂性提高。基于 HTML+CSS+JavaScript 的 Web 开发，其代码耦合性高且复用性低，经常会因为小功能的升级或者增加导致整体逻辑的修改，造成开发效率降低，维护成本升高。解决此问题时可将复杂的应用进行分解，被分解的部分能够单独开发、单独维护，互不干扰，并且可以任意组合。这种化繁为简的开发思想在前端开发中的体现就是组件化。

为了提高复杂的前端项目的开发效率并保证开发质量，组件化开发以其高复用性、低耦合性的特点在真实项目开发中得到了广泛的使用。在项目 1 中应用 HTML+CSS 的相关知识完成了朋友圈的静态页面开发。本项目将在项目 1 的基础上进一步完善朋友圈的功能，将朋友圈的不同消息类型以组件化编程方式呈现，旨在帮助读者建立组件化编程的基础，使其能够编写可扩展、高复用的优质代码，提升代码的复用性，提高开发效率。

项目构成

本项目以网页的组件化开发为目的，以微信朋友圈的组件化开发实训任务，分别从组件化基础（面向对象的程序设计）、模块和库（jQuery）、浏览器和网络协议等 3 个方面为读者建立组件化开发的知识和技能基础，项目构成如图 2-1 所示。

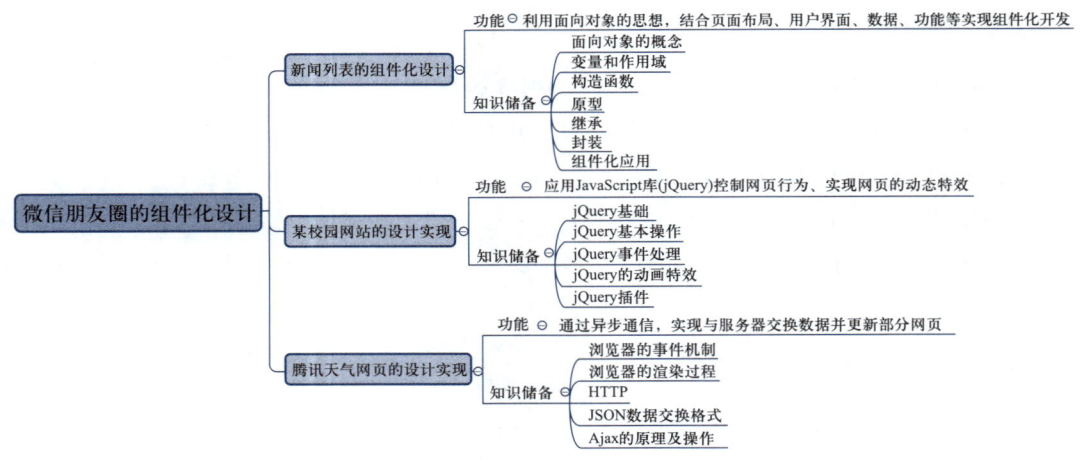

图 2-1　项目 2 构成图

任务 2-1　新闻列表的组件化设计

任务描述

任务 2-1

　　新闻是传播信息的重要渠道，新闻网站是信息传递的重要媒介之一。本任务以新闻列表页的组件化设计为训练任务，利用面向对象的思想，进行新闻导航和列表的组件化设计。任务实现效果如图 2-2 所示。网页结构包括导航栏、侧边栏和主体内容，选择不同的内容时均会激活相应的效果。

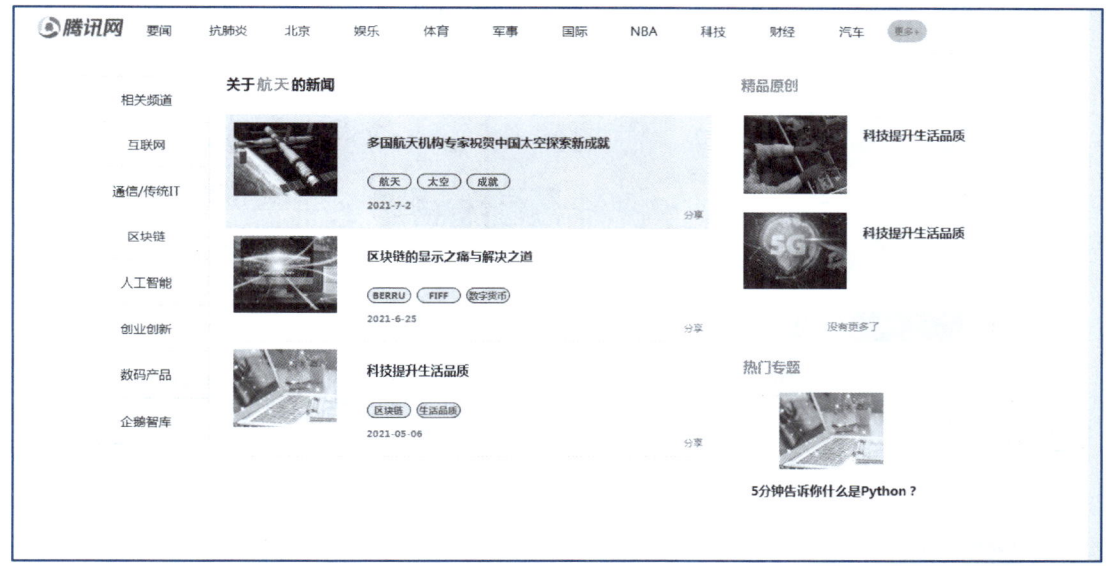

图 2-2　新闻列表页效果图

　　通过分析网页结构发现，导航栏子项和侧边栏子项均由相同的标签和样式构成；主体内容的新闻列表子项精品原创子项、热门专题子项的结构和样式也相同。因此可以采用组件化设计，提高代码的复用性。

　　组件化设计不同于传统的页面设计思想，理论上无须重复代码，只需要将每个子项视为一个对象，利用 JavaScript 调用对象实现其功能即可。新闻列表页的结构和实现的技术手段如图 2-3 所示。

　　本任务主要的知识构成如图 2-4 所示。

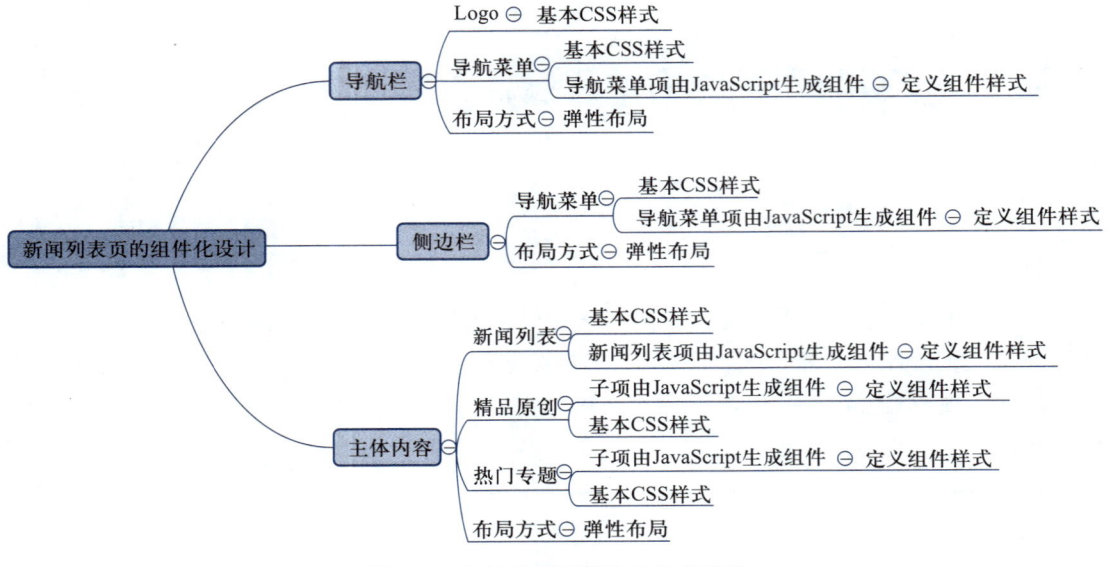

图 2-3　新闻列表页结构及实现手段

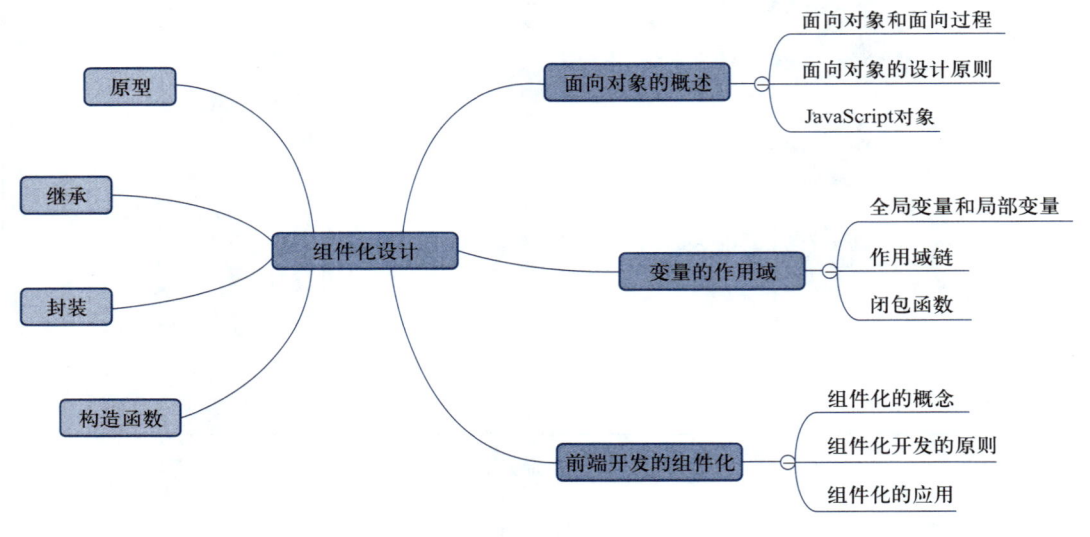

图 2-4　任务 2-1 知识架构图

问题引导

　　在新闻列表页中，不同模块中的每个列表子项结构和样式都是相同的。如果利用传统的网页设计方式，将所有的元素都用相同的标签定义，设置其 CSS 样式，会出现大量的重复代码。当新增内容时，仍然需要编写重复的代码，导致开发的效率降低。如何减少重复的代码呢？能否像函数一样，将重复的代码抽象成一个组件，通过传递不同的参数，得到不同的返回结果呢？在本任务中，将利用组件化思想和面向对象的 JavaScript 程序设计实现网页效果。

本任务解决如下问题。

- 如何将导航栏、侧边栏和列表子项封装为对象？
- 如何实现对象的功能？
- 如何封装对象所具备的功能？

知识准备

1. 面向对象的概述

面向对象是软件开发的一种编程思想，是一种基于对现实世界理解，抽象代码的思维方法。该思想已经成熟应用到数据库系统、交互式界面、应用结构、应用平台、分布式系统、网络管理结构、CAD 技术、人工智能等领域。使用面向对象的编程思想，首先需要了解面向对象和面向过程的相关概念及区别。

1）面向过程与面向对象

面向过程的核心思想是梳理解决问题的过程，即分析出解决问题所需的步骤，然后用函数把这些步骤实现，使用时依次调用。而面向对象是把构成问题的事务分解（抽象）成对象，建立对象不是为了完成一个步骤，而是为了描述每个对象在整个解决问题步骤中的角色及行为。

以生活中的围棋游戏为例，理解面向过程和面向对象的区别。面向过程的核心思想是分析解决问题的步骤，围棋游戏的步骤为：开始游戏→黑子先走→棋盘绘制→根据规则判断输赢→轮到白子→棋盘绘制→判断输赢，自步骤 2 开始重复，只要可以判断输赢，则游戏结束，输出结果。

使用面向对象的核心思想是对象，需要分析每个对象的功能，如棋子对象，实现走子的功能，黑白双方功能相同；棋盘对象，实现绘制棋盘，显示黑白双方的棋子布局；规则对象，实现游戏规则，判断输赢的功能。可见，面向对象是以角色及功能划分问题的。如果后期需要修改游戏，只需要修改某个对象的功能函数即可，不需要修改全部过程，而面向过程的设计则可能需要修改自某个步骤之后的所有内容，给整个项目的维护带来了极大的不便。

面向对象相对于面向过程的优势在于易维护、易复用、易扩展、模块化程度较高、封装性强、更容易解决复杂的业务逻辑。

面向对象的特征可以概括为封装性、继承性和多态性。

- 封装性指隐藏实现过程，只提供调用接口给外部；
- 继承性可以使用现有类的所有功能，并在不改变原来类的情况下对这些功能进行扩展；
- 多态性是同一个功能作用于不同的对象，会产生不同的执行结果。

2）面向对象的设计原则——SOLID

面向对象的设计思想，有如下五大设计原则。

（1）单一职责原则（Single Pesponsibility Principle，SRP）

每个对象应该只包含单一的职责，并且该职责被完整地封装在一个类中。

（2）开放-封闭原则（Open-Close Principle，OCP）

一个软件实体应当对扩展开放，对修改关闭。也就是说在设计一个模块的时候，应当使这个模块可以在不被修改的前提下扩展，即实现在不修改源代码的情况下改变这个模块的行为。

（3）替换原则（Liskov Substitution Principle，LSP）

子类必须能够替换基类，否则不应当设计其为子类。子类可以扩展父类的功能，但不能改变父类原有的功能。也就是说，子类只能去扩展基类，而不能隐藏或覆盖基类。

（4）接口隔离原则（Interface Segregation Principle，ISP）

应当为客户端提供尽可能小的单独接口，而不是提供总接口。客户端不应该依赖不需要的接口。一个类对另一个类的依赖应该建立在最小的接口上。开发者在编写代码时，接口的设计一定要适度。

（5）依赖倒置原则（De-pendence Inversion Principle，DIP）

高层模块不应该依赖低层模块，而应该都依赖抽象。抽象不应该依赖于细节，细节应该依赖于抽象，即面向接口编程。

3）JavaScript 对象

在 JavaScript 中的所有事物皆是对象，如字符串、数值、数组、函数等。对象是一种特殊的数据类型，是由属性和方法组成的一个集合。属性是指事物的特征，方法是指事物的行为。

（1）创建对象

JavaScript 可以使用花括号"{}"直接创建对象。示例代码如下。

```
var student = {name:'tom',age:18,say:function(){
console. log("hello,I am"+this. name);}}
```

以上代码中，student 对象中包含 3 个成员，分别为 name 属性、age 属性以及 say()方法，其中 this 指向该对象，即 student。

（2）访问对象的属性和方法

JavaScript 中可以使用点"."访问对象的属性和方法，示例代码如下。

```
console. log(student. name);
student. say();
```

如果被访问的属性不存在，则返回 undefined。

2. 变量的作用域

1）全局变量和局部变量

通过前面的学习，已了解变量是用于存储信息的"容器"。使用变量前需要先声明变量，但是变量并不是在任何位置都能够被使用的。变量需要在它的作用范围内才能被使用，这个作用范围被称为变量的作用域。

在 JavaScript 中，变量的定义并不是以代码块作为作用域的，而是以函数作为作用域。也就是说，在函数内部定义的变量，在函数的外部是不可见的。根据变量作用域的不同可将变量分为全局变量和局部变量。

①全局变量：在函数外部声明的变量或者在函数内不使用 var 声明的变量称为全局变量。全局变量在代码的任何位置都可以使用。

②局部变量：在函数内部 var 声明的变量是局部变量，局部变量只能在该函数内部使用，函数的形参也属于局部变量。

③全局变量和局部变量的区别：全局变量在任何一个地方都可以使用，只有在浏览器关闭时才会被销毁；局部变量只在函数内部使用，当其所在的代码块被执行时，会被初始化；当代码块运行结束后，就会被销毁，因此更节省内存空间。具体代码如下所示。

```javascript
// 定义全局变量
var global = 10;
// 定义函数
function fn() {
// 定义局部变量
    var local = 20;
    console.log(local);        // 输出局部变量 local = 20
    global++;
}
fn();
console.log(global);           // 输出全局变量 global = 11
console.log(local);            // ERROR:local is not defined,局部变量外部无法访问
```

在上述代码中，变量 global 在函数外部定义，因此在函数的内部和外部都可以直接访问；变量 local 在函数 fn() 的内部定义，仅能在函数内部访问，在函数外部无法访问。如果省略变量 local 的关键字 var，会发现在函数的外部也能访问，即为全局变量。

2）作用域链

在下面的示例中，在函数 fn() 的内部定义了另一个函数 innerfn()。内层函数 innerfn() 在执行 console.log(a，b) 时，需要引入变量 a 和变量 b，但在当前的作用域内未找到该变量，则继续在上一级的作用域中寻找，直到全局作用域。即在函数发生嵌套时，内层函数中可以访问的变量既来自于自身的作用域，也可以来自其"父级"作用域，这就形成了一条作用域链，代码如下。

```javascript
var a = 1;
function fn() {
    var b = 2;
    function innerfn() {
        console.log(a,b);      // 输出 a = 1,b = 2
    }
    innerfn();
```

```
}
fn();
```

3）利用闭包突破作用域链

在上例中，如果在函数 fn() 的外部访问局部变量 b，局部变量 b 在全局空间是不可见的，会导致无法访问，输出如图 2-5 所示。

根据作用域链，内层函数可以访问其所在外层函数中声明的所有变量。但是在函数的外部无法访问内层函数的变量。在如下示例中，因为 fn() 可在全局空间中被调用，因此可以将它的返回值用变量 ff 保存，同时使用变量 inner 保存内嵌函数 innerfn()，这样可以使变量 b 的值始终保存在内存中。代码如下所示。

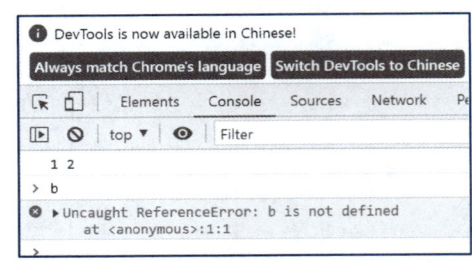

图 2-5 函数外部无法访问函数内部变量

```
function fn() {
    var b = 2;
    var inner = function innerfn() {
        console.log(b++);
    }
    return inner;
}
var ff = fn();
ff();        // 输出 b 的值为 2
ff();        // 输出 b 的值为 3
```

以上突破作用域链的方式称为"闭包"。"闭包"是指能够访问另一个函数作用域内变量的函数。闭包函数扩大了变量的作用域范围，可以在函数的外部读取函数内部的变量，保存了变量的值，使其能够始终保存在内存中。

3. 构造函数

JavaScript 可以使用构造函数创建对象并为对象赋初始值。构造函数就是一个普通的函数，主要用于生成对象（代码为：new 构造函数）。与使用"{}"直接创建对象不同的是：一个构造函数可以生成多个对象，这些对象具有相同的结构。具体代码如下所示。

```
function Cat(name,color) {
    this.name = name;
    this.color = color;
    this.say = function() {
    console.log("hi,the name of this cat is "+this.name);
    }
}
var cat1 = new Cat('kitty','white');
var cat2 = new Cat('cat','block');
```

```
cat1. say();
console. log( cat1,cat2);
```

　　在以上代码中，使用面向对象的思想封装了一个 Cat 构造函数，在构造函数 Cat 中 this 可以为对象添加成员，通过"new 构造函数名"即可创建对象 cat1 和 cat2，运行结果如图 2-6 所示。

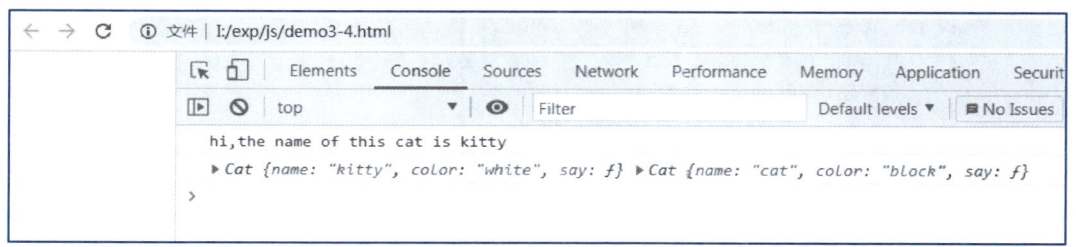

图 2-6　使用构造函数创建对象

　　在使用构造函数创建对象时，应注意以下事项。
　　① 为构造函数命名时应将单词的首字母大写。
　　② 在构造函数内部，使用 this 表示当前的对象。

4. 原型

1）原型对象

　　在 JavaScript 中"万物皆对象"。每个对象都继承另一个父级对象，父级对象称为原型对象，原型对象上的所有属性和方法都能被子对象共享。每个构造函数（function 定义的函数）都有一个原型对象存在，可以通过 prototype 属性访问。在如下代码中，可以输出构造函数 Cat 的原型对象。

```
console. log( Cat. prototype);    // 输出{constructor: f}
```

2）constructor 属性

　　Cat 函数的属性 prototype 指向 Cat 的原型对象。注意：new 创建的对象没有 prototype 的属性。在实例对象中，存在一个 construct 属性指向该对象的构造函数。基于 Cat() 构造函数创建的 cat1 实例对象，原本没有 prototype 属性，但是可以通过 constructor 属性访问构造函数，因此可以使用".constructor. prototype"方式访问原型对象。

```
console. log( cat1. prototype);              // 输出 undefined
console. log( cat1. constructor. prototype);  // 输出{constructor: f}
```

　　注意：通过 new 创建的实例对象都具有相同的原型对象，并且其 prototype 的属性可读可写。因此，在创建构造函数时利用原型对象，可以将这些对象共有的属性和方法，统一添加到构造函数的原型对象中，这样每个对象都具有这些属性和方法，也不会影响到全局作用域。具体代码如下所示。

```
function Cat(name,color) {
    this. name = name;
    this. color = color;
}
Cat. prototype. say = function() {
    console. log("hi,the name of this cat is "+this. name);
}
var cat1 = new Cat('kitty','white');
var cat2 = new Cat('cat','block');
cat1. say();          // 输出:hi,the name of this cat is kitty
cat2. say();          // 输出:hi,the name of this cat is cat
```

在以上代码中，构造函数 Cat()中并没有 say()方法，但是其原型对象中添加了 say()的方法，因此每个对象 cat1 和 cat2 就拥有了 say()方法。

3）原型链

在 JavaScript 中，每个对象通过__proto__属性指向它的原型对象，这个原型对象又有自己的原型，原型本身又是对象，原型又有原型，直到某原型为 null 为止，这种链结构就称为原型链。具体代码如下所示。

```
function Cat(name,color) {
    this. name = name;
    this. color = color;
}
Cat. prototype. say = function() {
    console. log("hi,the name of this cat is "+this. name);
}
    var cat1 = new Cat('kitty','white');
    var cat2 = new Cat('cat','block');
    console. log(cat1. __proto__);              //Cat. prototype => {say: f, constructor: f}
    console. log(cat1. __proto__. __proto__);   //Object. prototype => {constructor: f, ⋯}
    console. log(cat1. __proto__. __proto__. __proto__);//null
```

在基于构造函数 Cat()创建一个对象 cat1 时，它的原型链就是 Cat→Cat. prototype→Object. prototype→null。

注意区分 constructor 属性、__proto__属性和 prototype 属性。其中，prototype 属性是构造函数才具备的属性；__proto__属性是任何对象（除了 null）都具备的属性；constructor 属性指向的是构造函数。在上例中，分别输出"cat1. __proto__""cat1. constructor"和"cat1. prototype"，输出结果代码如下。

```
console. log(cat1. __proto__);    // {say: f, constructor: f}
console. log(cat1. constructor);  // f Cat(name,color) {this. name = name;⋯⋯}
console. log(cat1. prototype);    // undefined
```

在上述代码中，由于 prototype 是构造函数的属性，因此实例 cat1. prototype 的值为 undefined。

原型链的结构有如下特点。

- 每个构造函数都有一个 prototype 的属性指向原型对象；
- 原型对象通过 constructor 属性指向构造函数；
- 实例对象的__proto__属性可以访问原型对象；
- Object 的原型对象的__proto__属性为 null；
- 实例的原型对象和构造函数的原型对象是同一个对象。

5. 继承

在 JavaScript 中，继承是在已有对象的基础上进行扩展，可增加一些新功能，得到一个新的对象。该对象具有原对象的所有属性和方法，具体代码如下所示。

```
function Cat( name) {
    this. name = name;
}
Cat. prototype. play = function( ) {
    console. log( this. name + " :playing ball" );
}
var cat = new Cat('kitty');
cat. play( );              // 输出:kitty:playing ball
```

在以上代码中，构造函数 Cat( )只有 name 的属性。通过 Cat. prototype. play 为构造函数的原型对象添加了 play( )的方法，构造函数 Cat( )就拥有了 play( )方法，进而由 Cat( )构造函数创建的 cat 对象便继承了 Cat 的属性和方法。

除此之外，也可以利用构造函数实现继承，具体示例如下。

```
function Type( ) {              // Type( )构造函数为父类
    this. colors = [ "red" ,"blue" ,"green" ];
}
function SubType( ) {          // SubType( )构造函数为子类
    Type. call( this) ;        // 继承父类 Type
    this. white = "white";     // 子类可以有自己的属性
}
var type = new SubType( );
console. log( type) ;          // SubType {colors: Array(3) , white: "white" }
```

在上述代码中，利用 call( )方法将父类的 this 指向子类的 this，实现子类继承父类的属性和方法，同时子类也可以拥有自己的属性"white"。

6. 封装

封装是面向对象的 3 个基本特征之一，将现实世界的事物抽象成计算机领域中的对象，对象同时具有属性和行为（方法），这种抽象就是封装。也就是把抽象出来的数据和对数据的操作封装在一起，数据被保护在内部。程序的其他部分只有通过被授权的操作（成员方法），才能对数据进行操作，并且能够很好地实现代码复用，封装有以下几种方式。

① 函数是最简单的封装，通过函数可以封装任意条语句，而且可以在任何地方、任何时候调用执行。

② 通过直接法创建对象实现封装，但是只能创建一次对象，复用性较差，如果要创建多个对象，代码冗余度太高。

③ 工厂模式是软件工程领域一种广为人知的设计模式，这种模式抽象（封装）了创建具体对象的过程。在 JavaScript 中，特定接口创建对象的细节可以用函数封装。具体代码如下所示。

```
function Person(name, sex) {
    var obj = new Object();
    obj.name = name;
    obj.sex = sex;
    return obj;
}
var lily = Person("lily", 1);
var tom = Person("tom", 0);
```

④ 构造函数实现封装。JavaScript 中的构造函数可以用来创建特定类型的对象，也可以创建自定义的构造函数，从而自定义对象类型的属性和方法。将以上工厂模式的代码更改为构造函数模式。代码如下所示。

```
function Person(name, sex) {
    this.name = name;
    this.sex = sex;
    this.sayName = function () {
        alert(this.name);
    };
}
var lily = new Person("lily", 1);
var tom = new Person("tom", 0);
```

在上述代码中，与工厂模式封装相比，构造函数的封装模式没有显式的创建对象，直接将属性和方法赋值给了 this 对象，没有利用 return 返回对象。

7. 前端开发的组件化

1）组件化的概念

在前端开发中为了提高网页的开发效率和代码复用率，同时降低耦合性，产生了组件化和模块化的方法，在应用中需要区分组件化和模块化。

模块化是将复杂的结构细化到多个具体的功能，从而实现特定功能的一组属性和方法的封装，具有独立的功能，如购物车、登录注册等。模块化是一种生产方式，使得多人协作互不干扰，同时方便模块间的组合和分解，有利于单个模块功能的调试和升级，维护成本较低。

组件化开发，就是将页面的某一部分独立出来，同时将其内部的实现全部封装到一个组件内。一个前端组件，包含了组件的结构（HTML）、样式（CSS）和交互（JavaScript）等内容，外部只需要按照组件设定的属性、函数及事件处理等进行调用即可，理论上不用考虑组件的内部实现逻辑。

组件化最重要的功能就是重用（复用）。多个组件可以组合成组件库，方便调用和复用，组件间也可以嵌套，通过调用多个小组件，最后封装成一个大组件，供外部调用。例如一个 Input 输入框是一个组件，一个 Select 下拉选择框也是一个组件，两个组件通过外层的 Form 封装，可以组成一个 Form 组件。

前端的组件化开发可以降低系统各功能的耦合性，提高功能内部的聚合性；由于组件内部结构密封，不与全局或其他组件产生影响，可以有效地提高代码的可维护性；同时，耦合性的降低，提高了系统的伸展性，在一定程度上降低了开发的复杂度和开发成本，提升了开发效率。

2）组件化开发的原则

（1）标准性

开发任何组件都应该遵守一定的标准。

（2）专一性

一个组件只专注于实现一个功能。

（3）可配置性

组件可以实现动态的配置。例如一个 Tab 栏组件，可以根据当前的页面风格配置不同的主题颜色或者事件处理等。

（4）复用性

任何一个组件应该都是一个独立的个体，可以应用在不同的场景中。

（5）组合性

组件之间应该是可以组合的，多个组件可以组合成组件库，方便调用和复用。组件间也可以嵌套，小组件可以组合成大组件。

3）组件化的应用

在实际开发中，模块化是从代码逻辑的角度划分，侧重功能的封装。主要针对 JavaScript 代码的隔离、复制，将其封装成一个个具有特定功能的模块。同时开发者可以调用组件来组成模块，多个模块可以组合成业务框架，方便代码分层开发。而组件化是从用户界面的角度划分，更多关注的是用户界面部分，例如头部、内容区、弹出框甚至确认按钮都可以成为一个组件，每个组件有独立的 HTML、CSS、JS 代码。

组件化最主要的应用场景是代码复用，为了更好地理解组件化，以下案例通过组件化实现拖动盒子的应用。

① 创建基本的 HTML 页面，包含两个盒子。

```
<!DOCTYPE HTML>
<html>
    <head>
```

```
        <meta http-equiv = "Content-Type" content = "text/html; charset = utf-8" >
        <title>组件化实现拖动盒子</title>
        <style>
            * {margin: 0;padding: 0;}
            div{position: absolute;}
        </style>
    </head>
    <body>
    <div id = "div1"></div>
    <div id = "div2"></div>
    </body>
</html>
```

② 通过原生 JavaScript 实现盒子的拖动。

```
window. onload = function () {
        // 通过构造函数的方式创建盒子对象
        var d1 = new Move();
        var d2 = new Move();
        // 配置盒子对象的初始化参数
        d1. init({id: 'div1',width:300,height:300,background:"pink"});
        d2. init({id: 'div2',width:200,height:200,background:"gray",left:300});
    };
    // 创建拖动盒子的构造函数
    function Move() {
        this. obj = null;
        this. disX = 0;
        this. disY = 0;
    }
    // 向构造函数的原型添加方法 init()
    Move. prototype. init = function (opt) {
        var This = this;
        this. obj = document. getElementById(opt. id);
        this. obj. style. width = opt. width+"px";
        this. obj. style. height = opt. height+"px";
        this. obj. style. left = opt. left+"px";
        this. obj. style. backgroundColor = opt. backgroud;
        this. obj. onmousedown = function (ev) {
            var ev = ev || window. event;
            This. fnDown(ev);
            document. onmousemove = function (ev) {
                var ev = ev || window. event;
                This. fnMove(ev);
            };
            document. onmouseup = function () {
                This. fnUp();
            };
            return false;
```

```
                };
            };
        // 向构造函数的原型添加方法 fnDown( )、fnMove( )、fnUp( )
        Move. prototype. fnDown = function ( ev ) {
            this. disX = ev. clientX − this. obj. offsetLeft;
            this. disY = ev. clientY − this. obj. offsetTop;
        };
        Move. prototype. fnMove = function ( ev ) {
            this. obj. style. left = ev. clientX − this. disX + 'px';
            this. obj. style. top = ev. clientY − this. disY + 'px';
        };
        Move. prototype. fnUp = function ( ) {
            document. onmousemove = null;
            document. onmouseup = null;
        };
    </script>
    </script>
```

以上代码中，两个盒子的功能相同，均能实现拖拽移动，但是移动的位置可以不同。为了能够节省代码并实现代码的复用，可以使用对象的方式对盒子进行封装，配置盒子的初始参数，利用构造函数的原型添加方法，使盒子对象能够继承其构造函数所有的属性和方法。盒子的初始效果如图 2-7 所示，拖曳后的效果如图 2-8 所示。

图 2-7　盒子的初始效果　　　　　　　　图 2-8　盒子拖曳之后的效果

任务实施

1. 基本 HTML 结构

页面结构包括导航栏、侧边栏和主体内容。在代码文件 nav. js 定义导航组件和侧边栏导航组件，在 text. js 中定义新闻子项组件。在 nav. css 和 text. css 中分别为导航组件和新闻子项组件添加样式。

```
<!DOCTYPE html>
<html lang = " zh−CN" >
<head>
    <meta charset = " UTF−8" >
```

```html
    <meta name="viewport" content="width=device-width, initial-scale=1.0">
    <title>新闻</title>
    <!-- nav -->
    <script src="./nav/nav.js"></script>
    <link rel="stylesheet" href="./nav/nav.css">
    <!--text  -->
    <script src="./text/text.js"></script>
    <link rel="stylesheet" href="./text/text.css">
</head>
<body>
    <div class="all">
        <div class="header">
            <div class="header_logo">
                <img src="./images/new_logo.png" alt="">
            </div>
            <div id="header_nav"></div>
            <div class="header_more">更多+</div>
        </div>
        <div class="main">
            <div class="aside">
                <div id="aside_nav"></div>
            </div>
            <div class="content">
                <div class="content_title">
                    关于<i>区块链</i>的新闻
                </div>
                <div class="content_left">
                    <div id="text1"></div>
                    <div id="text2"></div>
                    <div id="text3"></div>
                </div>
                <div class="content_right_title">
                    精品原创
                </div>
                <div class="content_right">
                    <div id="text4"></div>
                    <div id="text5"></div>
                    <div class="more">
                        没有更多了
                    </div>
                    <div class="lasr_title">
                        热门专题
                    </div>
                    <div id="text6"></div>
                </div>
            </div>
        </div>
    </div>
```

```
        </div>
    </body>
</html>
```

基本结构的 CSS 样式代码如下。

代码:任务 2-1
基本结构 CSS

2. 实现导航栏的组件化

由于头部导航栏与侧边导航栏的结构和功能类似,因此用相同的组件传递不同的数据以实现头部导航菜单项和侧边导航栏菜单项的功能。

将导航栏组件封装为构造函数,头部导航栏和侧边导航栏均为构造函数创建的实例对象。因此头部导航栏和侧边导航栏具有相同的原型对象。以下代码通过定义原型对象的属性和方法,使头部导航栏对象和侧边导航栏对象都能够继承其属性和方法。具体代码如下。

```
(function(win,doc){
    function Nav(options){
        return new Nav.prototype.creat(options);
    }
    // 定义原型对象的方法
    Nav.prototype.creat = function(options){
        this.options = options;
        this.navdom = doc.querySelector(this.options.el);
        this.lidomLists = this.options.navLists;
        this.creat(this.options);
    }
    Nav.fn = Nav.prototype.creat.prototype;
    Nav.fn.creat = function(){
        this.dom();
        this.choose();
        if(!this.options.isBgc) this.bgc();
        this.border();
    }
    // 初始化 nav
    Nav.fn.dom = function(){
        this.navdom.style.width = '100%';
        this.navdom.style.height = this.options.height? this.options.height + 'px' : '60px';
        var ul = doc.createElement('ul')
        if(this.options.beacon === 'x'){
            ul.style.flexDirection = 'none';
        }
        else if (this.options.beacon === 'y'){
            ul.style.flexDirection = 'column';
            this.navdom.style.height = '80%';
            this.navdom.style.width = this.options.height? this.options.height + 'px' : '80px';
        }
```

```
        this. navdom. appendChild( ul)
        for( let i = 0; i< this. lidomLists. length; i++) {
            var li = doc. createElement('li') ;
            li. style. height = '100%';
            li. innerText = this. lidomLists[ i]. value;
            ul. appendChild( li) ;
        }
    }
    // 鼠标指针移入,特殊处理
    Nav. fn. choose = function() {
        let lis = doc. querySelectorAll( this. options. el+'>ul>li')
        let ul = doc. querySelector( this. options. el+'>ul') ;
        this. navdom. addEventListener('mouseout',() = >{
            lis. forEach( ( item) = >{
                item. classList. remove('active') ;
            })
            return false;
        })
        ul. addEventListener('mouseover',( e) = >{
            lis. forEach( ( item) = >{
                if( item. innerText = = = e. target. innerText) {
                    item. classList. add('active') ;
                }
                else {
                    item. classList. remove('active') ;
                }
            })

        })
    }
    // 背景色
    Nav. fn. bgc = function() {
        let lis = doc. querySelectorAll( this. options. el+'>ul>li')
        lis. forEach( ( item) = >{
            item. classList. add('navBgc') ;
        })
    }
    // 边框
    Nav. fn. border = function() {
        let lis = doc. querySelectorAll( this. options. el+'>ul>li')
        if( !this. options. isBorder) {
            lis. forEach( ( item) = >{
                item. classList. add('border') ;
            })
            this. navdom. style. border = "1px solid #0000" ;
        }
```

```
    else {
        lis.forEach((item)=>{
            item.classList.remove('border');
        })
        this.navdom.style.border = "none";
    }
}
Nav.fn.constructor = Nav;    // 修正 contructor 指向
win.Nav = Nav;               // 将 Nav 挂载到 window 对象
})(window,document)
```

在上述代码中，由于构造函数 Nav 返回了实例化对象，因此将头部导航栏和侧边导航栏的数据封装为对象，传递给构造函数 Nav。从而实现构建头部导航栏菜单对象和侧边导航栏对象，使其能够继承构造函数的属性和方法，实例化对象数据如下。

```
<script>
// 头部导航栏
Nav({
    el:'#header_nav',        // 挂载 dom
    beacon: 'x',             // 方向 x 横向 y 纵向
    navLists: [
            {alue:'要闻', link:'#'},
            {value:'抗肺炎', link:'#', },
            {value:'北京', link:'#', },
            {value:'娱乐', link:'#', },
            {value:'体育', link:'#', },
            {value:'军事', link:'#', },
            {value:'国际', link:'#', },
            {value:'NBA', link:'#',},
            {value:'科技', link:'#', },
            {value:'财经', link:'#', },
            {value:'汽车', link:'#', },
        ],                   // 数据
        isBgc: false,        // 是否有背景色 默认 false
        isBorder: false,     // 是否有边框 默认 false
    })
    // 侧边导航栏
    Nav({
        el:'#aside_nav',     // 挂载 dom
        beacon: 'y',         // 方向：x 为横向，y 为纵向
        navLists: [
                {value:'相关频道', link:'#', },
                {value:'互联网', link:'#', },
                {value:'通信/传统 IT', link:'#', },
                { value:'区块链', link:'#', },
                {value:'人工智能', link:'#', },
```

```
            {value:'创业创新', link:'#', },
            {value:'数码产品', link:'#', },
            {value:'企鹅智库', link:'#', },
        ], // 数据
        isBgc: true,        // 是否有背景色，默认为 false
        isBorder: true,     // 是否有边框，默认为 false
        height:'70'
    })
```

导航菜单项组件的 CSS 代码如下。

```
* {box-sizing: border-box;}
ul,li {list-style: none; padding: 0; margin: 0;}
ul {display: flex; width: 100%;height: 100%;}
ul li {
    flex: 1;
    display: flex;
    white-space: nowrap;
    justify-content: center;
    align-items: center;
    font-size: 16px;
    color: #000;
    border: 1px solid #000;
}
.active {background-color: #cbe1ed;color: #14539a !important;}
.navBgc {border: 1px solid #000000; background: transparent !important;}
.border { border: none !important;}
```

3. 实现新闻列表子项的组件化

代码：任务 2-1
新闻列表子项的
组件化实现

新闻列表子项组件的创建与导航组件的创建方法相同，创建构造函数 Text，返回其实例化对象。定义构造函数 Text 的原型对象，使实例化对象能够继承原型对象的属性和方法。其代码如下。

将新闻列表子项数据封装为对象，传递给组件构造函数 Text，从而创建新闻列表组件对象，实例化对象数据如下。

```
// text 块 1
Text({
    el:'#text1',
    time: '2021-7-2',
    link: 'images/pic4.jpg',
    labels:['航天','太空','成就'],
    title:'多国航天机构专家祝贺中国太空探索新成就',
    isBorder:true,
})
// text 块 2
```

```
Text({
    el:'#text2',
    time: '2021-6-25',
    link: 'images/pic2.jpg',
    labels:['BERRU','FIFF','数字货币'],
    title:'区块链的显示之痛与解决之道',
    isBorder:true,
})
// text 块 3
Text({
    el:'#text3',
    time:'2021-05-06', // 必须固定格式 YYYY-MM-DD
    link: 'images/pic1.jpg',
    labels:['区块链','生活品质'],
    title:'科技提升生品质',
    isBorder:true,
})
// text 块 4
Text({
    el:'#text4',
    time:'', // 必须固定格式 YYYY-MM-DD
    link: 'images/pic5.jpg',
    labels:[],
    title:'科技提升生活品质',
    isBorder:false,
})
// text 块 5
Text({
    el:'#text5',
    time:'', // 必须固定格式 YYYY-MM-DD
    link: 'images/pic6.jpg',
    labels:[],
    title:'科技提升生活品质',
    isBorder:false,
})
// text 块 6
Text({
    el:'#text6',
    time:'', // 必须固定格式 YYYY-MM-DD
    link: 'images/pic1.jpg',
    labels:[],
    title:'5 分钟告诉你什么是 Python? ',
    isBorder:false,
})
```

新闻列表子项组件的 CSS 样式代码如下。

```css
. left {flex: 25%;}
. right {
    flex: 75%;
    font-size: 12px;
    padding-left: 20px;
    position: relative;
}
. left img { width: 130px;}
/* 标题 */
. right p{
    font-size: 16px;
    color: black;
    font-weight: 600;
    margin-bottom: 30px;
}
/* 时间 */
. right b {
    color: #7e7a75;
    font-size: 10px;
    line-height: 40px;
}
/* 标签 */
. right ul {
    display: flex;
    height: 20px;
}
. right ul li {
    margin-right: 7px;
    font-size: 10px;
    font-weight: 600;
    color: #5c5b5d;
    flex: none;
    width: 55px;
    height: 20px;
    text-align: center;
    line-height: 20px;
    padding: 2px;
    text-overflow: ellipsis;
    white-space: nowrap;
    border-radius: 10px;
    background-color: #ededed;
}
/* 分享 */
. right i {
    font-style: normal;
    font-size: 12px;
    color: #7e7a75;
```

```
            position: absolute;
            bottom: 0;
            right: 0;
        }
        .border {border-top: 1px solid #EDEDED !important;}
        .txtactive{background-color: #f0f0f0;}
```

通过以上代码创建导航组件和新闻列表组件，在浏览器中运行能够显示任务效果。

知识拓展

面向对象的程序设计通过对象来描述事物，而功能相似的对象之间往往存在一些共同的属性。例如在程序设计中布偶猫和短毛猫的父类为猫类，可将不同猫的特征抽象，形成猫类统一的特征。因此猫类可以作为抽象的对象，而布偶猫和短毛猫可以作为具体的对象，也可以说布偶猫是猫类的一个具体的实例。在程序设计中，抽象的对象被理解为类，类的作用是将对象的特征抽象出来，形成一段代码，因此使用类可以批量地创建实例对象，不同类创建的对象即为不同类的对象。

JavaScript 在 ECMAScript 6（ES6）之前的版本是没有类的概念。之前版本的一切是基于对象的，是依靠原型（prototype）来实现类和类的继承。ECMAScript 6 出现 class 的概念后，可以通过 class 来创建对象，让代码更为简洁，复用性更高。但 class 也只是基于 JavaScript 原型继承的，并没有引入新的对象继承模式。

ES6 中增加了 class 关键字，用来定义一个类，在类中通过构造函数 constructor( )初始化对象成员。代码如下所示。

```
<script>
// 定义 Student 类
    class Student{
        constructor(name,age,sex){
            this.name = name;
            this.age = age;
            this.sex = sex;
        }
        read(){console.log(this.name+"-"+this.age+"-"+this.sex);}
    }
// 创建类的实例
    var lily = new Student('lily',18,'女');
// 访问 lily 对象的属性
    console.log(lily.name);        // 输出:lily
// 调用 read( )方法
    lily.read();                   // 输出:lily-18-女
    </script>
```

上述代码中，利用 constructor( )方法初始化对象成员，以便在创建对象时能够自动调用。在一个 class 中只能有一个命名为 constructor( )的特殊方法。在 class 中定义方法不需要使用 function 关键字,其中 this 指向实例对象。

ES6 中可以使用 extends 关键字实现类的继承,使子类继承父类的属性和方法。继承后也可以定义自己的属性和方法。例如,在上述示例中,创建一个 Student 的子类 Sub,继承父类的属性和方法,具体代码如下。

```
class Sub extends Student{
    say(){console.log('hello');}
}
var sub = new Sub('sub','15','女');
sub.read();                        // 输出:sub-15-女
sub.say();                         // 输出:hello
```

在上述代码中,通过 class 定义 Sub 类继承父类 Student,Sub 类能够拥有 Student 所有的属性和方法,同时可以定义自己独有的方法 say()。

任务 2-2　某校园网站的设计实现

任务 2-2

任务描述

在高度信息化的社会里,校园网站是学校对外宣传、形象展示最直接的手段。在校园网站中可以通过轮播图展示校园文化、教学理念等,同时也可以利用其他网页元素实现信息化资源展示。

本任务以某学校网站的设计为训练任务,在前面任务中学习的技能和知识基础上使用 jQuery 实现某校园网站轮播图以及其他动态效果,掌握 JavaScript 的常用库 jQuery 的操作方法,灵活地应用 jQuery 为网页元素添加动画及特效,进而建立模块化编程的思想。

本任务的效果如图 2-9 所示,校园网站的首页主要包含导航栏、轮播图、主体内容以及网页底部,其主要的实现方式及技术手段如图 2-10 所示。

本任务主要的知识构成如图 2-11。

图 2-9　校园网站首页效果图

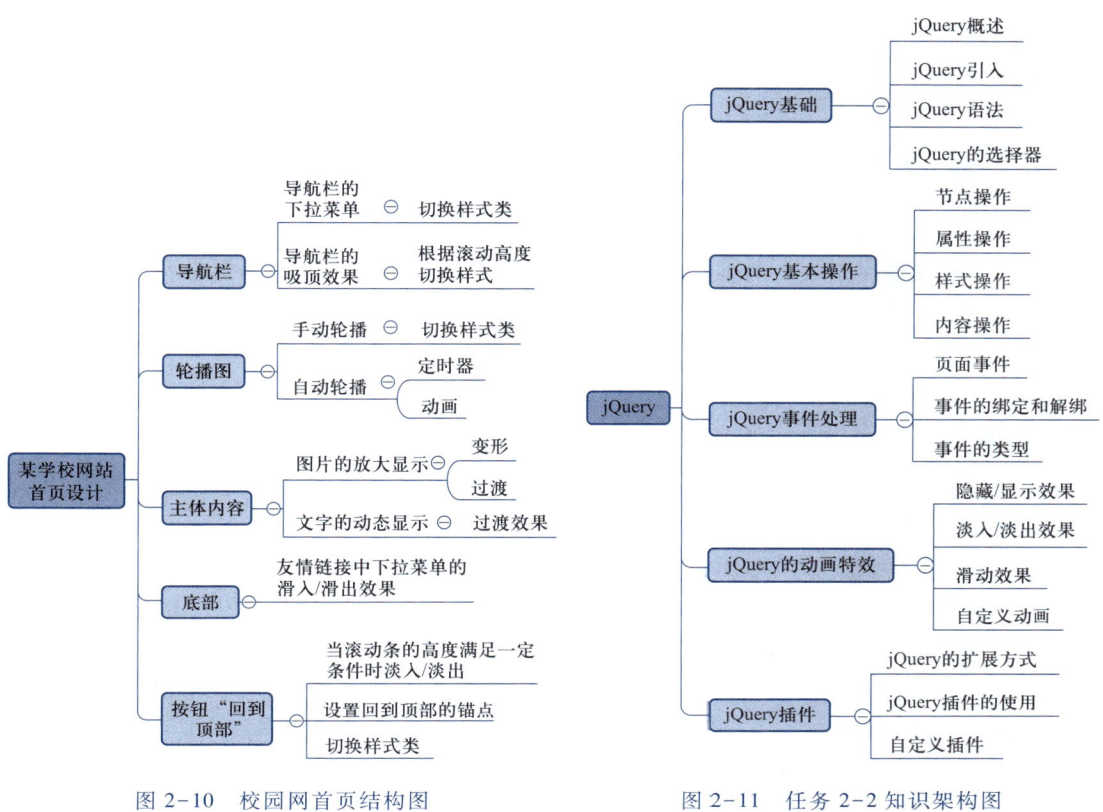

图 2-10　校园网首页结构图　　　　　图 2-11　任务 2-2 知识架构图

问题引导

在项目 1 中利用 JavaScript 实现了腾讯视频主页的轮播图功能，并利用 JavaScript 实现了其他的交互效果。不难发现开发者可以使用 JavaScript 控制页面中各个元素的外观、状态，甚至运行方式，但是 JavaScript 在操作 DOM 等方面具有一定的复杂性，同时，不同的浏览器支持 JavaScript 的程度也存在一定的差别。而 jQuery 为 JavaScript 的使用提供了更多便利，使 JavaScript 代码变得简单、精炼和可读，且可以兼容不同的浏览器。

根据该校园网站首页的结构分析，本任务利用 jQuery 完成动态效果如下。

- 如何实现导航栏的下拉效果？
- 如何实现轮播图的手动和自动播放？
- 如何实现"回到顶部"功能？
- 如何实现导航菜单的吸顶效果？

知识准备

1. jQuery 基础

1）jQuery 概述

JavaScript 框架或库是一组能轻松生成跨浏览器兼容 JavaScript 代码的工具和函数，是一组函数的集合。使用 JavaScript 框架可以更容易地实现页面元素的遍历、操作 DOM 元素，改变页面元素的样式等，可以降低开发者编写代码的难度。

jQuery 是一个快速、简洁且功能丰富的 JavaScript 库，也是当前较流行的 JS 库之一。它使 HTML 文档的遍历和操作、事件处理、动画和 Ajax 等工作变得更加简单，并提供了兼容多种浏览器且易于使用的 API。jQuery 结合了多功能性和可扩展性，改变了开发者编写 JavaScript 的方式。

jQuery 的设计理念是"少写多做"，是一个功能强大 JavaScript 的函数库，主要具备以下几方面的优势。

（1）轻量级

jQuery 非常轻巧，采用 Packer 软件压缩后，大小不到 30KB，如果使用 Min 版并且在服务器端启用 Gzip 压缩后，大小只有 18KB，并且是一个开源产品，提供了丰富的文档支持。

（2）简单便捷的 DOM 操作

jQuery 封装了大量的 DOM 操作，使得 JavaScript 的 DOM 操作变得非常便捷，能够轻松地获取、修改页面中的元素，完成对元素的删除、移动、复制等操作，并且 jQuery 强大的选择器可以方便地控制页面样式，具有很好的兼容性，降低了代码编写的难度。

（3）完善的 Ajax

jQuery 将所有的 Ajax 操作封装在 $.ajax() 函数中，通过其内部对象或者函数，就可以实现复杂的 Ajax 功能，并且开发者只需实现业务逻辑的处理，无须关注浏览器的兼容性及 XMLHttpRequest 对象的问题。

（4）可靠的事件机制

jQuery 的事件处理机制吸收了 JavaScript 事件处理函数的精华，使得 jQuery 在处理事件绑定的时候相当可靠。在预留退路、循序渐进以及非入侵式编程思想方面，jQuery 表现也非常优秀。

（5）丰富的插件支持

引入 jQuery 可以使用大量的插件来完善页面的功能和效果，极大地丰富了页面的展示效果。其易扩展性，吸引了来自全球开发者来编写 jQuery 的扩展插件。目前已经有超过几百种官方插件支持，而且还不断有新插件更新。

jQuery 封装了很多预定义的对象和函数，能帮助开发者轻松地构建高难度交互的页面，并兼容各主流浏览器，提升了开发的效率。由于 jQuery 的所有功能都是通过 JavaScript 访问的，因此掌握 JavaScript 是前提。

2）jQuery 的引入

jQuery 无须安装，只需要在 jQuery 的官方网站下载 jQuery 文件，并存放在项目中或者直接在 CDN 中载入 jQuery 即可。

① 进入 jQuery 官网下载页，如图 2-12 所示，根据需求选择 jQuery 版本，本书中以 jQuery3.4.1 为例。

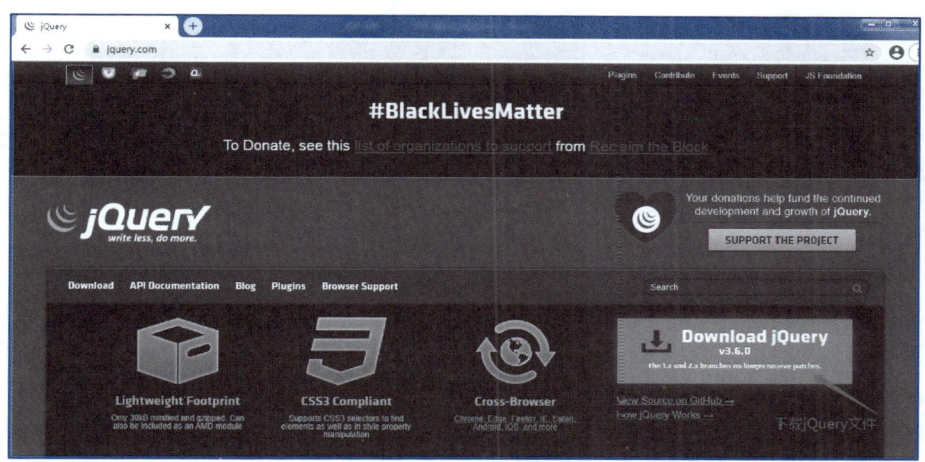

图 2-12　下载 jQuery 文件

② 通过<script>标签的 src 属性引入 jQuery-3.4.1.js 或者引入 jQuery 的压缩版本 jquery-3.4.1.min.js。

```
<script src="js/jquery-3.4.1.min.js"></script>
```

③ 测试引入是否成功，编写代码如下。

```
<!DOCTYPE html>
<html lang="en">
<head>
    <meta charset="UTF-8">
    <title>jquery 引入测试</title>
</head>
<body>
    <script src="js/jquery-3.4.1.min.js"></script>
    <script type="text/javascript">
        $(document).ready(function(){
            alert("jQuery 引入成功!");
        })
    </script>
</body>
</html>
```

④ 运行效果如图 2-13 所示，通过<script>标签成功引入了 jQuery。

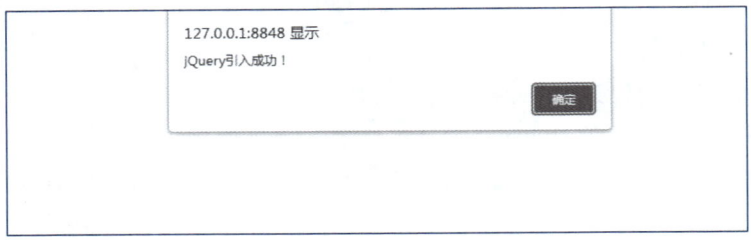

图 2-13　jQuery 引入测试

3）jQuery 语法

jQuery 语法是通过选取 HTML 元素，对选取的元素执行某些操作。基本语法格式如下。

$（选择器）. action（）

其语法说明如下。

① $是 jQuery 的简写格式，可以认为是 jQuery 的标志。

② 选择器的主要作用是查找 HTML 元素。

③ action（）执行对元素的操作。

jQuery 的语法示例如下。

$（'. div'）. addClass（'divstyle'）

上述示例中，查找类名为"div"的元素，为其增加类名为"divstyle"，使其能应用该样式。

4）jQuery 选择器

jQuery 最基本的概念是"选择元素并进行处理"。因此选择器是 jQuery 的根基，通过选择器能够轻松获取元素，并对 HTML 元素组或单个元素进行操作。jQuery 选择器基于元素的 id、类、类型、属性、属性值等"查找"（或选择）HTML 元素。例如，JavaScript 中 document. getElmentById（）在 jQuery 中写为 $（'#id'）。

注意：选择器的写法其实是一个函数，称为工厂函数，$是函数名称，后面传递的是一个参数。

jQuery 完全继承了 CSS 选择器的风格，主要分为基本选择器、层级选择器、过滤选择器、属性选择器和表单选择器等，具体如下。

（1）基本选择器

基本选择器通过元素的 id、class 或者标签查找元素，如表 2-1 所示。

表 2-1　jQuery 基本选择器

选择器	语　　法	描　　述
id 选择器	$（'#id'）	根据元素的 id 属性进行匹配
标签选择器	$（'element'）	根据元素的标签进行匹配

续表

选 择 器	语　　法	描　　述
类选择器	$('.class')$	根据元素的 class 属性进行匹配
通用选择器	$('*')$	匹配页面的所有元素
并集选择器	$('selector1,selector2,\cdots')$	匹配集合中的任何一个选择器, 任何形式的选择器都可以作为并集选择器的一部分

基本选择器的使用示例如下。

编写代码 2-13. html, 引入 jQuery, 通过基本选择器改变元素的样式。其代码如下。

```
<!DOCTYPE html>
<html lang="en">
<head>
    <meta charset="UTF-8">
    <title>jQuery 基本选择器</title>
</head>
<body>
    <h2>jQuery 基本选择器</h2>
    <p id="p">$('#p')id 选择器的字体颜色为黄色</p>
    <div class="div">$(".div")类选择器的字体大小为 16px</div>
    <script src="js/jquery-3.4.1.min.js"></script>
    <script>
        // 设置所有的页面元素字体颜色
        $('*').css('color','blue');
        // 设置 h2 标签的样式
        $('h2').css('text-align','center');
        // 设置 id 为"p"的元素字体颜色为黄色
        $('#p').css('color','yellow');
        // 设置 class 为"div"的元素字体大小
        $('.div').css('font-size','16px');
        // 设置选择器集合中的任何一个元素边框样式
        $('#p,.div').css('border','1px solid red');
    </script>
</body>
</html>
```

运行效果如图 2-14 所示。

图 2-14　jQuery 基本选择器的使用

在上述代码中，利用基本选择器为匹配元素设置 CSS 样式；使用通用选择器"＊"设置页面所有元素字体颜色为 blue；使用标签选择器"h2"设置标题居中；使用 id 选择器"#p"设置字体颜色为 yellow；使用类选择器".div"设置元素字体大小 20px；使用并集选择器"#p,.div"为匹配选择设置边框样式。

> **注意**：css()方法用于设置元素的样式，格式为 css（'属性', '属性值'）。

（2）层级选择器

层级选择器通过文档元素的层次关系获取元素，如表 2-2 所示。

表 2-2   jQuery 层级选择器

选择器	语　　法	描　　述
后代选择器	$('selector1 selector2')	匹配给定元素的所有后代
子代选择器	$('parent > child')	匹配父元素 parent 的直接子元素 child
近邻兄弟选择器	$('prev + next')	匹配近邻 prev 元素之后的 next 元素
兄弟选择器	$('prev ~ siblings')	匹配当前元素 prev 的所有同级 siblings 元素

层级选择器的使用示例如下。

创建 HTML 文件，引入 jQuery，利用层级选择器匹配元素设置其样式。其代码如下所示。

```html
<!DOCTYPE html>
<html lang="en">
<head>
    <meta charset="UTF-8">
    <title>jQuery 层级选择器的使用</title>
</head>
<body>
    <h2>层级选择器</h2>
    <div class="box">
        <p>这是父元素 div 的直接子元素 p</p>
        <ul class="ul1">
            <li class="li1"><p>这是父元素 ul 下的子元素</p></li>
            <li>
                <ul>
                    <li>兄弟 1</li>
                    <li>兄弟 2</li>
                </ul>
            </li>
            <li>这是 li1 的同级兄弟</li>
        </ul>
        <p>这是父元素 div 的直接子元素 p</p>
    </div>
    <script src="js/jquery-3.4.1.min.js"></script>
    <script>
```

```
    //
    $(".box p").css('border','1px solid brown');
    $('.ul1>li').css('list-style','none');
    $('.li1+li').css('font-weight','bolder');
    $('.li1~li').css('font-size','18px');
  </script>
</body>
</html>
```

运行效果如图 2-15 所示。

从上述代码运行效果可以看出，$(".box p") 选择器匹配了 ".box" 下的所有 p 元素，包括第 2 级的子元素 p；$('.ul1>li') 仅匹配了 ".ul1" 的直接子元素 li，嵌套在第 2 个 li 中的 li 未被匹配；$('.li1+li') 仅匹配了 ".li1" 的下一个兄弟选择器 li；$('.li1~li') 匹配了 ".li1" 的所有兄弟。

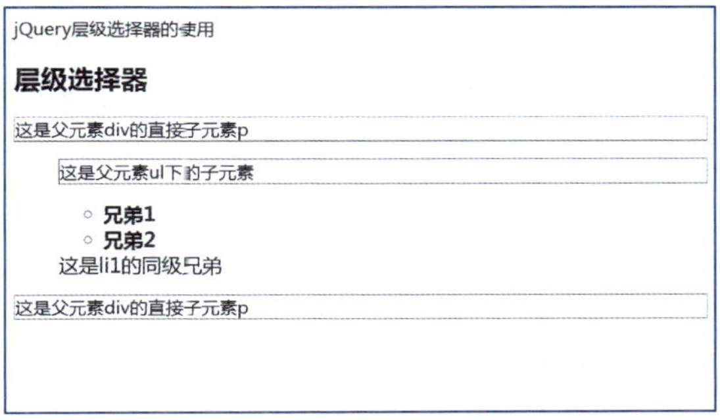

图 2-15　jQuery 层级选择器的使用

（3）属性选择器

属性选择器是基于属性查找元素，以"[ ]"作为标识，如表 2-3 所示。

表 2-3　jQuery 属性选择器

选择器语法	描　　述
$('[attr]')	匹配包含给定属性的元素
$('[attr=value]')	匹配属性等于给定值的元素
$('[attr!=value]')	匹配属性不等于或者不包含给定值的元素
$('[attr^=value]')	匹配属性以某个值开始的元素
$('[attr$=value]')	匹配属性以某个值结尾的元素
$('[attr*=value]')	匹配属性包含某个值的元素

属性选择器的使用示例如下。

创建 HTML 文件，引入 jQuery，利用属性选择器匹配元素设置其样式。其代码如下所示。

```
<!DOCTYPE html>
<html lang="en">
<head>
    <meta charset="UTF-8">
    <title>属性选择器</title>
</head>
<body>
    <p>jQuery 属性选择器</p>
    <p id="p12">jQuery 基本选择器</p>
    <p id="p22">jQuery 过滤选择器</p>
    <p class="p1">jQuery 表单选择器</p>
```

```
<p class="p12">jQuery 层级选择器</p>
<script src="js/jquery-3.4.1.min.js"></script>
<script>
    $('p[id]').css('font-size','18px');
    $('p[class=p1]').css('margin','5px');
    $('p[class^=p1]').css('color','red');
    $('p[id$=2]').css('font-style','italic');
</script>
</body>
</html>
```

在上述代码中，通过 $('p[id]') 选取具有 id 属性的<p>标签，将其字体大小设置为 18px；通过 $('p[class=p1]') 选取<p>标签 class 属性的属性值为 "p1" 的元素，设置其外边距为 5px；通过 $('p[class^=p1]') 选取<p>标签 class 属性值以 "p1" 开头的元素，设置其字体颜色为 "red"；通过 $('p[id$=2]') 选取<p>标签 class 属性值以 "2" 结尾的元素，设置其字体风格为 "italic"，运行效果如图 2-16 所示。

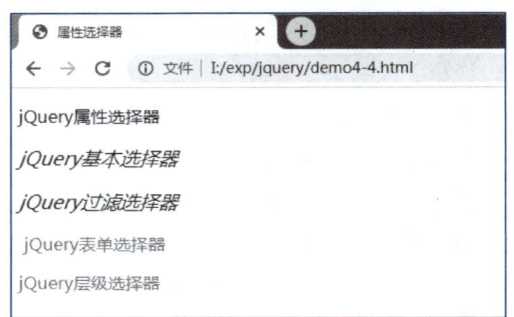

图 2-16　jQuery 属性选择器的使用

（4）过滤选择器

jQuery 提供了功能强大的过滤选择器，根据过滤规则匹配页面元素，常用的过滤选择器如表 2-4 所示。

表 2-4　jQuery 常用的过滤选择器

选择器语法	描　　述
$('selector:first')	匹配第一个元素
$('selector:last')	匹配最后一个元素
$('selector:even')	匹配所有索引值为偶数的元素，索引从 0 开始
$('selector:odd')	匹配所有索引值为奇数的元素，索引从 0 开始
$('selector:animated')	匹配正在执行动画效果的元素
$('selector:eq(index)')	匹配索引等于 index 的元素
$('selector:gt(index)')	匹配索引大于 index 的元素
$('selector:lt(index)')	匹配索引小于 index 的元素
$('selector:not(selector)')	匹配 selector 以外的元素
$('selector:first-child')	匹配父元素的第一个子元素
$('selector:last-child')	匹配父元素的最后一个子元素
$('selector:nth-child(n)')	匹配父元素的第 n 个子元素

过滤选择器的应用示例如下。

创建 HTML 文件，应用过滤选择器设置元素的样式。其代码如下所示。

```html
<!DOCTYPE html>
<html lang="en">
<head>
    <meta charset="UTF-8">
    <title>过滤选择器</title>
</head>
<body>
    <h2>过滤选择器</h2>
    <ul>
        <li class="first">web 前端开发:html</li>
        <li>web 前端开发:css</li>
        <li>web 前端开发:JavaScript</li>
        <li>web 前端开发:php</li>
        <li>web 前端开发:jQuery</li>
    </ul>
    <ul>
        <li class="first">后端开发:php</li>
        <li>后端开发:python</li>
    </ul>
    <script src="js/jquery-3.4.1.min.js"></script>
    <script>
        $('li:first').css('font-weight','bolder');
        $('li:last').css('color','blue');
        $('li:even').css('list-style','none');
        $('li:eq(2)').css('font-style','italic');
        $('li:gt(5)').css('font-style','italic');
        $('li:not(.first)').css('text-decoration','underline');
        $('li:first-child').css('color','red');
    </script>
</body>
</html>
```

以上代码中，注意 $('li:first') 和 $('li:first-child')的区别，前者匹配文档中的第一个 li 元素，后者匹配所有父元素下的第一个 li 元素；$('li:eq(2)')对文档中的所有 li 元素进行排序，索引为 2（索引从 0 为开始）的 li 元素；$('li:not(.first)')排除 li 元素中 class 不为"first"的元素。其他选择器请自行查看表 2-4。其运行效果如图 2-17 所示。

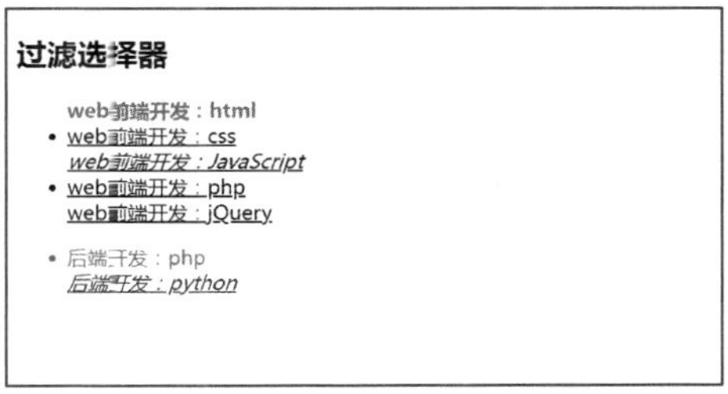

图 2-17　jQuery 过滤选择器的使用

（5）表单选择器

在 jQuery 中引入了表单选择器，使用户能更加方便、高效地应用表单，如表 2-5 所示。

表 2-5   **jQuery** 常用的表单选择器

选择器语法	描 述
$('selector:enable')	匹配表单中属性为可用的元素
$('selector:disabled')	匹配表单中属性为不可用的元素
$('selector:checked')	匹配表单中被选中的元素（单选按钮、复选框）
$('selector:selected')	匹配表单中被选中的选项元素（下拉列表）
$('selector:input')	匹配所有的 input、textarea、select
$('selector:text')	匹配单行文本框
$('selector:password')	匹配密码框
$('selector:radio')	匹配单选按钮
$('selector:checkbox')	匹配复选框
$('selector:reset')	匹配重置按钮
$('selector:button')	匹配所有按钮

表单选择器的应用示例如下。

创建 HTML 文件，应用表单选择器设置表单的样式。其代码如下。

```
<!DOCTYPE html>
<html lang="en">
<head>
    <meta charset="UTF-8">
    <title>表单选择器</title>
</head>
<body>
    <h2>表单选择器</h2>
    <form action="">
        <p>用户名:<input type="text" name="" id=""></p>
        <p>密码:<input type="password" disabled></p>
        <p>地址:
            <select>
                <option>北京</option>
                <option selected>上海</option>
                <option>广州</option>
            </select>
        </p>
        <input type="button" value="提交">
    </form>
    <script src="js/jquery-3.4.1.min.js"></script>
    <script>
        $('input:disabled').hide();
        var text = $('option:selected').text();
```

```
        console.log(text);
        $('input:text').css('background-color','yellow');
        $('input:button').css('width','230px');
    </script>
</body>
</html>
```

以上代码中，$('input：disabled')
匹配 input 属性为"disable"的元素，
设置其隐藏；$('option：selected')获取
option 选项选中元素的文本，输出到控制
台；$('input：text')匹配单行文本输入
框设置其背景色为"yellow"；$('input：
button')匹配所有按钮设置其宽度为
"230px"，运行效果如图 2-18 所示。

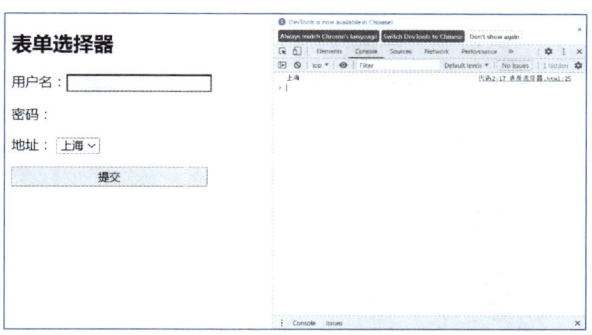

图 2-18　表单选择器的应用

2. jQuery 基本操作

1）节点操作

jQuery 使操作 DOM 树变得简单便捷，jQuery 的 DOM 操作就是对 HTML 中的元素进行
创建、查找、插入、删除和复制等操作。通过 jQuery 的选择器可以轻松地查找 HTML 元
素，详见 jQuery 选择器。

（1）创建节点

在项目 1 JavaScript 的 DOM 节点树的内容中，学习的元素、属性、文本、注释以及文
档都是可操作的节点类型。在 jQuery 使用 $(html)可以动态创建节点，其中的参数 html 表
示用于动态创建 DOM 元素的 HTML 标签字符串。例如，分别在页面中创建元素节点、属
性节点和文本节点，示例如下。

```
var li1 = "<li></li>";
var text = "<li>创建文本节点</li>";
var li2= "<li class='li2'>创建属性节点</li>";
var h3 = "<li><h3>节点操作</h3></li>";
```

（2）插入节点

在页面中动态创建节点后，需要将节点插入 DOM 树中。jQuery 提供了一些方法实现
节点的插入，表 2-6 中列出了常见的插入节点的方法。

表 2-6　**jQuery 插入节点的方法**

方　　法	描　　述
append()	向匹配的元素内部插入内容
appendTo()	将匹配的元素追加到另一个指定的元素集合中

续表

方　　法	描　　述
prepend( )	向每个匹配的元素内部前置内容
prependTo( )	将匹配的元素前置到另一个指定的元素集合中
after( )	在每个匹配的元素后插入内容
insertAfter( )	将所有匹配的元素插入另一个指定的元素集合后面
before( )	在每个匹配的元素前插入内容
insertBefore( )	将所有匹配的元素插入另一个指定的元素集合前面

注意：appendTo( )、prependTo( )、insertAfter( )、insertBefore( )是颠倒了常规的 append( )、prepend( )、after( )、before( )的参数。追加和插入内容可以是 HTML 字符串、DOM 元素、jQuery 对象或者函数。

使用 append( )、prepend( )、after( )和 before( )插入节点的方法如下。

将创建的节点插入到 DOM 树中，代码如下。

```
<body>
    <ul></ul>
    <script src = "js/jquery-3.4.1.min.js"></script>
    <script>
        // 创建节点
        ...
        // 插入节点
        $('ul').append(li1);          // 将元素节点 li1 追加到 ul 父元素中
        $('ul').append(li2);          // 将元素节点 li2 追加到 ul 父元素中
        $('ul').prepend(h3);          // 向 ul 元素的内部前置节点 h3
        $('li:first').after(text);    // 在第一个 li 之后插入节点 text
        $('.li2').before(li1);        // 在 li2 类的元素之前插入节点 li1
    </script>
</body>
```

从运行结果图 2-19 中可以看出，append( )方法把创建的节点追加到了父元素 ul 的内部；prepend( )方法把创建的节点前置到了父元素 ul 的首位；after( )方法在匹配的元素后插入了创建的节点；before( )方法把创建的节点插入匹配元素前面。append( )和 prepend( )是在父元素的内部插入，为父子节点。after( )和 before( )是在子元素的外部插

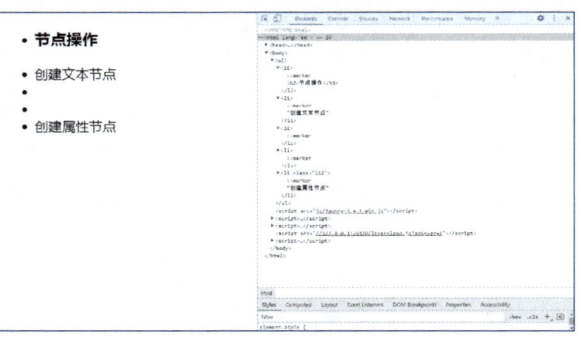

图 2-19　jQuery 节点的操作

入节点，为兄弟节点。

　　表 2-6 中列出了 appendTo()、prependTo()、insertAfter() 和 insertBefore() 的用法。需要注意，$(content).appendTo(selector) 与 $(selector).append(content) 的参数颠倒，其中 content 表示插入的内容，selector 表示要插入节点的父元素。其功能为将 content 内容追加至 selector 中，prependTo()、insertAfter() 和 insertBefore() 的参数使用方法与 appendTo() 相同。

　　上述方法的使用示例如下。

　　使用 appendTo()、prependTo()、insertAfter() 和 insertBefore() 插入节点，代码如下。

```html
<body>
    <ul>
    </ul>
    <script src="js/jquery-3.4.1.min.js"></script>
    <script>
        var li = '<li class="li1">appendTo()</li>';
        $(li).appendTo('ul');
        $('<li>prependTo()</li>').prependTo('ul');
        $('<li>insertAfter()</li>').insertAfter('li:first');
        $('<li>insertBefore()</li>').insertBefore('.li1');
    </script>
</body>
```

　　在上述代码中 $(li).appendTo('ul') 将 <li class="li1">appendTo()</li> 追加到父元素 ul 中；$('<li>prependTo()</li>').prependTo('ul') 将 <li>prependTo()</li> 前置在父元素 ul 首位；$('<li>insertAfter()</li>').insertAfter('li:first') 将 <li>insertAfter()</li> 插入 <li>prependTo()</li> 之后；$('<li>insertBefore()</li>').insertBefore('.li1') 将 <li>insertBefore()</li> 放置在 <li class="li1">appendTo()</li>' 之前。运行效果如图 2-20 所示。

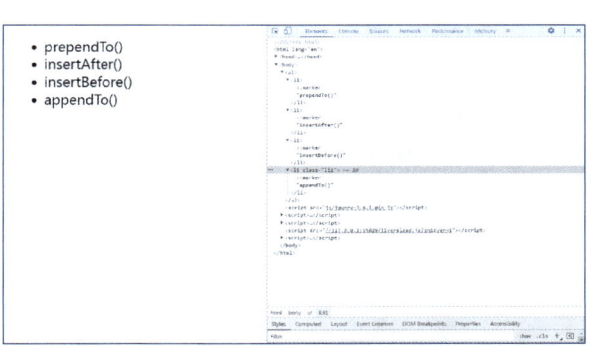

图 2-20　jQuery 插入节点的使用

　　（3）删除节点

　　jQuery 提供了 remove() 和 empty() 方法用于删除元素。不同的是前者用于删除元素节点，后者用于清空当前元素的内容，但是保留元素标签。

　　① remove() 方法。remove() 方法用于删除匹配元素及其子元素，即该元素的所有后代都会被删除。语法格式如下。

```
$(selector).remove()
```

　　② empty() 方法。empty() 方法仅删除匹配元素的内容（包括所有后代），同时匹配元素的所有后代将被删除，但是匹配的元素将被保留，语法格式如下。

```
$(selector).empty()
```

节点的删除示例代码如下。

```html
<body>
    <table border="1" width="400px">
        <tr>
            <td>方法</td>
            <td>描述</td>
        </tr>
        <tr>
            <td>remove()</td>
            <td>删除节点及所有后代</td>
        </tr>
        <tr>
            <td>empty()</td>
            <td>清空节点及所有后代的内容</td>
        </tr>
    </table>
    <script src="js/jquery-3.4.1.min.js"></script>
    <script>
        $('tr:last').empty();        // 删除元素内容
        $('tr:first').remove();      // 删除元素
    </script>
</body>
```

未执行删除操作之前的运行效果如图 2-21（a）所示；执行 $('tr:last').empty()后效果如图 2-21（b）所示，查看元素发现最后一个<tr>标签的所有后代及其内容均被删除，<tr>标签被保留；执行 $('tr:first').remove()后效果如图 2-21（c）所示，第一个<tr>标签及所有后代均被删除，且未保留元素标签。

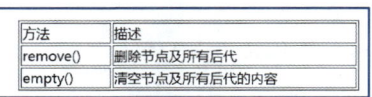

(a) 删除节点前

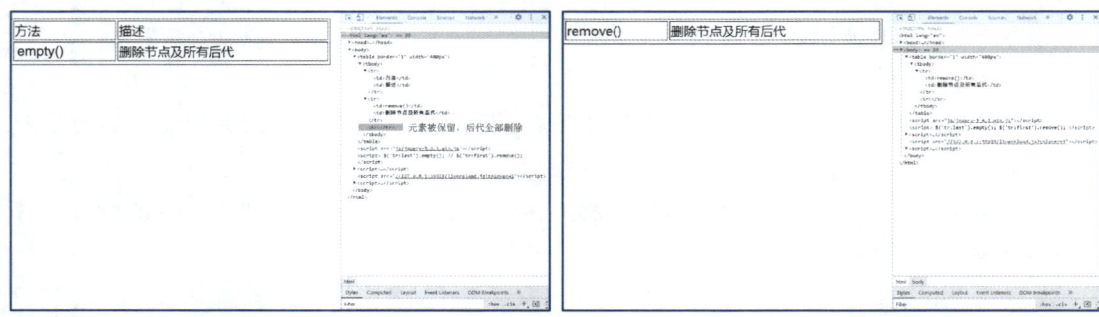

(b) empty()删除节点   (c) remove()删除节点

图 2-21   删除节点示例

（4）复制节点

节点的复制是比较常见的 DOM 操作，jQuery 中使用 clone()方法复制 HTML 元素，包括节点中的子节点、文本节点和属性节点，语法格式如下。

```
$(selector).clone()
```

其中，selector 表示需要复制的节点元素；clone([includeEvents][,deepEvents])中的参数可选 true 或 false，表示是/否同时复制元素的附加数据和绑定的事件，以及是/否同时复制所有子元素的附加数据和绑定事件。

节点的复制示例代码如下。

```
<body>
    <div>
        <p>复制此元素及<span>子元素</span></p>
    </div>
    <button>复制节点</button>
    <script src="js/jquery-3.4.1.min.js"></script>
    <script>
        $('button').click(function(){
            // 复制元素
            var p1 = $('p').clone();
            // 追加元素到 div 中
            $('div').append(p1);
        })
    </script>
</body>
```

运行效果如图 2-22 所示，当单击"复制节点"，p 元素及其所有后代元素均被复制，并被追加到父元素 div 中。

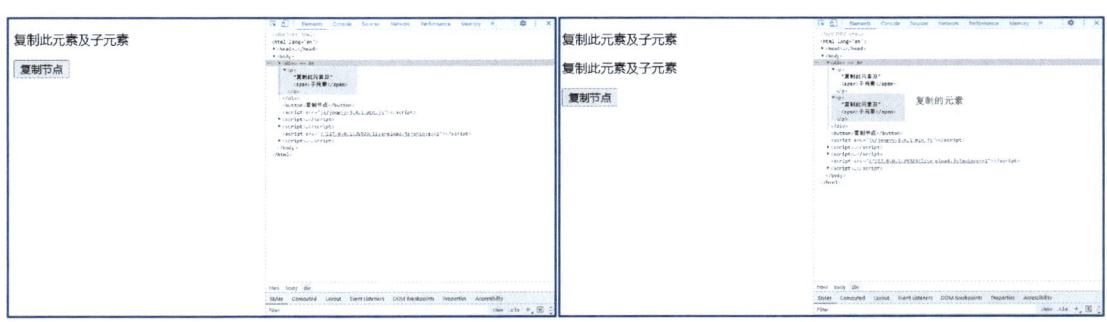

(a) 复制节点前　　　　　　　　　　(b) 复制节点后

图 2-22　复制节点示例

2）属性操作

jQuery 提供了一些方法用于操作元素的属性，常用的属性操作方法如表 2-7 所示。

表 2-7 **jQuery 常用的属性操作方法**

方　　法	描　　述
attr(name , value)	获取或设置匹配元素的属性
prop(name , value)	获取或设置匹配元素的一个或多个属性
removeAttr(name)	删除元素的某个属性
removeProp(name)	删除由 prop( )方法设置的属性集

其中 attr( )和 prop( )方法的参数支持多种形式，但是只能获取第 1 个匹配元素的属性值。属性的操作示例代码如下。

```
<body>
    <input type="button" value="设置元素的属性"/>
    <input type="button" value="获取元素的属性"/>
    <input type="button" value="删除元素的属性"/>
    <p>属性的操作</p>
    <p style="font-size：18px;">属性的操作</p>
    <input type="button" value="全选并禁用"/>
    <input type="checkbox" >香蕉
    <input type="checkbox" >葡萄
    <input type="checkbox" >苹果
    <script src="js/jquery-3.4.1.min.js"></script>
    <script>
        $("input:eq(0)").click(function(){
            // 设置 p 标签的 style 属性值
            $("p:first").attr("style","background-color:yellow");
        });
        // 获取 p 标签的属性 style
        $("input:eq(1)").click(function(){
            alert($("p").attr("style"));
        });
        // 删除<p>元素的属性
        $("input:eq(2)").click(function(){
            $("p:first").removeAttr("style");
        });
        // 全选并禁用
        $("input:eq(3)").click(function(){
            $("input[type=checkbox]").prop({checked:true,disabled:true});
        });
    </script>
</body>
```

以上代码中，当单击"设置元素的属性"按钮时，匹配第 1 个 p 元素，并设置其标签属性 style 为"background-color：yellow"，运行效果如图 2-23（a）所示；当单击"获取元素的属性"按钮时，匹配所有 p 元素，获取 style 的属性值，但是只能获取第 1 个匹配元素，运行效果如图 2-23（b）所示；当单击"删除元素的属性"按钮时，匹配所有 p 元素，删除其 style 的属性，运行效果如图 2-23（c）所示；当单击"全选并禁用"按钮时，匹配所有 type=checkbox 的<input>标签，prop()设置其多个属性 checked：true 和 disabled：true，运行效果如图 2-23（d）所示。attr()和 prop()的主要区别在于 prop()可以设置元素的多个属性。

| (a) 单击按钮"设置元素属性" | (b) 单击按钮"获取元素属性" |

| (c) 单击按钮"删除元素属性" | (d) 单击按钮"全选并禁用" |

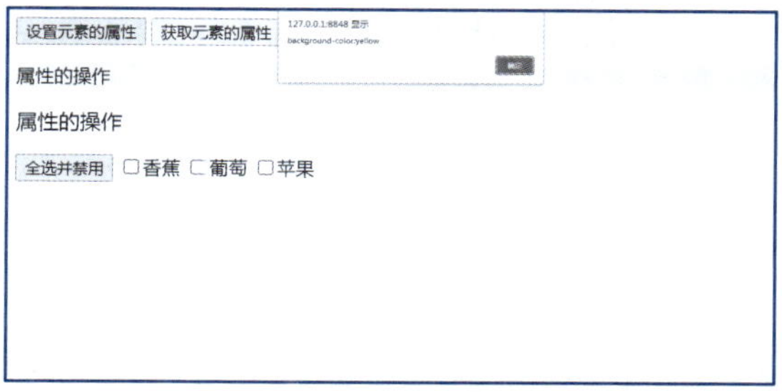

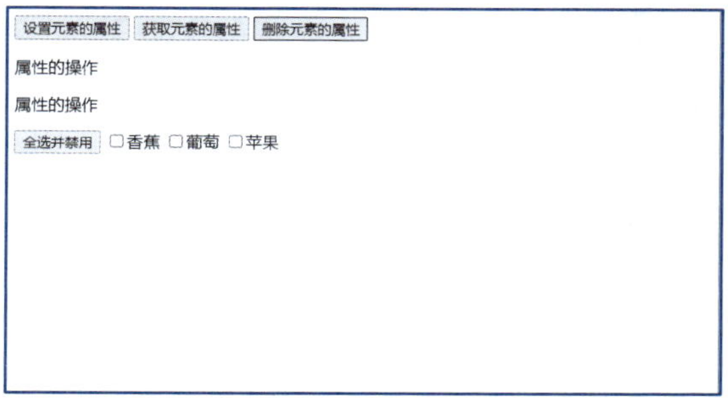

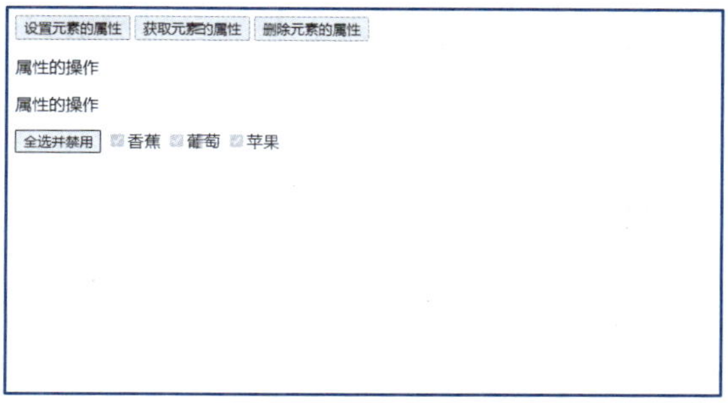

图 2-23　属性操作示例

由于 attr()只能获取第 1 个匹配元素。因此，要获取所有匹配元素的属性值，则需要配合 jQuery 提供的循环遍历方法 each()，示例代码如下。

```
// 遍历获取 p 标签的属性 style
$("input:eq(1)").click(function(){
    $("p").each(function(){
        alert($(this).attr("style"));
    });
});
```

3）样式操作

元素的样式操作是指获取或者设置元素的 style 属性。在 jQuery 中，可以通过属性的操作获取或者设置元素的 style 属性，也可以直接通过 css()方法设置元素的样式，还可以通过增加或者修改元素的类名，使其具有对应的类样式。

（1）直接设置元素的样式

利用 css()方法返回第一个匹配元素的 CSS 样式，或者设置所有匹配元素的样式，语法格式如下。

```
$(selector).css(name,value)
```

示例代码如下。

```
// 匹配第一个 img 标签,获取其样式的 width 值
$('img').css('width');
// 匹配第一个 img 标签,设置所有元素的样式 width=300px
$('img').css('width','300px');
```

（2）class 属性操作

除此之外，jQuery 还提供了 addClass()、removeClass()和 toggleClass()方法实现对元素样式名的动态增加、修改和删除，其说明如表 2-8 所示。

表 2-8　jQuery 操作 class 属性的方法

方　　法	描　　述
addClass(classname)	为每个匹配元素追加指定的类名
removeClass(classname)	删除匹配元素的指定类名
toggleClass(classname)	判断指定类名是否存在，存在则删除，不存在则添加

以下示例代码将演示通过操作 class 属性，设置元素的样式，单击相应的按钮展示不同的样式。

```html
<!DOCTYPE html>
<html lang="en">
<head>
    <meta charset="UTF-8">
    <title>样式操作</title>
    <style type="text/css">
        div{width: 400px; height: 200px; font-size: 20px;background-color: yellow;}
        .cl{margin: auto; text-align: center;}
    </style>
</head>
<body>
    <div>该 div 块的样式会发生改变</div>
    <button id="btn1">增加类名</button>
    <button id="btn2">删除类名</button>
    <button id="btn3">切换类名</button>
    <script src="js/jquery-3.4.1.min.js"></script>
    <script>
        $('#btn1').click(function(){
            $('div').addClass('cl');
        });
        $('#btn2').click(function(){
            $('div').removeClass('cl');
        });
        $('#btn3').click(function(){
```

```
            $('div').toggleClass('cl');
        });
    </script>
</body>
</html>
```

上述代码中，".cl"选择器能够设置元素水平居中，并且元素内容居中。单击"增加类名"按钮，匹配的 div 元素会增加 class 类名 cl，并且具有其样式，如图 2-24（a）所示；单击"删除类名"按钮，匹配的 div 元素会删除类名 cl，并删除 cl 类的样式如图 2-24（b）所示；单击"切换类名"按钮，匹配的 div 元素会判断是否存在类名 cl，如果不存在则添加该类名，存在则删除该类名，使其样式在图 2-24（a）和 2-24（b）之间切换。

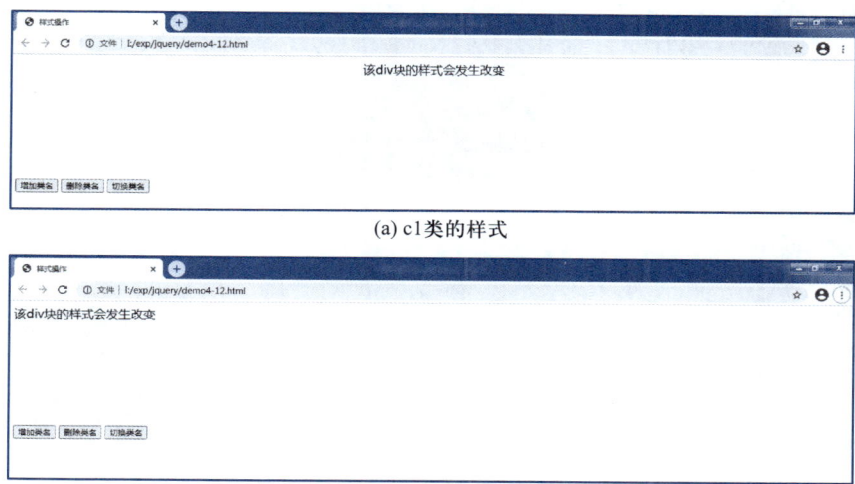

(a) cl类的样式

(b) 删除cl类后的样式

图 2-24　样式操作示例

4）内容操作

jQuery 提供了 html() 和 text() 的方法操作元素的内容，前者与 JavaScript 中的 innerHTML 属性功能类似，即获取或者设置元素的 HTML 内容，后者与 innerText 的属性功能类似，即获取或者设置元素的文本内容。除此之外针对表单元素值的获取或者设置也提供了 val() 方法。内容操作如表 2-9 所示。

表 2-9　jQuery 内容操作方法

方　　法	描　　述
html(value)	获取或者设置元素的 HTML 内容（有参数为设置，无参数为获取）
text(text)	获取或者设置元素的文本内容（有参数为设置，无参数为获取）
val(text)	获取或者设置表单元素的 value 值（有参数为设置，无参数为获取）

如下示例代码将演示内容的操作，包括创建表单元素和段落元素，获取并设置其内容。

```html
<body>
    用户名:<input type="text"/><br>
    <p>所在地址:<span>北京市</span></p>
    <select>
        <option>石景山区</option>
        <option>海淀区</option>
        <option>朝阳区</option>
    </select>
    <br><br>
    <button id="btn1">获取地址</button>
    <button id="btn2">修改用户名</button>
    <button id="btn3">html()修改地址</button>
    <button id="btn4">text()修改地址</button>
    <script src="js/jquery-3.4.1.min.js"></script>
    <script>
        var html = $('p').html();
        console.log(html);
        var text = $('p').text();
        console.log(text);
        $('#btn1').click(function() {
            alert('北京市'+ $('option:selected').val());
        })
        $('#btn2').click(function() {
            $('input[type=text]').val('username');
        })
        $('#btn3').click(function() {
            $('p').html('所在地址:<span>上海市</span>');
        })
        $('#btn4').click(function() {
            $('p').text('所在地址:<span>上海市</span>');
        })
    </script>
</body>
```

以上代码中，通过 html() 和 text() 获取的内容如图 2-25（a）所示。注意区分两种方式的不同，前者获取标签的内容（包括内嵌标签），而后者只获取文本内容；

设置内容时 html(value) 会解析内嵌标签，而 text(value) 则包含内嵌标签，如图 2-25（b）和 2-25（c）所示。

单击"获取地址"按钮，能够获取<select>标签的选项值；单击"修改用户名"按钮，能够匹配<input>标签中"type=text"的元素的 value 值，如图 2-25（d）所示。

(a) html()、text()获取的内容

(b) 单击"html()修改地址"按钮

(c) 单击"text()修改地址"按钮

(d) 单击"获取地址"和"修改用户名"按钮

图 2-25 内容操作示例

3. jQuery 事件处理

事件处理是页面元素对某种操作做出的响应，jQuery 事件处理是 jQuery 的核心函数，是在 JavaScript 事件处理机制基础上的进一步扩展与增强。

1）页面事件

在 JavaScript 操作 DOM 时，如果先于页面元素执行，会因为页面元素未加载而执行失败。因此需要将 JavaScript 代码包裹在 onload 事件的处理函数中，待页面的所有内容加载后再触发事件。与该功能类似，jQuery 提供了 ready 事件作为页面加载事件，区别在于 ready 事件只需等待页面的 DOM 元素加载完全后即可触发，而 JavaScript 的 onload 事件需要在页面的所有内容（包括 DOM 元素及图片等文件）加载后触发，因此 jQuery 有效地提高了响应速度。

jQuery 页面加载事件的语法结构代码如下。

```
$(document).ready(function(){
    执行的代码
})
```

或者

```
$(function(){
    执行的代码
})
```

页面加载事件代码如下。

```
<body>
    <script src = " js/jquery-3.4.1.min.js" ></script>
    <script>
        $('h2').css('border','1px solid gray');
    </script>
    <h2>页面加载事件</h2>
</body>
```

自上而下执行代码，在执行 $('h2').css('border','1px solid gray')时页面元素未加载，因此未找到 h2 元素，无法应用 border='1px solid gray'样式，效果如图 2-26（a）所示。

添加页面加载事件，修改代码如下。

```
$(function(){ $('h2').css('border','1px solid gray'); } )
```

此时，先加载 h2 元素，再执行 $('h2').css('border','1px solid gray')，应用该样式，效果如图 2-26（b）所示。

页面加载事件　　　　　　　　　　**页面加载事件**

(a) 未添加页面加载事件　　　　　　　(b) 添加页面加载事件

图 2-26　页面加载事件的应用

2）事件的绑定和解绑

jQuery 提供了多种事件绑定和解绑方式，常用的事件绑定方法有 on()、bind()、live()、delegate()等。自 jQuery1.7 版本起，on()方法对 bind()、live() 和 delegate()方法做了统一，简化了 jQuery 代码库。使用 on()方法添加的事件处理程序适用于当前及未来的元素。语法格式如下。

```
$(selector).on(event,childSelector,data,function)
```

参数说明如下。

event：必选参数，规定添加到元素的一个或者多个事件，多个事件用空格分隔。

childSelector：可选参数，绑定事件的一个或者多个子元素。

data：可选参数，规定传递到函数的额外数据，可通过 "event.data" 获取。

function：必选参数，事件触发时的处理函数

jQuery 提供的 off()方法适用于解绑事件方法，语法格式如下。

```
$(selector).off(event);
```

参数说明如下。

event：可选参数，解绑指定的事件。

无参数时，用于解绑匹配元素的所有事件。

事件的绑定和解绑示例代码如下。

```
<body>
    <script src="js/jquery-3.4.1.min.js"></script>
    <script>
        $(function(){
            $('#btn1').on('click',function(){
                $('#btn2').css('background-color','yellow');
            });
            $('#btn2').on('click',function(){
                $('#btn2').css('background-color','gray');
                $('#btn1').off();
            });
        })
    </script>
    <button id="btn1" style="font-size：20px;">事件的绑定</button>
    <button id="btn2" style="font-size：20px;">事件的解绑</button>
</body>
```

　　上述代码中，当单击"事件的绑定"按钮时，"事件的解绑"按钮的背景色更改为黄色，效果如图 2-27（a）所示。当单击"事件的解绑"按钮时，"事件的解绑"按钮的背景色更改为灰色，同时解绑"事件的绑定"按钮的事件。再次单击"事件的绑定"按钮时，无法实现对"事件的解绑"按钮的背景色修改，效果如图 2-27（b）所示。

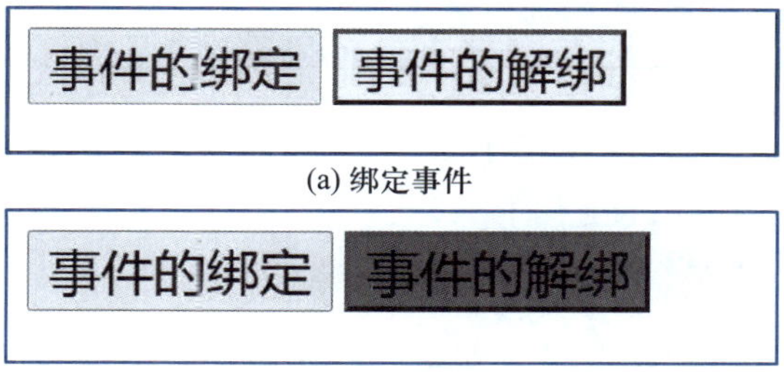

事件的绑定　事件的解绑

(a) 绑定事件

事件的绑定　事件的解绑

(b) 解绑事件

图 2-27　事件的绑定和解绑示例

　　3）事件的类型

　　jQuery 提供了事件绑定的简写方式，例如 click()、focus() 等，实现效果与事件的绑定相同，唯一的区别是只能绑定一个事件。事件方法会触发匹配元素的事件或将函数绑定到所有匹配元素的某个事件。常用的事件方法及触发方式如表 2-10 所示。

表 2-10　jQuery 常用的事件类型

事件类型	事件方法	触发方式
表单事件	blur()	失去焦点时触发
	focus()	获取焦点时触发
	submit()	表单提交时触发
	change()	内容发送改变时触发
键盘事件	keydown()	键盘按键按下时触发
	keypress()	键盘按键按下时触发
	keyup()	键盘按键弹起时触发

续表

事件类型	事件方法	触发方式
鼠标事件	click()	鼠标单击时触发
	dblclick()	鼠标双击时触发
	mousedown()	鼠标指针移动到元素上方，并按下鼠标按键时触发
	mouseenter()	鼠标指针穿过元素时触发
	mouseleave()	鼠标离开元素时触发
	mousemove()	鼠标指针在指定的元素中移动触发
	mouseout()	鼠标指针从元素上移开时触发
	mouseover()	鼠标指针位于元素上方时触发
	mouseup()	在元素上放松鼠标按钮时触发
其他事件	resize()	调整浏览器窗口的大小时触发
	scroll()	用户滚动指定的元素时触发

jQuery 的事件方法和事件何时触发示例代码如下。

```html
<!DOCTYPE html>
<html>
    <head>
        <title>事件方法-轮播图</title>
        <meta charset="UTF-8" />
        <style type="text/css">
            body{ background: #a7a7a8;}
            .view_div{
                width: 768px;
                padding: 20px;
                height: 480px;
                margin:0 auto;
                background-image: url('img/4-16-1.jpg');
                background-size: cover;
                text-align: center;
                position: relative;
            }
            .preview {
                margin:0 auto;
                text-align: center;
                padding:10px;
                height: auto;
            }
            .preview img {
                width: 150px;
                height: auto;
```

```
                cursor:pointer;
            }
        </style>
    </head>
    <body>
        <!--顶部的大图片-->
        <div class="view_div" id="view_div"></div>
        <!--底部的三张图片-->
        <div class="preview">
            <img src="img/4-16-1.jpg" class="img"/>
            <img src="img/4-16-2.jpg" class="img"/>
            <img src="img/4-16-3.jpg" class="img"/>
            <img src="img/4-16-4.jpg" class="img"/>
        </div>
        <script src="js/jquery-3.4.1.min.js"></script>
        <script>
            $('.img').click(function(){
                // 获取 img 标签的 src 的属性
                var src = $(this).attr('src');
                // 设置顶部大图的 CSS 样式
                $('#view_div').css('background-image',"url("+src+")");
            })
        </script>
    </body>
</html>
```

运行效果如图 2-28 所示，通过 jQuery 类选择器获取元素，绑定鼠标单击事件。当单击缩略图时，代码 $('this').attr('src') 获取到当前单击元素的 src 属性值，同时代码 $('#view_div').css('background-image',"url("+src+")") 将顶部大图的背景图片修改为当前所获取到的值，实现大图的切换。

以下示例将 click() 方法改为其他鼠标事件，在运行时会发现触发方式的不同。

图 2-28　单击切换轮播图示例

```
<!DOCTYPE html>
<html lang="en">
<head>
    <meta charset="UTF-8">
    <title>键盘事件</title>
</head>
<body>
    <input value="请输入用户名"/>
    <script src="js/jquery-3.4.1.min.js"></script>
```

```
<script>
    $("input").keydown(function () {
            $(this).css("background-color","#7B68EE");
        }).keyup(function () {
            $(this).css("background-color","#F8F8FF");
        });
</script>
</body>
</html>
```

运行效果如图 2-29 所示，当按下或者弹起键盘上某按键时，输入框呈现不同的背景色，实现了背景色闪烁的样式。

表单事件中文本框的必填效果示例代码如下。

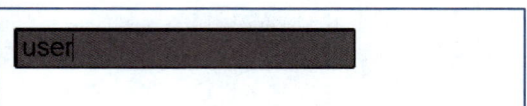

图 2-29　键盘事件示例

```
<!DOCTYPE html>
<html lang="en">
<head>
    <meta charset="UTF-8">
    <title>表单事件</title>
</head>
<body>
    <input class="TextBox1" type="text" value="必填"/>
        <script src="js/jquery-3.4.1.min.js"></script>
        <script>
            $(".TextBox1").focus(function () {
                $(this).css("color","blue");
                $(this).val("");
            }).blur(function () {
                $(this).css("color","#aaaaaa").val("(必填)");
            });
        </script>
</body>
</html>
```

运行效果如图 2-30 所示，当表单获取焦点时，检测输入框的值是否为"必填"。如果是则清空输入框中的文字并设置样式。当其失去焦点时，输入框显示"必填"。

图 2-30　表单事件示例

4. jQuery 动画特效

jQuery 内置了一系列的动画和特效方法，例如元素的淡入淡出、元素的显示和隐藏等。使用这些动画和特效方法可使页面变得更加绚丽，进而增强用户体验，同时用户还可以自定义动画。

1）隐藏/显示效果

jQuery 中使用 hide( ) 和 show( ) 的方法按照指定的速度控制元素的显示和隐藏。语法格式如下。

```
$(selector).hide([speed][,fn]);
$(selector).show([speed][,fn]);
$(selector).toggle([speed][,fn]);
```

其中，hide( ) 实现元素的隐藏；show( ) 实现元素的显示；toggle( ) 实现元素隐藏和显示的切换。

参数说明如下。

- $(selector)：表示所匹配的元素；
- speed：可选参数，规定隐藏/显示的速度，取值可以是"slow""fast"或毫秒值，默认值为 0；
- fn：可选参数，规定隐藏/显示完成后所执行的函数。

设置显示和隐藏的效果示例代码如下。

```
<!DOCTYPE html>
<html lang="en">
<head>
    <meta charset="UTF-8">
    <title>显示和隐藏效果</title>
    <style type="text/css">
        .btn{width:100px;height:30px;background-color:#c0c024;color:#fff;}
        div{width:200px;height:200px;background-color:#e4b1e4;margin:10px;
            text-align:center;line-height:200px;font-size:20px;}
    </style>
</head>
<body>
    <button class="btn" id="btn1">显示</button>
    <button class="btn" id="btn2">隐藏</button>
    <button class="btn" id="btn3">显示/隐藏切换</button>
    <div></div>
    <script src="js/jquery-3.4.1.min.js"></script>
    <script>
        // 单击按钮可设置元素慢慢可见
        $('#btn1').click(function(){
            $('div').show("slow",function(){
                $(this).html("显示");
            })
        })
        // 单击按钮可设置元素快速隐藏
        $('#btn2').click(function(){
```

```
            $('div').hide("fast",function(){
                  alert('显示按钮可见元素');
            })
      })
      // 切换显示和隐藏,默认速度为 0
      $('#btn3').click(function(){
            $('div').toggle();
      })
   </script>
</body>
</html>
```

上述代码运行效果如图 2-31 所示，show() 方法用于显示元素，通过参数设置其显示的速度为 "slow"，显示完成后执行 " $(this).html("显示")"，为该显示的元素添加内容 "显示"；hide() 方法用于隐藏元素，通过参数设置其隐藏速度为 "fast"，隐藏执行后弹出 "显示按钮可见元素"；toggle() 方法可实现元素隐藏和显示的切换。

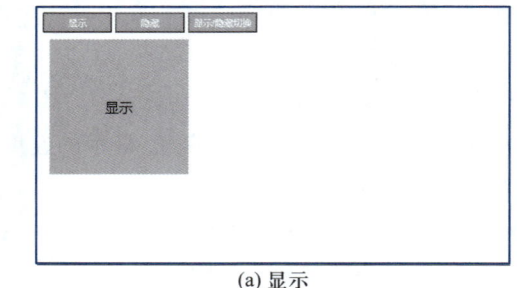

(a) 显示

(b) 隐藏

图 2-31　显示/隐藏的方法示例

2）淡入/淡出效果

jQuery 中能够通过淡入/淡出的方式控制元素的显示和隐藏，使元素的显示和隐藏具有一定的过渡效果。设置淡入/淡出效果的语法格式如下。

```
$(selector).fadeIn ([speed][,easing][,fn]);
$(selector).fadeOut ([speed] [,easing] [,fn]);
$(selector).fadeTo(opcity[,speed] [,easing] [,fn]);
$(selector).fadeToggle([speed] [,easing] [,fn]);
```

其中，fadeIn() 方法通过淡入方式显示被隐藏的元素；fadeOut() 方法通过淡出方式隐藏页面中的可见元素；fadeTo() 方法通过调整元素的不透明度实现元素的淡入或者淡出效果；fadeToggle() 方法在 fadeIn() 和 fadeOut() 两种效果间切换。

参数说明如下。

● $(selector)：表示所匹配的元素；

● speed：可选参数，元素隐藏显示变化的速度，取值可以是 "slow" "fast" "normal" 或毫秒值，默认值为 normal；

● easing：可选参数，表示切换的效果，取值为 swing（默认值）和 linear；

● opacity：必选参数，取值为 0~1，用于设置透明度；

● fn：可选参数，匹配元素在动画完成时所执行的函数。

设置淡入/淡出效果示例代码如下。

```html
<!DOCTYPE html>
<html lang="en">
<head>
    <meta charset="UTF-8">
    <title>淡入淡出 Tab 栏</title>
    <style>
        * {margin: 0;padding: 0;list-style: none;}
        div{width: 600px;height: 200px;border: 1px solid #767676;margin:20px auto;}
        .tab_list{width: 600px;height: 40px;;
            text-align: center;margin: 0;background-color: #5b05fb;color: #fff;}
        .tab_text{width: 600px;height: 160px;position: relative;font-size: 30px;}
        .tab_list li{height: 40px;width:150px;border-right:2px solid #fff;
        border-bottom: 1px solid #5c0bf3; line-height: 40px;cursor:pointer;
        float: left;box-sizing: border-box;}
        .tab_list li:last-child{border-right: 0;}
        .tab_text li{height: 160px;width: 600px;display: none;text-align: center;line-height:
                160px;position: absolute;top: 0;left: 0;}
        .tab_list .current{background-color: #fff;color: #767676;
                border-bottom:1px solid #fff ;}
        .tab_text .current{display: block;}
    </style>
</head>
<body>
    <div>
        <ul class="tab_list">
            <li class="current">电视剧</li>
            <li>电影</li>
            <li>综艺</li>
            <li>纪录片</li>
        </ul>
        <ul class="tab_text">
            <li class="current">理想照耀中国</li>
            <li>我和我的祖国</li>
            <li>春节联欢晚会</li>
            <li>舌尖上的中国</li>
        </ul>
    </div>
    <script src="js/jquery-3.4.1.min.js"></script>
    <script>
        $('.tab_list li').click(function() {
            $(this).addClass('current').siblings().removeClass('current');
            var index = $(this).index();
            $('.tab_text li').eq(index).fadeIn(1000).siblings().fadeOut('slow');
        })
    </script>
```

```
</body>
</html>
```

以上代码中，eq()方法返回元素的指定索引号，索引号从 0 开始；siblings()方法返回被选元素的所有同级元素。运行效果如图 2-32 所示。当单击 Tab 栏选项卡时，为当前选项卡添加类样式"current"，同时其所有同级元素删除类样式"current"，并且通过 index()方法

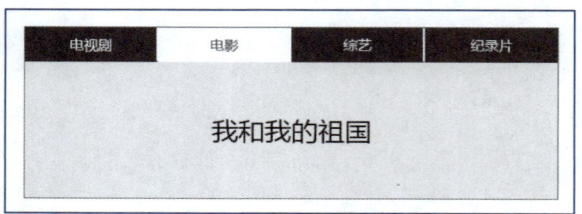

图 2-32　淡入/淡出 Tab 栏切换

获取指定元素相对于其他指定元素的 index（索引）。执行 $('. tab_text li'). eq(index). fadeIn(1000)获取 Tab 栏对应的内容，并设置其淡入效果，速度为 1000 毫秒，设置其选定元素的同级元素缓慢淡出。

3）滑动效果

通过 jQuery，可以创建元素的滑动效果，提供了通过滑动效果改变元素高度的方法，具体语法如下。

```
$(selector). slideUp ([speed][,easing][,fn]);
$(selector). slideDown ([speed][,easing][,fn]);
$(selector). slideToggle ([speed][,easing][,fn]);
```

其中，slideUp()方法用于通过向上垂直滑动隐藏匹配元素；slideDown()方法通过向下垂直滑动显示匹配元素；slideToggle()在 slideUp()和 slideDown()两种方法间切换。

参数说明如下。

● $(selector)：表示所匹配的元素；

● speed：可选参数，元素隐藏、显示变化的速度，取值可以是"slow""fast""normal"或毫秒值，默认值为 normal；

● easing：可选参数，表示切换效果，取值为 swing（默认值）和 linear；

● fn：可选参数，匹配元素在动画完成时所执行的函数。

下拉菜单的滑动效果代码示例如下。

```
<!DOCTYPE html>
<html lang="en">
<head>
    <meta charset="UTF-8">
    <meta http-equiv="X-UA-Compatible" content="IE=edge">
    <meta name="viewport" content="width=device-width, initial-scale=1.0">
    <title>下拉菜单的滑动效果</title>
    <style type="text/css">
        * {margin: 0;padding: 0;list-style-type: none;}
        a {text-decoration: none;font-size: 16px;}
```

```
        .navbar {margin: 10px auto;width: 800px;}
        .navbar>li {position: relative;float: left; width: 200px;height: 40px;
            text-align: center; background-color: #038888; line-height: 40px;
            border: 1px solid #fff;box-sizing: border-box;
        }
        .navbar>li>a {display: block; width: 100%; height: 100%; line-height: 40px;
            color: #fff; font-size: 20px;
        }
        .navbar ul {display: none; position: absolute; top: 38px; left: 0;
            width: 100%;
        }
        .navbar ul li {background-color: #038888;
            opacity: 0.5; border-bottom: 1px solid #fff; color: #fff;
        }
    </style>
</head>
<body>
    <ul class="navbar">
        <li>
            <a href="#">电视剧</a>
            <ul>
                <li>西游记</li>
                <li>三国演义</li>
            </ul>
        </li>
        <li>
            <a href="#">电影</a>
            <ul>
                <li>建国大业</li>
                <li>建军大业</li>
            </ul>
        </li>
        <li>
            <a href="#">综艺</a>
            <ul>
                <li>星光大道</li>
                <li>我要上春晚</li>
            </ul>
        </li>
        <li>
            <a href="#">纪录片</a>
            <ul>
                <li>国家地理</li>
                <li>国家宝藏</li>
            </ul>
        </li>
```

```
    </ul>
    <script src="js/jquery-3.4.1.min.js"></script>
    <script>
        $(".navbar>li").mouseover(function() {
            $(this).children("ul").slideDown();
        });
        $(".navbar>li").mouseleave(function() {
            $(this).children("ul").slideUp();
        });
    </script>
</body>
</html>
```

　　上述代码运行效果如图 2-33 所示，当鼠标经过和离开时，分别通过 slideUp() 和 slideDown() 设置下拉菜单的向下滑动和向上滑动效果，滑动速度使用默认值"normal"。如果使用 slideToggle() 切换向

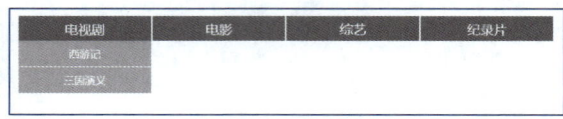

图 2-33　下拉菜单的滑动效果

上或者向下滑动的效果可以简化代码，可将 <script> 部分的代码修改如下，其运行效果相同。

```
// 鼠标事件修改为鼠标悬停
$(".navbar>li").hover(function() {
    $(this).children("ul").slideToggle();
});
```

　　4）自定义动画

　　（1）创建自定义动画 animate()

　　在实际的开发中，经常需要自定义页面的动画效果。jQuery 提供了 animate() 方法实现自定义动画，使元素样式发生动态改变。语法格式如下。

```
$(selector).animate({params}[,speed][,fn]);
```

　　参数说明如下。

- params：必选参数，定义形成动画的 CSS 属性；
- speed：可选参数，规定动画效果的时长。取值可以是"slow""fast"或毫秒值；
- fn：可选参数，规定了动画完成后所执行的函数。

　　注意：params 是以对象的形式传递的，因此 params 的参数列表需要用"{}"定义；animate() 几乎可以操作所有 CSS 属性，但是 CSS 的属性名应采用驼峰命名法，例如 CSS 属性"background-color"应写为"backgroundColor"。同时，属性值可以定义相对值（该值相对于元素的当前值），需要在值的前面加上"+="或"-="，例如"width:'+=150px'"。

使用 animate( )方法实现星星闪烁动画效果示例代码如下。

```html
<!doctype html>
<html>
<head>
    <meta charset="UTF-8" />
    <title>繁星闪烁</title>
    <style>
        html,body{margin: 0; padding: 0; width:100%; height:100%;
            overflow:hidden;    background:#0d0e0f;
        }
        img{position: absolute;}
    </style>
    <script type="text/javascript" src="js/jquery-3.4.1.min.js"></script>
    </head>
<body>
    <script>
        // 获取窗口的宽度
        var screenW = document.documentElement.clientWidth;
        // 获取窗口的高度
        var screenH = document.documentElement.clientHeight;
        // 循环产生星星
        for(var i=0;i<25;i++)
        {
            // 随机产生星星位置的偏移量
            var imgL=screenW * Math.random()+'px';
            var imgT=screenH * Math.random()+'px';
            // 随机产生星星的尺寸
            var imgWidth=40 * Math.random()+'px';
            // 向页面 body 元素添加子元素<img>并设置其绝对定位的偏移量
            $('body').append("<img src='img/star.png'style=\'"+"left:"+imgL+";top:"+imgT+"\'>");
            // 设置当前添加元素的尺寸
            $('img').eq(i).attr('width',imgWidth);
            starDark();
        }
        function starDark(){
        // 设置星星变暗的动画效果,动画速度为"fast",动画结束后调用 starShine()
            $('img').animate({'opacity':'0'},'slow',function(){ starShine(); });
        }
        function starShine(){
        // 设置星星变亮的动画效果,动画速度为"slow",动画结束后调用 starDark()
            $('img').animate({'opacity':'0.8'},'fast',function(){ starDark();});
        }
    </script>
</body>
</html>
```

以上代码运行效果如图 2-34 所示。设置星星绝对定位，随机产生偏移量和尺寸，通过 animate() 方法设置星星元素的闪烁。改变 CSS 样式 "opacity" 实现星星的显示和隐藏，达到繁星闪烁的效果。

（2）动画队列的其他功能

当元素调用多个动画方法时，jQuery 会创建包含这些方法调用的 "内部" 队列，然后逐一运行这些动画 animate() 方

图 2-34　动画实现星星闪烁

法，同时 jQuery 提供了针对动画的队列功能。主要的方法如表 2-11 所示。

表 2-11　jQuery 动画队列的方法

方法的语法结构	描　　述
$(selector).stop([clearQueue],[gotoEnd]) 参数说明如下。 ● clearQueue：可选参数，规定是否清空动画队列，包括未执行完的动画，默认值为 false ● gotoEnd：可选参数，规定是否立即完成当前动画，即直接将正在执行的动画跳转到完成状态，默认值为 false	在动画效果完成前停止当前正在运行的动画，执行下一个动画
$(selector).delay([speed][,queueName]) 参数说明如下。 ● speed：可选参数，规定延迟的速度，可以取值 "slow" "fast"，或者毫秒值 ● queueName：可选参数，规定队列名称	设置动画队列中两次动画的间隔时间
$(selector).finish([queueName]) 参数说明如下。 queueName：可选参数，规定队列名称	停止当前正在运行的动画并删除动画序列中的所有动画，将 CSS 指定为动画的目标样式

① stop() 停止动画。

stop() 方法中参数不同，stop() 停止的方式也会有所不同。可以设置 stop()、stop(true,true)、stop(true)、stop(false,true)，不同参数的区别如下所示。

```
<!DOCTYPE html>
<html lang="en">
<head>
    <meta charset="UTF-8">
    <title>停止动画</title>
    <style>
        div{width: 300px; height: 300px; background-color:#FF69B4;
            border-radius: 50%; position: absolute; margin: 50px;
```

```
        }
    </style>
</head>
<body>
    <button class="btn1">开始动画</button>
    <button class="btn2">停止动画</button>
    <button class="btn3">完成动画</button>
    <div></div>
    <script src="js/jquery-3.4.1.min.js"></script>
    <script>
        $('.btn1').click(function() {
            // 设置动画序列
            $('div').animate({'width':'400px','height':'400px'},1000);
            $('div').animate({'opacity':'0.6'},500);
            $('div').animate({'left':'500px'},1000);
        });
        $('.btn2').click(function() {
            // 停止当前动画,继续下一个动画
            $('div').stop();
        })
    </script>
</body>
</html>
```

以上代码运行效果如图 2-35 所示，设置元素的动画序列，依次为改变宽高属性、改变透明度、改变左偏移量。单击"开始动画"按钮后，立即单击"停止动画"按钮，停止 div 元素中当前正在进行的动画（即不再继续执行改变宽高属性的动画，直接执行改变透明度的动画），再依次执行下一个动画，元素移动 500px。

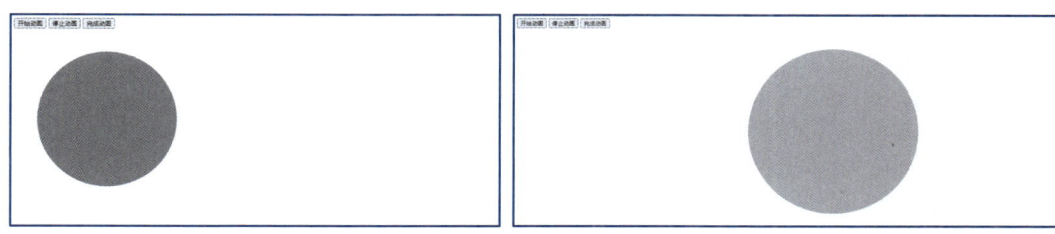

图 2-35　停止动画

尝试一下：将上述示例中 $('div').stop()分别改为 $('div').stop(true)，$('div').stop(false,true)，$('div').stop(true,true)，观察停止动画时有何区别？试着总结一下不同参数的不同作用吧！

② 延迟动画 delay()。

延迟动画可以规定动画的间隔时间，在上述代码的基础上做如下修改，将动画序列中最后一个动画做 2000ms 的延迟。查看运行效果，发现 div 元素的位移相比较原始的动画，延迟了 2000ms。

```
…
 $('div').delay('2000').animate({'left':'500px'},1000);
…
```

③ 完成动画 finish()。

finish()方法停止当前运行的动画，将 CSS 指定为动画的最终目标样式，同时删除所有排队的动画。在以上代码的基础上为"完成动画"按钮添加单击事件，事件处理如下。

```
…
// 完成动画
 $('.btn3').click(function(){$('div').finish();})
…
```

当单击"完成动画"按钮时，立即将 CSS 直接指定为动画最终的样式。该方法与停止动画 stop(true,true)方法类似。不同的是，finish()将 CSS 指定为所有动画的最终样式，而 stop(true,true)只将 CSS 样式指定为当前停止动画的最终样式。

5. jQuery 插件

丰富的插件支持是 jQuery 的主要优势之一，jQuery 通过插件机制实现 jQuery 的扩展，无限扩充 jQuery 的功能。插件是以 jQuery 的核心代码为基础，将一系列方法或者函数进行封装，编写出符合一定规范的应用程序，方便代码复用，提高开发效率。

1）jQuery 的扩展方式

jQuery 的扩展方法有两种方式，一种是扩展 jQuery 类本身，另一种是扩展 jQuery 元素集，除此之外，jQuery 也提供了自定义插件的方法。

（1）扩展 jQuery 类本身

jQuery 提供了 $.extend()方法扩展 jQuery 类本身，即在 jQuery 类添加一个或多个对象的内容，可以是 object 属性或者 fn()方法，调用时直接使用 $.object 或者 $.fn()，语法格式如下。

```
$.extend( [deep], target, object1 [, objectN ] )
```

参数说明如下。

- deep：可选参数。指是否深度合并对象，取值为 true 或 false，默认为 false。如果该值为 true，且多个对象的某个同名属性也是对象，则该"属性对象"的属性也将进行合并；
- target：Object 类型目标对象，其他对象的成员属性将被附加到该对象上；
- object1：可选参数。Object 类型，第 1 个被合并的对象；
- objectN：可选参数。Object 类型，第 N 个被合并的对象。

　　注意：如果只为 $.extend()指定了一个参数，参数 target 被省略即为 jQuery 对象本身。通过这种方式，可以为全局对象 jQuery 添加新的函数；如果多个对象具有相同的属性，则后者会覆盖前者的属性值。扩展 jQuery 类示例代码如下。

```
<script>
    $. extend({
        val:'extend',
        sum: function (a, b) {
        // 比较两个值,返回最小值
            return a+b;
        }
    });
    // 调用
    var i = 300; j = 400;
    var sum = $. sum(i, j); // min_v 等于 100
    console. log(sum);
    console. log($. val);
</script>
```

在以上代码中，通过 $.extend() 为 jQuery 类添加一个属性 val 和一个方法 sum()，在方法之外可以直接通过 $. 进行调用，运行效果如图 2-36 所示。

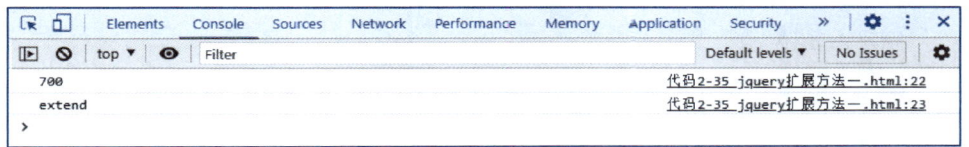

图 2-36　jQuery 扩展方法 1

（2）扩展 jQuery 所选对象

jQuery 提供了 $.fn.extend() 方法扩展 jQuery 所选对象。通过$.fn.extend() 函数为 jQuery 扩展一个或多个实例属性和方法（主要用于扩展方法）。其中，jQuery.fn 是 jQuery 的原型对象，即 jQuery.prototype，其 extend() 方法用于为 jQuery 的原型添加新的属性和方法。这些方法可以在 jQuery 实例对象上调用。语法格式如下。

```
$. fn. extend( object )
```

参数说明如下。

object：指定的对象，用来合并到 jQuery 的原型对象上，取值为 true 或 false。

扩展 jQuery 元素集示例代码如下。

```
<!DOCTYPE html>
<html>
<head>
<meta charset = "UTF-8">
<title>jQuery 扩展方法 2</title>
<style>
    label {display: block; margin: .5em;}
</style>
</head>
<body>
```

```
<label><input type="checkbox" name="all" id="all">全选</label>
<label><input type="checkbox" name="all" id="none">取消全选</label>
<label><input type="checkbox" name="foo">JavaScript</label>
<label><input type="checkbox" name="bar">HTML</label>
<script src="js/jquery-3.4.1.min.js"></script>
<script>
    $.fn.extend({
        check: function() {
            return this.each(function() {
                this.checked = true;
            });
        },
        uncheck: function() {
            return this.each(function() {
                this.checked = false;
            });
        }
    });
    // 调用 check() 方法
    $('#all').click(function() {
        $("input[type='checkbox']").check();
    });
    // 调用 uncheck() 方法
    $('#none').click(function() {
        $("input[type='checkbox']").uncheck();
    })
</script>
</body>
</html>
```

在上述代码中，$("input[type='checkbox']")
为一个 jQuery 实例，当调用成员方法 check() 时，便
实现了扩展，实现每个选项均被选中的功能。当调
用 unchecked() 时，实现每个选项均未被选中的功
能。运行效果如图 2-37 所示。

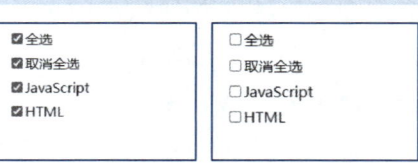

图 2-37　jQuery 扩展方法 2

2）jQuery 插件的使用

jQuery 官方网站中提供了丰富的插件资源库，读者可以根据自己的开发需求，下载不
同的插件完成相应的功能。

由于 jQuery 插件是依赖于 jQuery 来完成的，因此，使用 jQuery 插件之前必须要先引
入 jQuery 文件，jQuery 插件的使用步骤如下。

① 下载相关插件，压缩包一般包含 JS 文件、CSS 文件、插件的 JS 文件以及 HTML
文件。

② 在项目中引入相关文件，包括 jQuery 文件和插件文件。

③ 复制相关的 HTML、CSS 和 JS 代码（调用插件）。

注意：使用插件之前一定要先阅读该插件的使用说明。

3）自定义插件

当现有的插件无法满足开发需求时，可能需要自定义插件，jQuery 提供了自定义插件的方式，使其能够对现有的一系列方法或者函数进一步封装，以便代码的重复使用。自定义插件的具体方法如下所示。

① 创建插件文件 jquery.modifyColor.js。该插件能够实现改变元素 CSS 属性的功能；

② 定义插件的方法，并封装插件，具体代码如下。

```
(function ($) {
    $.fn.modifyColor = function(options) {
        // 设置默认值
        var settings = $.extend({
            color: "#4169E1",
            backgroundColor: "#F8F8FF",
            fontSize:"18px",
            padding:"10px",
        }, options);
        // 返回 css 属性值
        return this.css({
            color: settings.color,
            backgroundColor: settings.backgroundColor,
            fontSize:settings.fontSize,
            padding:settings.padding,
        });
    };
}(jQuery));
```

在以上代码中，通过 $.extend 扩展 jQuery，将传入的 options 合并到默认值。即如果后面的参数和前面的参数存在相同的名称，则后面的会覆盖前面的参数值。调用该插件时，若不传入参数，样式使用默认值；若传入参数，样式指定为传入的值。同时为了保证指定元素对象调用该插件方法后，可以继续调用 jQuery 中的其他方法，返回当前的 jQuery 对象，实现链式调用。

③ 编写 HTML 测试页面，调用插件，示例代码如下。

```
<!DOCTYPE html>
<html lang="en">
<head>
    <meta charset="UTF-8">
    <title>Document</title>
    <script src="./jquery-3.4.1.min.js"></script>
    <script src="./jquery.modifyColor.js"></script>
</head>
<body>
```

```
    <p>这是 jQuery 插件要改变的文本</p>
    <script>
        $('p').modifyColor();
    </script>
</body>
</html>
```

要想使用该插件的功能，需要在 HTML 页面的头部引入 jQuery 文件和自定义的插件文件。运行效果如图 2−38 所示。

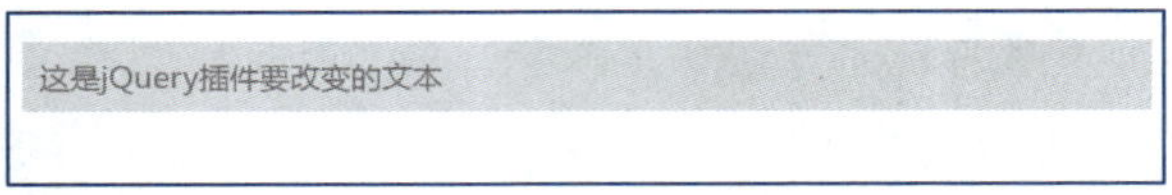

图 2−38   自定义插件

在自定义插件时，请注意以下几点。

- 命名使用"jQuery. 插件名 .js"；
- 插件内部，this 指向的是当前选择器取得的 jQuery 对象，不是内部对象；
- 使用 this.each()迭代匹配的元素；
- 插件中定义的所有方法/函数的末尾都必须带有一个";"（英文分号），否则将不利于代码的最小化查看；
- 采用闭包写法。

任务实施

1. 基本 HTML 结构

分析任务的实现效果，可将页面分为头部导航、banner 轮播、主体内容和底部内容 4 部分，创建主要的页面结构，在此任务中引入 jQuery，具体 HTML 代码结构如下。

```
<body>
    <header>
        <!--导航栏-->
        ...
    </header>
    <div>
        <!--轮播图-->
        ...
    </div>
    <div>
        <!--主体内容-->
        ...
    </div>
    <footer>
        <!--底部导航-->
        ...
    </footer>
```

2. 实现头部导航

头部导航主要由列表标签构成，设置类名以便进行 CSS 样式设置，具体 HTML 代码如下。

```html
<header class="header clearFix">
    <div class="container top clearFix">
        <div class="topRight">
            <nav class="nav fpx18" id="nav">
                <ul>
                    <li class=""><a href="">首页</a></li>
                    <li><a href="">学校概况</a>
                        <dl class="subNav">
                            <dd><a href="">校园风光</a></dd>
                            <dd><a href="">机构设置</a></dd>
                            <dd><a href="">学校简介</a></dd>
                        </dl>
                    </li>
                    <li><a href="">新闻网</a></li>
                    <li><a href="">校友网</a></li>
                    <li class=""><a href="">学生服务</a>
                        <dl class="subNav">
                            <dd><a href="">学生社团</a></dd>
                            <dd><a href="">学生创新</a></dd>
                            <dd><a href="">资助学金</a></dd>
                        </dl>
                    </li>
                    <li><a href="">招生就业</a>
                        <dl class="subNav"></dl>
                    </li>
                    <li><a href="">国际交流</a></li>
                    <li><a href="">信息公开</a>
                    </li>
                </ul>
            </nav>
        </div>
    </div>
</header>
```

定义通用的 CSS 样式，代码如下。

```css
html {background: #FFF;font-size: 10px;width: 100%;}
body {width: 100%;
font-size: 1.6rem;
color: #333;
font-family: 'Microsoft YaHei', SimSun, SimHei, "STHeiti Light", STHeiti, "Lucida Grande",
Tahoma, Arial, Helvetica, sans-serif;
```

```
}
* {margin: 0px;padding: 0px;}
a {outline: none;text-decoration: none;color: #333;}
a:hover {color: #3939ff;}
ul,ol,li {list-style: none;}
h1,h2,h3,h4,h5,h6 {font-size: 100%;}
.fpx18 {font-size: 18px;}
.fpx23 {font-size: 23px;}
.fpx25 {font-size: 25px;}
.clearFix {clear: both;}
.clearFix:after {content: '';display: block;clear: both;}
.container {width: 100%;margin: 0 auto;}
.lf {float: left;}
.rt {float: right;}
```

设置头部的 CSS 样式，代码如下。

```
.header {width: 100%;min-width: 300px;height: auto;z-index: 990;
    position: absolute;left: 0;top: 0;
    padding-top: 15px;
    transition: all 0.3s ease-in-out;
}
.nav {height: 46px;position: relative;white-space: nowrap;}
.nav ul {width: 100%;display: flex;justify-content: flex-end;}
.nav ul>li {position: relative;}
.nav ul li>a {
    font-size: 1.7rem;
    display: block;
    text-align: center;
    height: 46px;
    line-height: 46px;
    color: #fff;
    padding: 0 24px;
    transition: all 0.35s ease-in-out;
}
.nav ul li.on>a,.nav ul li:hover>a {color: #fff;background: #004ea2;}
/* 下拉菜单项,默认隐藏 */
.subNav {
    width: 100%;
    background: url(../images/nav_bg.png) repeat;
    font-size: 14px;
    position: absolute;
    left: 0;
    top: 46px;
    display: none;
}
/* 下拉菜单激活类样式,显示下拉菜单
.nav ul li.on .subNav {display: block;}
```

```css
.subNav a {
    color: #fff;
    padding: 9px 22px;
    display: block;
    line-height: 1.3;
    text-align: center;
    white-space: normal;
}
.subNav a:hover {
    background: #004ea2;
    color: #fff;
}
/* 当下拉菜单显示时出现立体的旋转效果 */
/* 下拉菜单的旋转动画应用 */
.flipInY {
    -webkit-animation-name: flipInY;
    animation-name: flipInY;
    animation-duration: 0.2s;
    -webkit-animation-duration: 0.2s;
    animation-timing-function: ease-in-out;
    -webkit-animation-timing-function: ease-in-out;
    visibility: visible !important;
    display: block;
}
/* 定义旋转动画 */
@keyframes flipInY {
    from {
        -webkit-transform: perspective(400px) rotate3d(0, 1, 0, 90deg);
        transform: perspective(400px) rotate3d(0, 1, 0, 90deg);
        -webkit-animation-timing-function: ease-in;
        animation-timing-function: ease-in;
        opacity: 0;
        transform: scaleX(0);
    }
    to {
        -webkit-transform: perspective(400px);
        transform: perspective(400px);
        opacity: 1;
        transform: scaleX(1);
    }
}
```

通过 jQuery 为下拉菜单添加类样式，在鼠标指针经过时为其添加样式类，并将其封装为函数，具体代码如下。

```javascript
function Nav(id) {
    var oNav = $(id);
```

```
    var aLi = oNav.find('li');
    aLi.hover(function() {
        // 添加激活样式
        $(this).addClass('on');
        $(this).find('.subNav').addClass('flipInY');
    }, function() {
        // 移除激活样式
        $(this).removeClass('on');
        $(this).find('.subNav').removeClass('flipInY');
    })
};
```

3. 实现 banner 轮播图

轮播图结构如下。

```html
<!--banner 开始-->
    <div class="banner">
        <!-- 轮播图片 -->
            <ul class="banner-img">
                <li><img src="images/lb1.jpg"/></li>
                <li><img src="images/lb2.jpg"/></li>
                <li><img src="images/lb3.jpg"/></li>
            </ul>
            <ul class="banner-bar">
            <!-- 动态生成导航点 -->
            </ul>
            <!-- 导航箭头 -->
                <!--左箭头-->
            <span class="arrow arrow-left"><img src="images/lf.png"/></span>
            <!--右箭头-->
            <span class="arrow arrow-right"><img src="images/rt.png"/></span>
    </div>
    </div>
<!--banner 结束-->
<!--调用轮播图插件-->
<script type="text/javascript" src="js/jquery.slider.js"></script>
```

在本任务中，利用 jQuery 自定义轮播插件，并将其封装。因此在上述代码中需要引入自定义插件。

轮播图的样式代码如下。

```css
.banner{width:100%;margin:auto; position:relative;
        cursor: pointer;overflow:hidden;
}
/* 设置导航图片容器的位置 */
.banner-img {position: absolute;top: 0;left:0;        }
/* 设置导航图片向左浮动 */
```

```
.banner-img img{float: left; }
/* 设置导航点容器 */
.banner .banner-bar{width: 200px; height: 30px;
        position: absolute; bottom: 20px;left: 80%;
        z-index: 100;    /*让导航点显示在轮播图的上层*/
}
/* 设置每个导航点的样式 */
.banner .banner-bar li{width:15px; height:15px; border-radius: 50%;
        float: left; margin:15px; background-color: #FFFFFF; opacity: 0.4;
        cursor:pointer;
}
/* 设置导航点高亮的样式 */
.banner .banner-bar li.current{opacity: 0.8;color:#fff; }
/* 设置导航箭头的样式 */
.banner .arrow{display: inline-block;position: absolute;display: none;
        top: 50%; margin-top: -50px;
}
.banner:hover .arrow{display: block; }
/* 设置导航箭头的位置 */
.banner .arrow-left{left: 70px; }
.banner .arrow-right{right: 70px; }
```

轮播图的功能分为自动轮播和轮播切换，将这两个功能封装为 jQuery 插件，命名为 jquery. slider. js 并在页面中引入，代码如下。

```
(function($) {
    $. fn. flexslider = function() {
        // 定义图片索引,控制图片的切换
        var index = 0;
        var timer = null;
        // 定义图片的宽度
        var imgWidth = document. body. clientWidth;
        // console. log(imgWidth);
        // 根据图片的宽高比设置容器的高度
        var h = imgWidth * 800/1920;
        $('. banner,. banner-img img'). css('height',h);
        // 复制第一张轮播图片
        var li = $('. banner-img li'). first(). clone();
        // 将复制的 li 追加至轮播图容器
        $('. banner-img'). append(li);
        // 获取轮播图片的数量
        var len = $('. banner-img li'). length;
        // 设置轮播图容器的宽度
        var bannerWidth = len * imgWidth;
        $('. banner-img'). css('width',bannerWidth);

        // 动态生成导航点
```

```
for( var i = 1 ;i<len;i++) {
    $( '.banner-bar') . append('<li></li>') ;
}
// 第一个导航点默认高亮
$( '.banner-bar li') . first() . addClass('current') ;
// 鼠标指针移入时图片轮播暂停
$( '.banner') . mouseover( function() {
    clearInterval( timer) ;
} ) ;
// 鼠标指针移出的时候再次开始自动轮播
$( '.banner') . mouseleave( function() {
    autoPlay() ;
} ) ;

// 自动播放
function autoPlay() {
    timer = setInterval( function() {
        ++index;
        // 调用图片切换
        changeImg() ;
        // 调用导航点切换
        changeDots() ;
    } ,2000) ;                          // 每隔 2s 就切换一次图片
} ;

// 图片切换函数
function changeImg() {
    if( index = = len) {
        index = 0 ;
        $( '.banner-img') . css( {'left':0} ) ;
    }
    if( index< = -1) {
        index = 3 ;
        $( '.banner-img') . css( {'left':-imgWidth * index+'px'} ) ;
    }
    $( '.banner-img') . animate( {
        'left':-imgWidth * index+'px',   // 每次滑动图片的宽度
    } ,400) ;
}
// 导航点切换函数
function changeDots() {
// 为当前的导航点添加高亮的样式(current),其他导航点的样式去掉
    if( index = = len-1) {
        $( '.banner-bar li') . eq(0) . addClass('current') . siblings() . removeClass('current') ;
    } else {
        $( '.banner-bar li') . eq(index) . addClass('current') . siblings() . removeClass('current') ; }
}
```

```
        // 单击导航点,切换到对应的图片
        $('.banner-bar li').click(function(event){
                var target=event.target;// 获取单击到的导航点即为 DOM 元素
                // 获取 DOM 元素的索引值
                index=$(this).index();//
                changeImg();
                changeDots();
        });
        // 单击下一张切换图片
        $('.arrow-right').click(function(){
            index++;
            changeImg();
            changeDots();
        });
        // 单击上一张切换图片
        $('.arrow-left').click(function(){
            index--;
            changeImg();
            changeDots();
        });
    }
}(jQuery));
```

在上述代码中,图片的切换采用定位方式实现,每次的偏移量为 n 张图片的宽度。自动轮播主要依靠定时器每隔一定时间调用图片切换功能。当鼠标指针移入 banner 时自动轮播暂停;移出时自动轮播开始。单击左/右箭头时可以实现图片的左/右切换。单击下方导航点可以实现不同图片的切换。

4. 实现主体内容

主体内容的结构主要分为左右两侧,具体代码如下。

```
<!--content 开始-->
<div class="content clearFix">
<!-- 学校新闻开始 -->
    <div class="wrap_mode01 clearFix">
        <div class="container mode01 clearFix">
            <div class="col lf">
                <div class="listTitle01">
                    <span class="more01"><a href="">MORE +</a></span>
                    <h2 class="fpx23"><a href="">校园风光</a></h2>
                </div>
                <ul class="BPC-list01">
                <li><a href=""><span class="item-img01 imgResponsive">
                    <img src="./images/newimg1.jpg"></span>
                    </a>
                </li>
```

```html
            <li><a href=""><span class="item-img01 imgResponsive">
                  <img src="./images/newimg2.jpg"></span>
               </a>
            </li>
            <li><a href=""><span class="item-img01 imgResponsive">
                  <img src="./images/newimg3.jpg"></span>
               </a>
            </li>
            <li><a href=""><span class="item-img01 imgResponsive">
                  <img src="./images/newimg4.jpg"></span>
               </a>
            </li>
            <li><a href=""><span class="item-img01 imgResponsive">
                  <img src="./images/newimg1.jpg"></span>
               </a>
            </li>
            <li><a href=""><span class="item-img01 imgResponsive">
                  <img src="./images/newimg2.jpg"></span>
               </a>
            </li>
         </ul>
   </div>
   <div class="col rt">
      <div class="listTitle01">
         <span class="more01"><a href="">MORE +</a></span>
         <h2 class="fpx23"><a href="">学校新闻</a></h2>
      </div>
      <ul class="BPC-list02 fpx16">
         <li>
           <span class="list-date2">
           <strong class="fpx25">04</strong>
           <i>2021-06</i>
         </span>
         <a class="" href="">学校各级团组织开展"永远跟党走"党……</a>
      </li>
      <li>
            <span class="list-date2"><strong class="fpx25">03</strong>
               <i>2021-06</i>
            </span>
            <a class="" href="">专题党课</a>
            </li>
            <li><span class="list-date2"><strong class="fpx25">06</strong>
               <i>2021-06</i></span>
            <a class="" href="">我校在＊＊＊＊活动中取得优异成绩</a>
            </li>
            <li><span class="list-date2"><strong class="fpx25">23</strong>
               <i>2021-06</i>
```

```
                    </span>
            <a class="" href="">党校组织预备党员赴中国人……</a>
            </li>
            <li><span class="list-date2"><strong class="fpx25">11</strong>
                <i>2021-06</i></span>
            <a class="" href="">校领导在思政课上与学生"面对面""心贴心"</a>
            </li>
            <li><span class="list-date2"><strong class="fpx25">31</strong>
                <i>2021-05</i></span>
            <a class="" href="">迎接建党百年,服务北京冬……</a>
            </li>
            <li><span class="list-date2"><strong class="fpx25">03</strong>
                <i>2021-06</i></span>
            <a class="" href="">学党史 悟思想 办实事 开新局</a>
            </li>
            <li><span class="list-date2">
                <strong class="fpx25">21</strong><i>2021-06</i>
                </span>
            <a class="" href="">校领导在思政课上与学生"面对面""心贴心"</a>
                </li>
        </ul>
    </div>
  </div>
</div>
```

主体内容的 CSS 样式代码如下。

```
/* content */
.content{width: 100%;}
.wrap_mode01{background: #f5f5f5;position: relative;}
.mode01{padding: 30px 0;position: relative;z-index: 5;}
/* 内容左侧 */
.mode01 .lf{width: 47%;margin-left: 25px;}
.listTitle01{padding:17px 20px 18px;overflow: hidden;}
/* 左右侧标题 */
.listTitle01 h2{line-height: 1.5;}
.listTitle01 h2 a{color:#004ea2;transition: opacity 0.35s ease-in-out;}
.listTitle01 h2 a:hover{opacity: 0.8;}
/* 左右侧 more+ */
.more01{float: right;padding-top: 6px;font-size: 12px;}
.more01 a{color:#999;}
.more01 a:hover{color:#004ea2;}
/* 左侧图片显示 */
.BPC-list01 {margin:0 auto;}
.BPC-list01 li{width: 50%;float: left;margin-bottom: 14px;}
.BPC-list01 li > a{display: block;margin:0 17px;padding-bottom: 16px;}
.item-img01.imgResponsive{padding-bottom:56.135%}
.imgResponsive {width: 100%;height: 0;padding-bottom: 56.25%;overflow: hidden;
```

```
        display：block；}
.imgResponsive img {width：100%；transition：all 0.35s ease-in-out；}
.imgResponsive img:hover {transform：scale(1.05)；}
/* 右侧内容 */
.mode01 .rt{width：48%；margin-right：25px；}
.BPC-list02{padding:0 20px 18px；}
.BPC-list02 li{border-bottom：1px solid #dedede；}
.BPC-list02 li a{display：block；height：72px；line-height：72px；overflow：hidden；transition：all 0.35s
ease-in-out；margin-left：72px；}
.BPC-list02 li a:hover{text-indent：10px；}
/* 右侧新闻日期显示 */
.list-date2{width：50px；float：left；}
.list-date2 strong,.list-date2 i{display：block；font-style：normal；white-space：nowrap；font-weight：normal；}
.list-date2 strong{color：#004ea2；padding:5px 0 2px；border-bottom：2px solid #5e96d1；margin-bottom：5px；}
.list-date2 i {color：#757575；font-size：13px；}
```

5. 实现底部内容

页面底部结构，HTML 代码如下。

```
<footer class="wrap_footer clearFix">
    <div class="container footer clearFix">
        <div class="friendLink">
            <ul class="frinendLinkList">
                <li>
                    <h3>友情链接</h3>
                </li>
            </ul>
        <div class="divSelects">
        <div class="divSelect">
            <span class="select_mask"></span>
            <cite>政府部门</cite>
            <ul class="linkList02">
                <li><a href="">教育部</a></li>
                <li><a href="">北京市教育委员会</a></li>
            </ul>
        </div>
        <div class="divSelect">
            <span class="select_mask"></span>
            <cite>行业协会</cite>
            <ul class="linkList02">
                <li><a href="">中国高职高专教育网</a></li>
                <li><a href="">高校毕业生就业信息网</a></li>
                <li><a href="">高等教育学生信息网(学信网)</a></li>
            </ul>
        </div>
        <div class="divSelect">
```

```
            <span class="select_mask"></span>
            <cite>学校联盟</cite>
            <ul class="linkList02"></ul>
        </div>
        <div class="divSelect">
            <span class="select_mask"></span>
            <cite>校企合作</cite>
            <ul class="linkList02"></ul>
        </div>
        </div>
    </div>
    </div>
    <div class="copyRight clearFix">
        <div class="container">
            <span>Copyright  2019</span>
        </div>
    </div>
</footer>
```

对应 CSS 样式代码如下。

```
/* foot */
.wrap_footer {
    background: url(../images/footer_bg.jpg) no-repeat top center;
    position: relative;
    background-size: cover;
}
.footer {padding: 25px 0;}
/* 友情链接 */
.friendLink {width: auto;margin-left: 220px;}
.friendLink h3 {font-size: 21px; font-weight: normal; color: #cce5ff; margin-bottom: 10px;}
.frinendLinkList {padding-top: 15px;}
.frinendLinkList li {height: 30px;line-height: 30px;overflow: hidden;}
.divSelects {width: auto;padding: 20px 0 0 0;}
.divSelect {position: relative;margin-right: 30px;width: 170px;float: left;}
.select_mask {width: 100%;height: 38px;display: block;background-color: #09417d;
    position: absolute;left: 0;top: 0;z-index: 1;
}
.divSelect cite {height: 38px;display: block;position: relative;z-index: 2;
    line-height: 38px;padding: 0 10px;cursor: pointer;overflow: hidden;
    text-align: left;color: #fff;font-style: normal;
}
.linkList02 {position: absolute;left: 0;bottom: 38px;z-index: 5000;
    background-color: #fff;width: 100%;max-height: 500px;overflow-y: auto;display: none;
    box-shadow: 1px -1px 10px rgba(0, 0, 0, 0.35);
}
.linkList02 li {padding: 8px 15px;font-size: 14px;text-align: center;}
.linkList02 li:hover {background-color: #f1f1f1;}
```

```
.linkList02 li a {display: block;}
.divSelect.active .select_mask {background-color: #004f99;opacity: 1;}
.divSelect.active cite {color: #fff;}
/* 版权所有 */
.copyRight {padding: 15px 0;border-top: 1px solid #0c64c2;text-align: center;line-height: 1.5;}
.copyRight span {color: #cce5ff;margin: 0 8px;display: inline-block;font-size: 12px;}
```

友情链接的下拉菜单默认隐藏，当鼠标指针经过时滑出。利用 jQuery 实现下拉菜单的滑入滑出效果，并将其封装为函数，代码如下。

```
/* 友情链接 */
function divSelect() {
    $('.divSelect').hover(function(event) {
        // 取消事件冒泡
        event.stopPropagation();
        $(this).find('ul').slideToggle(300);
        $(this).toggleClass('active');
        return false;
    });
        // 单击空白处隐藏弹出层,下面为滑动消失效果和淡出消失效果
        $(document).click(function(event) {
            var _con = $('.divSelect'); // 设置目标区域
            if (!_con.is(event.target) && _con.has(event.target).length === 0) {
                $('.divSelect').find('.linkList02').slideUp(300); // 淡出消失
                $('.divSelect').removeClass('active');
            }
        });
}
```

6. 导航栏的吸顶效果

当页面向下滚动到一定位置时，切换导航栏的效果，使其能够一致显示在页面的顶部。通过 jQuery 为导航栏添加吸顶效果类样式，代码如下。

```
// 添加导航菜单吸顶效果
$(function() {
    var iWSon = document.documentElement.clientWidth;
    if (iWSon > 998) {
        // 浏览器当前窗口可视区域高度
        var windowHeight = $(window).height();
        // 浏览器当前窗口文档 body 的高度
        var bodyHeight = $(document.body).height()
        var headerHeight = $('.header').height() * 2;
        $(window).scroll(function() {
            var scrollTop = $(window).scrollTop();
            // 根据滚动高度切换样式
            if (scrollTop >= 100 && bodyHeight > windowHeight + headerHeight) {
                $('.header').addClass('currents');
```

```
            } else {
                $('. header'). removeClass('currents');
            }
        })
    }
});
```

吸顶效果的 CSS 样式代码如下。

```
/* 导航栏吸顶效果 */
. header. currents {background-color: #004ea2;
    box-shadow: 0 5px 10px rgba(0, 0, 0, 0. 2);
    position: fixed;padding-top: 0;
}
. header. currents . topRight {margin-left: 200px;float: none;}
. header. currents . nav {height: 55px;line-height: 55px;
    z-index: 1010;border: none;float: none;}
. header. currents . nav ul li>a {
    height: 55px;line-height: 55px;padding: 0 30px;}
. header. currents . subNav {top: 55px;}
```

7. 回到顶部按钮的功能实现

通过 jQuery 添加"回到顶部"节点，默认隐藏。当滚动条滚动的长度满足条件时出现"回到顶部"，并设置其淡入/淡出效果，当其滚动到底部时，改变"回到顶部"的位置，代码如下。

```
$(window). scroll(function() {
    // 获取可见区高度
    var docHeight = $(document). height()
    // 获取窗口高度
    var winHeight = $(window). height();
    // 获取滚动条距顶端的位置
    var scrollTop = $(window). scrollTop();
    if (scrollTop >= 165) {
        // 回到顶部——淡入
        $('. goTop'). fadeIn(500)
    } else {
        // 淡出
        $('. goTop'). fadeOut(500)
    }
    // 滚动到底部——改变位置
    if (scrollTop >= docHeight - winHeight) {
        $('. goTop'). addClass('bottom')
    } else {
        $('. goTop'). removeClass('bottom')
    }
```

```
})
// 设置锚点
var goTopHtml = '<a href="#" class="goTop"></a>'
$(goTopHtml).insertAfter('footer')
$('.goTop').click(function() {
    $('body,html').stop().animate({
        scrollTop: 0
    });
    return false;
});
```

"回到顶部"按钮的样式代码如下。

```
/* 回到顶部 */
.goTop {position: fixed;bottom: 40px;right: 20px;z-index: 9999;color: #fff;
    text-align: center;font-size: 12px !important;transition: none;
    width: 60px;height: 60px;line-height: 60px;text-align: center;border-radius: 50%;
    display: none;
    transition: all 0.35s ease-in-out;
    box-shadow: 0 0 10px rgba(0, 0, 0, 0.3);
    background-color: #005bbd;
}
.goTop:hover {color: #fff;background-color: #e46856;}
.bottom {bottom: 250px;}
```

知识拓展

由于有些 jQuery 方法直接返回当前的 jQuery 对象，因此可以使用点号"."直接调用自身方法，即将多个操作（多行代码）通过点号"."连接在一起成为一句代码。这种管道风格的编程方式称为链式编程。链式编程的优势在于精简代码，使代码看起来更加优雅，增强可读性；使用链式操作，所有操作代码共享一个 jQuery 对象，省去了逐步查询 DOM 元素的性能损耗，性能得到了优化。

例如以下代码。

```
$('li').eq(index).fadeIn(1000);
$('li').eq(index).siblings().fadeOut('slow');
```

使用链式编程可以将代码写为一行，示例如下。

```
$('li').eq(index).fadeIn(1000).siblings().fadeOut('slow');
```

由于 $('.tab_text li').eq(index) 返回的是当前索引对象，因此可以直接调用该对象的 fadeIn() 方法。同时调用 siblings() 方法获取到当前对象的其他兄弟对象，返回值仍然是 jQuery 对象，因此仍然能够直接调用其 fadeOut() 方法。

注意：实现链式编程的 jQuery 选择器本身是一个 jQuery 对象，在 jQuery 内部利用 this 返回了当前对象，因此进行链式编程关键是当前方法的返回值一定是对象。

通过链式编程实现弹幕效果示例如下。

```html
<!DOCTYPE html>
<html lang="en">
<head>
    <meta charset="UTF-8">
    <title>链式编程实现弹幕效果</title>
    <style>
        * {margin: 0;padding: 0;}
        #box {position: relative; width: 1000px;height: 600px;
            background-color: #767676; margin: auto; text-align: center;
            overflow: hidden;}
        span {position: absolute;font-size: 20px;}
        #text {height: 25px;border: 1px solid gray;outline: none;
            border-radius: 5px;width: 260px;padding-left: 5px;
            margin-top:550px;}
        #btn {width: 60px;height: 25px;background-color: #876ff0;}
    </style>
</head>
<body>
    <div id="box">
        <input type="text" id="text" placeholder="请输入内容"/>
        <button id="btn" type="submit">弹幕</button>
    </div>
    <script src="js/jquery-3.4.1.min.js"></script>
    <script>
        var colors = ["red", "green", "hotpink", "pink", "cyan", "yellowgreen", "purple", "deepskyblue"];
        // 定义事件的处理程序
        function auto() {
        var colorIndex = parseInt(Math.random() * colors.length);
        var topY = parseInt(Math.random() * 500);
        var text = $("#text").val();
        $("<span></span>")                       // 创建 span
            .text(text)
            .css("color", colors[colorIndex])    // 设置字体颜色
            .css("left", "1000px")               // 设置 left 值
            .css("top", topY)                    // 设置 top 值
            .animate({"left": "-200px"}, 20000, "linear", function () {// 添加动画
            // 到达终端删除该节点
            $(this).remove();
            })
            .appendTo("#box");                   // 将元素追加至目标元素
        $("#text").val("");                      // 清空输入框
        }
        // 单击时调用 auto()
        $('#btn').click(function() {auto();});
```

```
// Enter 键弹起时调用 auto()
    $("#text").keyup(function (e) {
        if (e.keyCode == 13) {auto();}
    });
    </script>
</body>
</html>
```

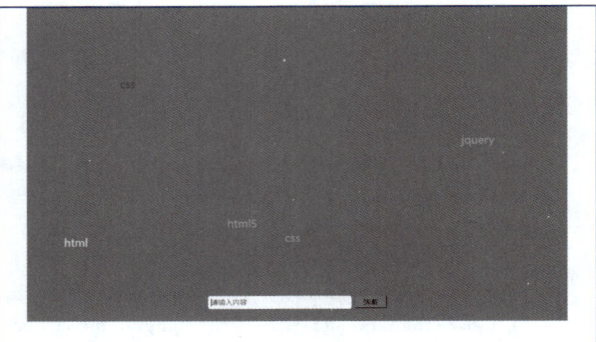

运行效果如图 2-39 所示。由于 $("<span></span>").text(text)返回的是对象，直接利用 "." 调用 css(), 返回值仍然是该对象，可以通过链式编程的方法直接调用动画 animate()方法，当动画结束时删除该节点对象。

图 2-39 jQuery 链式编程实现弹幕效果

任务 2-3 腾讯天气网页的设计实现

任务 2-3

任务描述

天气与生产、生活息息相关，天气预报网站为人们的生产、生活提供了便利。

本任务在完成腾讯天气网页效果的基础上，通过 Ajax 获取后台天气数据，将其显示在页面中。本任务的重点是掌握 Ajax 的局部更新以及前后端的交互技术。

任务完成效果如图 2-40 所示，网页结构主要包含导航栏和主体内容，当单击导航栏的搜索框时可以选择热门城市，显示当前城市的天气情况，如图 2-41 所示。

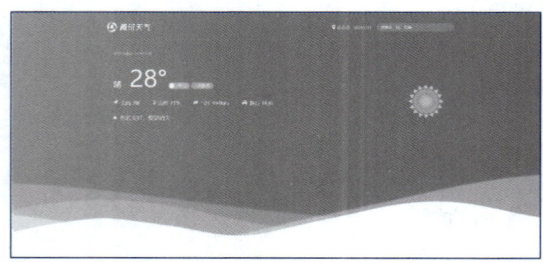

图 2-40 腾讯天气网页效果图

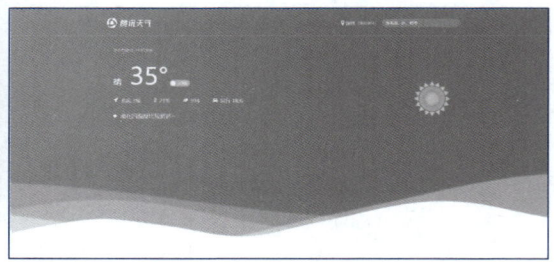

图 2-41 点击热门城市显示天气情况

网页的结构及实现技术如图 2-42 所示，应用 Ajax 向服务器发送请求，根据请求数据的不同，得到不同城市的天气情况，并渲染在页面中。由于受网络数据接口的限制，此任务采用本地数据接口，详情请查阅教材配套源码。

本任务主要的知识构成如图 2-43 所示。

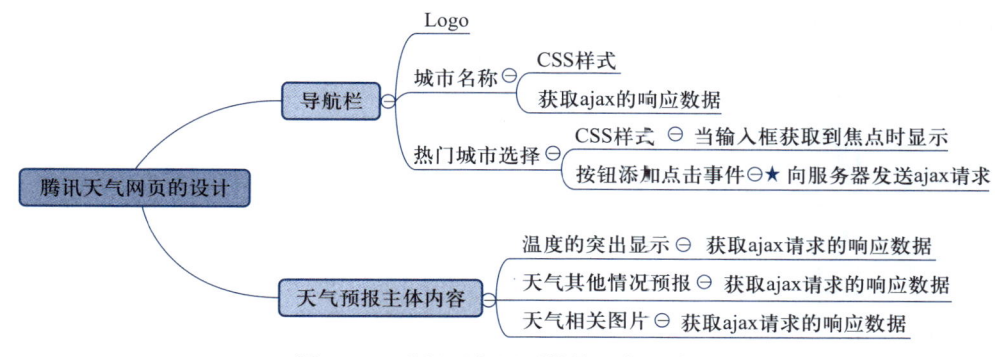

图 2-42　腾讯天气网页结构及实现手段

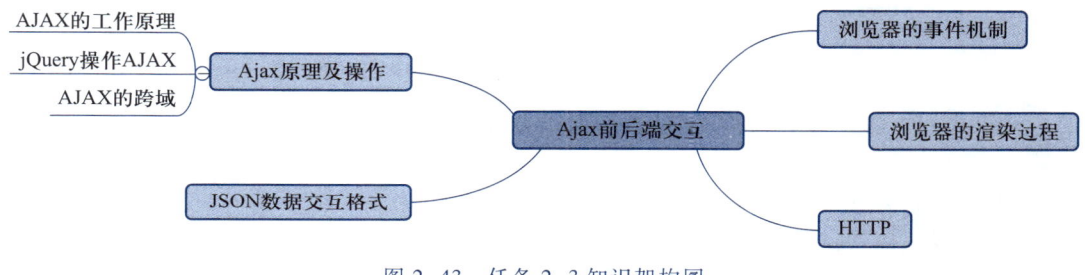

图 2-43　任务 2-3 知识架构图

问题引导

在天气网页中，需要不断更新网页显示不同城市的天气情况。而传统的网页如果需要更新内容，必须重载整个网页，会在一定程度上增加响应时间。那么能否在不加载整个页面的基础上，更新所需数据，实现局部更新呢？在本任务中将实操无须重载网页，只更新部分网页的前后端交互技术——Ajax。

根据任务描述，本任务解决如下问题。

① 如何利用 Ajax 向服务器发送请求？

② 服务器响应的数据如何处理，如何在页面中渲染？

③ 如何解决 Ajax 的跨域问题？

知识准备

1. 浏览器的事件机制

JavaScript 采用事件驱动的响应机制，JavaScript 和 HTML 的交互是通过事件实现的。当事件发生时，会在发生事件的元素节点与 DOM 树根节点之间按照特定的顺序进行传播。

1）事件流

事件流描述的是事件在 DOM 中的传递顺序，以及对事件做出的响应。浏览器事件的传播存在 3 个阶段：捕获阶段、目标阶段、冒泡阶段，如图 2-44 所示。

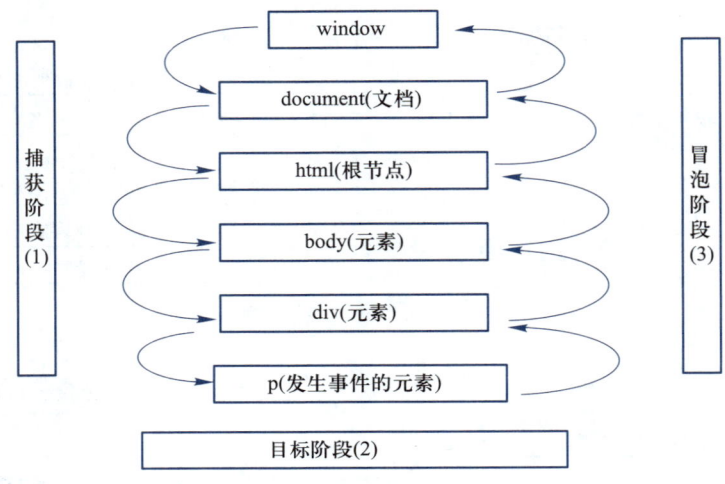

图 2-44 事件的传播过程

捕获阶段：从 window 对象传递到目标对象的过程。

目标阶段：执行目标对象的事件处理程序。

冒泡阶段：从目标对象传递到 window 对象的过程。

利用 stopPropagation() 方法能够立即阻止事件流在 DOM 中的传播，取消后续的事件捕获或冒泡。

2）事件处理程序

事件处理程序是指事件发生时，为响应用户所执行的程序，有以下几种形式。

① 用 HTML 属性的形式使用事件处理程序。示例代码如下。

```
<input type="button" value="单击" onclick="alert('被单击了')">
```

当单击按钮时，触发单击事件，执行程序，浏览器窗口弹出"被单击了"。

② 通过在 JavaScript 中创建事件监听器，把一个函数赋值给 DOM 元素。兼容性最好，所有的浏览器都支持此方法。示例代码如下。

```
const btn = document.getElementById("btn");
btn.onclick = function() { console.log('Clicked') }
```

③ 在所有的 DOM 节点上通过 addEventListener() 和 removeEventLinstener() 添加和移除事件处理程序。示例代码如下。

```
// 添加第 1 个事件处理程序
btn.addEventListener("click",function() {console.log('btn click capture ')}, true);
// 添加第 2 个事件处理程序
btn.addEventListener("click",function() {console.log('btn click bubble '),true});
// 添加第 3 个事件处理程序
body.addEventListener("click", ,function() {console.log('body click capture')}, true);
```

其中，addEventListener() 和 removeEventLinstener() 接收的 3 个参数分别为事件名、事件

处理函数和一个布尔值（true 表示在捕获阶段调用事件处理程序；false（默认值）表示在冒泡阶段调用事件处理程序）。由于跨浏览器兼容性好，事件处理程序默认会被添加到事件流的冒泡阶段。

3）事件对象

在 JavaScript 中，当事件发生时，均会产生一个事件对象 event。这个对象包含了一些与事件相关的信息：触发事件的元素、事件的类型以及一些与特定事件相关的其他数据（例如和鼠标事件相关的鼠标位置信息）。理论上几乎所有主流浏览器都是兼容 event 对象。利用preventDefault()方法阻止事件的默认行为（例如，<a>标签有跳转到 href 属性定义的链接的默认行为，使用 preventDefault()可以阻止这种导航行为）。

2. 浏览器的渲染过程

当用户输入 URL 地址访问网站资源时，浏览器通过 DNS 服务器获得域名与 IP 地址的映射关系，根据 IP 地址请求 Web 服务器。Web 服务器接收请求，并返回请求数据信息。以访问人民网为例，如图 2-45 所示为服务器返回的数据，即 HTML文件。

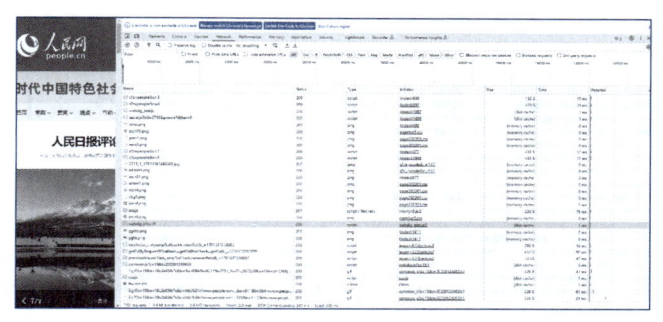

图 2-45　服务器返回的数据

浏览器收到响应数据后，解析 HTML、CSS 和 JavaScript，构造渲染树，调用操作系统 Native GUI 的 API 绘制页面。具体的渲染过程主要分为以下几个阶段。

1）构建 DOM 树

解析 HTML，处理 HTML 标记并转换成节点，以节点构建 DOM 树。

2）构建 CSSOM 树

CSSOM 树构建过程与 DOM 树构建流程一致：解析 CSS，处理 CSS 标记并转换成节点，以节点构建 CSSOM 树。

3）加载 JavaScript

通常情况下 DOM 树和 CSSOM 树是并行构建的，若在构建 DOM 树和 CSSOM 的过程中，遇到不带 defer 或 async 属性的<script>标签时，将立即阻塞 DOM 树和 CSSOM 的构建，将控制权移交给 JavaScript 引擎。直到 JavaScript 引擎运行完毕，浏览器会从中断的地方恢复 DOM 树和 CSSOM 树的构建。

4）构建渲染树

构建渲染树，浏览器生成 DOM 树和 CSSOM 树后，将其组合为渲染树。根据渲染树计算每个可见元素的布局。

5）布局与绘制

当浏览器生成渲染树后，就会根据渲染树来进行布局。通过精确捕获每个元素在窗口内的确切位置和尺寸，将所有相对测量值转换为屏幕上的绝对像素。同时调用操作系统 Native GUI 的 API 将各元素渲染到页面上。

6）重绘和重排

当渲染树节点发生改变，但不影响该节点在页面中的空间位置及大小时，会触发浏览器重绘。如某个<div>标签节点的背景颜色、字体颜色等发生改变，但是该<div>标签节点的宽、高、内外边距并不发生变化，此时触发浏览器重绘。

当渲染树节点发生改变，影响了节点的几何属性（如宽、高、内边距、外边距等，或是 float、position、display：none 等），导致节点位置发生变化，此时触发浏览器重排，需要重新生成渲染树。

例如 JavaScript 为某个<div>标签节点添加新的样式"display：none；"，导致该标签被隐藏起来，该标签之后的所有节点位置都会发生改变。此时浏览器需要重新生成渲染树，重新布局，即重排。

> **注意**：重排必将引起重绘，而重绘不一定会引起重排。

3. HTTP

1）HTTP 简介

超文本传输协议（HyperText Transfer Protocol，HTTP）是基于请求/响应模式的应用层协议，该协议详细规定了 Web 服务器和浏览器间数据交互的规则。HTTP 具有以下特点。

● 无连接：每次请求均需要建立连接，服务器对客户端做出响应并收到客户的应答后，断开连接。

● 无状态：协议对于事务处理没有记忆能力。如果后续的处理需要先前的信息，则必须重传，会导致每次连接传送的数据量增大。但是，服务器端如果不需要先前信息，则应答速度会变快。

● 简单灵活：允许传输任意类型的数据，包括音频、视频、图片等。客户端向服务器发送请求时，只需要传输请求方法和路径，因此比较简单，通信速度较快。

2）HTTP 的消息格式

通过请求和响应，浏览器和服务器间会发生消息的传递，借助于浏览器的开发者工具 network 可以看到网页的 HTTP 消息，如图 2-46 所示为 HTTP 消息。

HTTP 规定了请求和响应的报文格式。当客户端和服务器建立连接后，客户端向 Web 服务器端发送 HTTP 请求，Web 服务器接收到请求后对客户端做出响应，发送 HTTP 响应。HTTP 中信息的

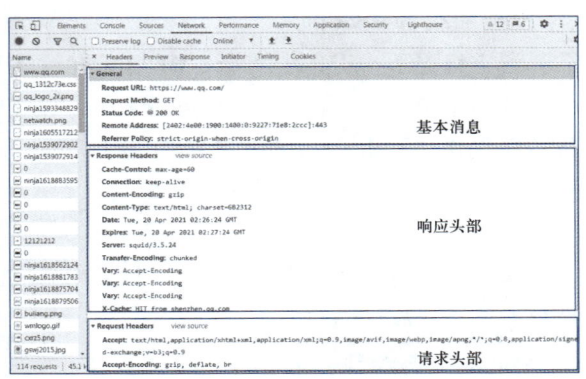

图 2-46　HTTP 消息示例

格式以报文的形式呈现，报文就是有一定格式的字符串。HTTP 规定的报文分为两种：请求报文和响应报文。

　　如图 2-47 所示。一个 HTTP 请求报文由 4 部分组成，分别是请求行、请求头部、空行和请求体。

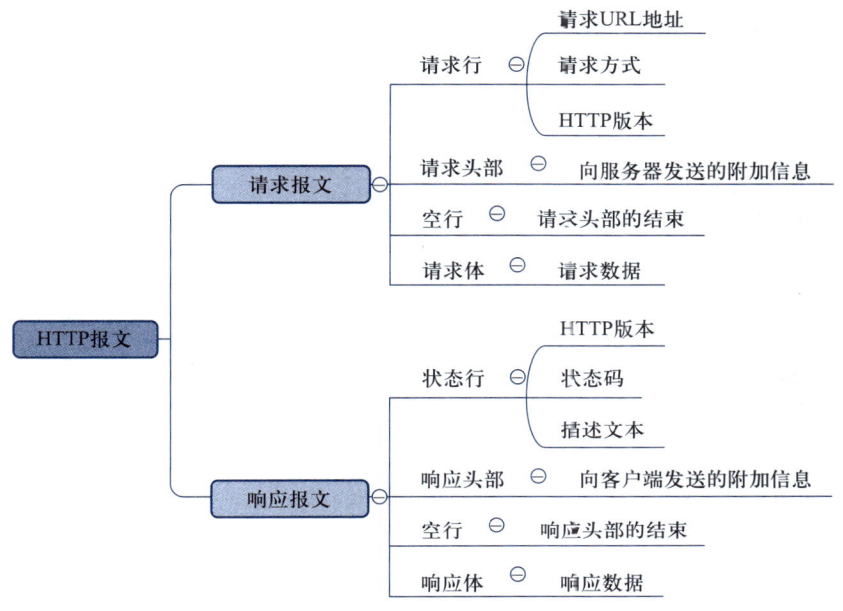

图 2-47　HTTP 报文格式

　　其中请求行由请求 URL 地址、请求方式和 HTTP 版本构成；请求头部由键值对构成，主要包括向服务器传递的附加消息；

　　空行位于最后一个请求头部之后，通知服务器以下不再有请求头部；

　　请求体主要包括请求的数据。

　　统一资源定位器（Uniform Resource Locator，URL）是 WWW 的统一资源定位标志。URL 包含协议、主机名（或 IP 地址/网址）、路径和文件名。基本格式如下。

协议://主机名[:端口号]/路径/文件名

　　其中，协议指定用于传输的规则，通常使用 HTTP。主机名为存放资源服务器的域名系统（DNS）的主机名或 IP 地址。HTTP 的默认端口号为 80（可以省略）。路径由零或多个 "/" 符号隔开的字符串，用来表示主机上的一个目录或文件地址。

　　HTTP 响应报文由 4 部分组成，分别是状态行、响应头部、空行和响应体。其中状态行包括 HTTP 版本、状态码和描述文本，如表 2-12 和表 2-13 所示。响应头部主要是向客户端传递的附加消息。空行位于最后一个响应头部之后，通知客户端以下不再有响应头部。响应体的内容为响应数据，包括服务器返回给客户端的文本信息。

表 2-12   HTTP 状态码分类

分　　类	描　　述
100~200	信息，服务器收到请求
200~300	成功，操作被成功接收并处理
300~400	重定向，需要进一步的操作以完成请求
400~500	客户端错误
500 及以上	服务器错误

表 2-13   HTTP 常见的状态码

状态码	描　　述
200	请求成功
301	资源（网页等）被永久转移到其他 URL
404	请求的资源（网页等）不存在
500	内部服务器错误

3）HTTP 请求响应的流程

① 浏览器通过 DNS 服务器解析 IP 地址；

② 浏览器与 Web 服务器建立 TCP 连接，发送 HTTP 请求；

③ 服务器端响应，向浏览器发送数据；

④ 浏览器解析代码，并请求代码中的资源；

⑤ 关闭 TCP 连接，浏览器对页面进行渲染。

4. JSON 数据交换格式

JSON（JavaScript Object Notation）是一种基于文本，独立于语言的轻量级数据交换格式。JSON 数据易读性强，使用 JSON 更易于进行程序解析和处理。

JSON 通过 JavaScript 解析，是 JavaScript 语法的子集。JSON 数据以键值对的形式表示，语法格式如下。

```
"键名":"键值"
```

其中，键名和键值必须包含在英文双引号中，键值对之间以逗号","分隔，对象用大括号"{}"包围，数组用中括号"[]"包围。

JSON 对象的数据示例如下。

```
{"city":"beijing","AreaCode":"010","temp":"22","isRainy":"true"}
```

JSON 数组的数据示例如下：

```
[
    {"city":"beijing", "AreaCode":"010","temp":"22","isRainy":"false"},
    {"city":"shanghai", "AreaCode":"021","temp":"25","isRainy":"true"},
```

```
{"city":"tianjin","AreaCode":"022","temp":"23","isRainy":"false"}
]
```

注意：JSON 键值的数据类型只能为：字符串（string）、数值（number）、对象（object）、数组（array）、布尔值（true 或 false）、null。

下面通过示例演示 JSON 对象的使用。

编写 HTML 文件，访问 JSON 对象代码如下

```html
<!DOCTYPE html>
<html lang="en">
<head>
    <meta charset="UTF-8">
    <title>访问 JSON 对象</title>
</head>
<body>
    <h2>如何访问 JSON 对象？</h2>
    <p>可以使用点号"."来访问对象的值。</p>
    <p><b>城市:</b><span id="weather1"></span></p>
    <p><b>温度:</b><span id="weather2"></span></p>
    <script>
        // 定义 JSON 对象
        var weatherObj = {
            "city":"beijing",
            "AreaCode":"010",
            "temp":"22",
            "isRainy":"true",
            "ps":"null"
        };
        // 通过点号访问 JSON 对象的值
        document.getElementById("weather1").innerHTML = weatherObj.city;
        document.getElementById("weather2").innerHTML = weatherObj.temp;
    </script>
</body>
</html>
```

在浏览器中查看运行结果如图 2-48 所示

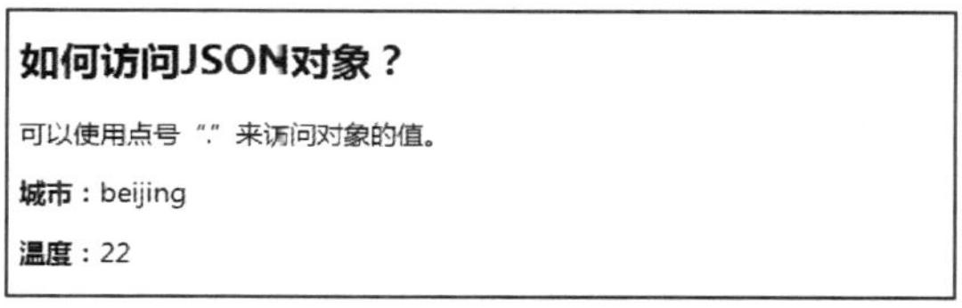

在上述代码 2-39 中添加如下代码，通过 JSON.parse() 将数据转换为 JavaScript 对象，代码如下。

如何访问JSON对象？

可以使用点号 "." 来访问对象的值。

城市：beijing

温度：22

图 2-43 访问 JSON 对象运行结果

```html
<body>
    …
    <h3>使用 JSON.parse() 方法将数据转换为 JavaScript 对象</h3>
    <p><b>城市:</b><span id="jsonObj"></span></p>
    <script>
```

```
...
    // JSON. parse()将数据转换为 JavaScript 对象
        var jsonObj = JSON. parse('{"city":"shanghai","AreaCode":"021","temp":"28"}');
        console. log(jsonObj);
        document. getElementById("jsonObj"). innerHTML = jsonObj. city;
</script>
</body>
```

JSON 接收的服务器端数据通常为字符串，使用 JSON. parse()的方法可以将数据转换为 JavaScript 对象。在浏览器中查看运行结果如图 2-49 所示，在浏览器的控制台中可以查看 JSON. parse()转换的 JavaScript 对象。

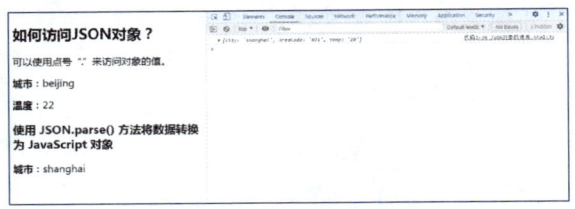

图 2-49   使用 JSON. parse()运行结果

JSON 通常与服务器进行数据交换，向服务器发送字符串，通过 JSON. stringify()可以将 JavaScript 对象转换为字符串。示例如下。

```
// JSON. stringify()将 JavaScript 对象转换为字符串
    var obj = {"city":"tianjin","AreaCode":"022","temp":"23"};
    var myJSON = JSON. stringify(obj);
    // 输出 myJSON 的数据类型
    console. log("myJSON 的数据类型为:"+ typeof myJSON);
    // 页面输出 myJSON 的值
    document. getElementById("myjson"). innerHTML = myJSON;
```

查看浏览器及控制台的运行结果如图 2-50 所示，通过 JSON. stringfy()的方法将 JavaScript 对象转换为字符串。

5. Ajax 原理及操作

1）什么是 Ajax

异步的 JavaScript 和 XML（Asynchronous JavaScript and XML，Ajax）是一种在无须

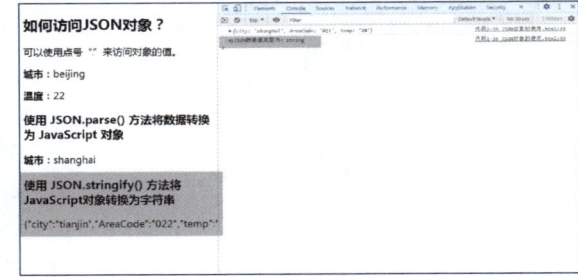

图 2-50   使用 JSON. stringify()的运行结果

重新加载整个网页的情况下，能够与服务器交换数据并更新部分网页的技术。Ajax 不是新的编程语言，而是一种使用现有标准的新方法。

2）Ajax 的优势

（1）不需要任何插件

Ajax 是基于标准化的技术，不需要任何浏览器插件，用户只需要允许 JavaScript 在浏览器上执行即可。

（2）无须刷新更新页面

无须刷新整个页面，对网页的某部分进行数据更新，以减少用户的等待时间，提升用

户体验。

（3）异步通信

Ajax 使用异步方式与服务器通信，不需要打断用户的操作，具有更加迅速的响应能力。

（4）减轻服务器和带宽的负担

Ajax 的原则是"按需取数"，可以最大程度地减少冗余请求和响应对服务器造成的负担。同时，能够把服务器的部分负担转移到客户端，利用客户端的闲置能力处理，以减轻服务器的负担，充分利用带宽资源。

3）Ajax 的工作原理

Ajax 通过异步对象 XMLHttpRequest 向服务器发出异步请求，相当于在用户和服务器之间添加了一个中间层，使用户操作和服务器响应异步化。XMLHttpRequest 不断监听服务器状态的变化，获取服务器返回的数据，利用 JavaScript 操作 DOM 进而更新页面。由于服务器并不是以转发的方式响应，因此能够无刷新获取服务器端的数据。

下面演示 Ajax 的请求流程，使用 Ajax 请求本地 weather. txt 文件。

① 编写 HTML 的基本页，代码如下所示。

```html
<!DOCTYPE html>
<html lang="en">
<head>
    <meta charset="UTF-8">
    <title>Ajax 发送请求</title>
</head>
<body>
    <h2>某地天气</h2>
    <p id="myDiv"></p>
    <button onclick="getAjax()">发送请求</button>
    <script>
        function getAjax(){
            // Ajax 请求流程
        }
    </script>
</body>
</html>
```

运行效果如图 2-51 所示。

② 创建 XMLHttpRequest 对象。XMLHttpRequest 是 Ajax 的基础，用于在后台与服务器交换数据，代码如下所示。

```
……
<script>
    function getAjax(){
        // 创建 XMLHttpRequest 实例
        var xhr = new XMLHttpRequest();
    }
```

某地天气

发送请求

图 2-51　基本页面结果

```
</script>
……
```

③ 利用 open() 方法创建一个新的 HTTP 请求，指定请求方式、请求 URL 等。使用 send() 方法将请求发送至服务器。

向服务器发送请求语法格式如下。

```
open('method','url', async)
send(string)
```

其中，open() 方法的语法规则中参数 method 用于指定请求方式，主要为 get 或者 post；url 表示请求地址；async 指定异步请求或者同步请求，默认异步请求为 true，同步请求为 false。send() 方法的参数 string，仅用于 post 请求。

在 XMLHttpRequest 的代码中添加请求代码如下。

```
// 创建 XMLHttpRequest 实例
…
// 配置请求信息
xhr.open('get','./weather.txt',true);
xhr.send();
…
```

④ 监听状态的变化代码如下。

```
…
xhr.onreadystatechange = function() {
    // 状态发生改变时执行的功能
}
…
```

使用 XMLHttpRequest 对象的 onreadystatechange 属性监听状态。当 readyState 属性改变时，就会触发 onreadystatechange 事件。readyState 属性存有 XMLHttpRequest 的状态信息，如表 2-14 所示。

表 2-14　XMLHttpRequest 的常用属性

属性名	数　　值	描　　　　述
onreadystatechange		存储函数当 readyState 属性改变时，就会调用该函数
readyState	0	请求未初始化
	1	服务器连接已建立
	2	请求已接收
	3	请求处理中
	4	请求已完成，且响应已就绪
status	200	服务器成功接收客户端请求
	404	未找到页面

接收响应数据，并更新页面，代码如下。

```
xhr. onreadystatechange = function( ) {
    if ( xhr. readyState = = 4 && xhr. status = = 200) {
        document. getElementById( "myDiv" ). innerHTML = xhr. responseText;
    }
}
```

当请求已完成并且服务器成功地接收客户端请求时，可以使用 XMLHttpRequest 对象的 responseText 或 responseXML 属性获得服务器的响应。其中，responseText 属性获得字符串形式的响应数据，responseXML 属性获得 XML 形式的响应数据。

如图 2-52，当单击"发送请求"按钮时，触发 Ajax 请求。XMLHttpRequest 实例通过异步方式请求本地文件"weather.txt"，open( )方法与服务器建立连接，send( )方法向服务器发送数据。当 XM-LHttpRequest 实例监听到服务器成功接收客户端请求时，XMLHttpRequest 实例将从外部获取响应数据，并对页面进行局部更新，实现 Ajax 的异步请求及局部刷新。

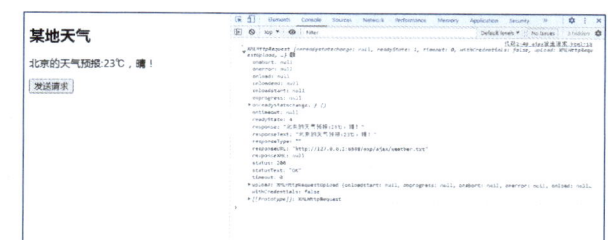

图 2-52　Ajax 请求结果

> **注意**：在本例中，为了解决本地浏览器的跨域问题，需要将项目部署至 Web 服务器方可实现访问本地数据。

4）jQuery 操作 AJAX

原生的 Ajax 主要使用 XMLHttpRequest 对象实现请求，代码相对复杂，并且浏览器的兼容性问题也比较突出。jQuery 对 Ajax 的异步操作进行了封装，提供了相关方法从远程服务器请求数据，极大地简化了开发的流程。表 2-15 jQuery 和 Ajax 列出了常用的 API。

表 2-15　jQuery 和 Ajax 常用的 API

函　　数	描　　述
$. get(url[,data] [,callback][,datatype])	使用 HTTP GET 请求从服务器加载数据。其参数具体功能如下。 url：请求地址； data：发送至服务器的数据； callback：请求成功时的回调函数； datatype：服务器返回的数据类型
$. post(url[,data] [,callback][,datatype])	使用 HTTP POST 请求从服务器加载数据。其参数具体功能如下。 url：请求地址； data：发送至服务器的数据； callback：请求成功时的回调函数； datatype：服务器返回的数据类型

续表

函　　数	描　　述
$.getJSON(url,[callback])	使用 HTTP GET 请求从服务器加载 JSON 数据。其参数具体功能如下。 url：请求地址； callback：请求成功时的回调函数
$.getScript(url,[callback])	使用 HTTP GET 请求从服务器加载 JavaScript 文件，并执行该文件。其参数具体功能如下。 url：请求地址； callback：请求成功时的回调函数
$.load(url[,data][,complete])	从服务器加载数据并插入到 DOM 中。其参数具体功能如下。 url：请求地址； data：发送至服务器的数据； complete：请求成功时的回调函数

（1）$.ajax()

jQuery 通常采用 $.ajax() 方法实现 Ajax 异步通信的功能，$.ajax() 方法是 jQuery 最低层的 Ajax 的实现，其他方法都是基于此方法实现的，语法格式如下。

```
$.ajax({
    type:get/post              // 规定请求的类型
    url:URL 地址                // 规定发送请求的 URL,默认是当前页面
    async:true/false,          // 请求是否异步处理
    data:"",                   // 规定发送至服务器端的数据
    dataType:json/jsonp/xml/javascript,   // 返回的数据类型或者解决跨域
    success:function(res,status,xhr){},   // 请求成功时运行的函数
    error: function(xhr,status,error){},  // 请求失败时运行的函数
    timeout:"",                // 设置本地的请求超时(以毫秒计)
    …
    // 其他参数详见表 2-16
})
```

使用 jQuery 操作 Ajax 的语法及参数如表 2-16 所示。

表 2-16　jQuery 操作 Ajax 的语法参数

参数名称	参数值/类型	参数描述
async	布尔值，默认为 true	表示请求是否异步处理
beforeSend(xhr)	function	发送请求前运行的函数
cache	布尔值，默认为 true dataType 为 script 和 jsonp 时默认为 false	表示浏览器是否缓存被请求页面
complete(xhr,status)	function	请求完成时运行的函数（在请求成功或失败之后均调用，即在 success 和 error 函数之后）

续表

参数名称	参数值/类型	参数描述
contentType	string。默认是"application/x-www-form-urlencoded"。	发送数据到服务器时所使用的内容类型
context	object	为所有 Ajax 相关的回调函数规定"this"值
data	string	规定要发送到服务器的数据
dataFilter(*data*,*type*)	function	用于处理 XMLHttpRequest 原始响应数据的函数
dataType	string	预期的服务器响应的数据类型
error(*xhr*,*status*,*error*)	function	如果请求失败要运行的函数
global	布尔值，默认为 true	规定是否为请求触发全局 Ajax 事件处理程序
ifModified	布尔值，默认为 false	规定是否仅在最后一次请求响应发生改变时才请求成功
jsonp	string	在一个 jsonp 中重写回调函数的字符串
jsonpCallback	string	在一个 jsonp 中规定回调函数的名称
password	string	规定在 HTTP 访问认证请求中使用的密码
processData	布尔值，默认为 true	规定通过请求发送的数据是否转换为查询字符串
scriptCharset	string	规定请求的字符集。只有当请求时 dataType 为 jsonp 和 script 时，并且 type 为 get 才会强制修改 charset。通常只在本地和远程的内容编码不同时使用
success(*result*,*status*,*xhr*)	function	当请求成功时运行的函数
timeout	number	设置本地的请求超时时间（以毫秒计），此设置将覆盖全局设置
traditional	布尔值	规定是否使用参数序列化的传统样式
type	get/post	规定请求的类型
url	URL 地址，默认是当前页面	规定发送请求的 URL
username	string	规定在 HTTP 访问认证请求中使用的用户名
xhr	function	用于创建 XMLHttpRequest 对象的函数

下面通过示例演示 jQuery 操作 Ajax 请求本地文件。

① 创建 JSON 文件：weather.json，具体代码如下。

```
[
    {"city":"北京","AreaCode":"010","temp":"22℃","weather":"晴","AQI":"优"},
    {"city":"上海","AreaCode":"021","temp":"26℃","weather":"雨","AQI":"优"},
    {"city":"天津","AreaCode":"022","temp":"23℃","weather":"阴","AQI":"优"}
]
```

② 创建 HTML 编写基本页面，具体代码如下。

```html
<body>
    <h1>天气预报</h1>
    <table class="city">
        <tr>
            <th>城市</th>
            <th>区号</th>
            <th>气温</th>
            <th>天气情况</th>
            <th>空气质量</th>
        </tr>
    </table>
</body>
```

③ 编写 CSS 样式，具体代码如下。

```css
<style>
    body{text-align: center;}
    table{
        border: 1px solid black;
        text-align: center;
        font-size: 20px;
        margin: auto;
        border-collapse: collapse;
        width: 600px;
    }
    td,th{
        border: 1px solid black;
        padding: 10px;
    }
</style>
```

④ 利用 jQuery 操作 Ajax，获取本地 JSON 文件的数据，具体代码如下。

```html
<!-- 引入 jQuery -->
<script src="./jquery-3.4.1.min.js"></script>
<script>
// 调用 ajax()方法
$.ajax({
    type:"get",                // get 请求方式
    url:"./weather.json",      // 请求文件
    dataType:"json",           // 服务器返回 JSON 数据
    // 请求成功时,遍历服务器的返回数据,并渲染页面
    success:function(data){
        console.log(data);
        for(var i in data){
            $(".city").append("<tr><td>" +data[i].city+"</td><td>" + data[i].AreaCode
                +"</td><td>" + data[i].temp +"</td><td>" +data[i].weather
                +"</td><td>" +data[i].AQI+"</td></tr>")
```

```
            }
        },
        // 请求失败时,在控制器中返回错误
        error:function(err){console.log(err);}
    });
</script>
```

上述代码中，通过 get 请求获取本地 JSON 文件，当请求成功时，对返回数据进行遍历，并通过 append()将数据追加至表格。运行结果如图 2-53 所示。

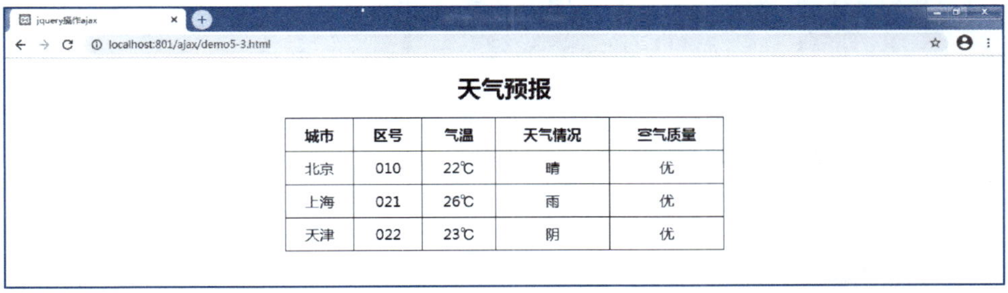

城市	区号	气温	天气情况	空气质量
北京	010	22℃	晴	优
上海	021	26℃	雨	优
天津	022	23℃	阴	优

图 2-53　使用 jQury 操作 Ajax

注意： 在本例中，为了解决本地浏览器的跨域问题，需要将项目部署至 web 服务器方可实现访问本地数据。

（2）$. get()方法

$. get()方法使用 HTTP GET 请求从服务器加载数据，参数在 URL 地址中传递，方法简单易用，使用 $. get()方法获取天气预报的数据示例如下。

创建 HTML 文件，将上例中的 $. ajax()方法改为 $. get()方法，实现 Ajax 请求。具体实现代码如下。

```
// 此处为修改的代码
...
<script>
    // 调用 get()方法
    $.get("./weather.json",            // 请求地址
        function(data){                // 请求成功的回调函数
            console.log(data);
            for(var i in data){
                $(".city").append("<tr><td>" + data[i].city +"</td><td>"
                    +data[i].AreaCode+"</td><td>"+ data[i].temp +"</td><td>"+
                    data[i].weather +"</td><td>"+data[i].AQI+"</td></tr>")
            }
        }
    );
  </script>
...
```

运行效果与图 2-53 相同。

值得一提的是，$.getJSON() 的方法与 $.get() 方法功能类似，区别是前者只能获取 JSON 格式的数据，后者可以获取多种格式的数据。

$.post() 方法使用 HTTP POST 请求从服务器加载数据，结构和使用方式与 $.get() 方法相同。

（3）$.getScript() 方法

$.getScript() 使用 HTTP GET 请求从服务器加载 JavaScript 文件，并且无须对 JavaScript 文件进行处理，直接执行该文件。使用 $.getScript() 方法实现 Ajax 请求示例如下。

① 创建 demo2-43.js 文件，编写如下代码，用于加载该文件。

```
document.getElementById('text').innerHTML = "这是 Ajax 请求的 JS 文件"
```

② 创建 HTML 文件，编写如下代码。

```
<body>
    <input type="button" id="btn" value="获取 JS 文件">
    <p id="text"></p>
    <script src="./jquery-3.4.1.min.js"></script>
    <script>
        $('#btn').click(function(){
            $.getScript('./代码 2-43.js');
        })
    </script>
</body>
```

本例中，单击"获取 JS 文件"按钮，通过 $.getScript() 方法加载 JS 文件，并且直接执行该文件，运行结果如图 2-54 所示。

（4）load() 方法

load() 方法从服务器加载数据，并把返回的数据放置到指定的元素中。使用 load() 方法实现 Ajax 请求载入 HTML 文档如下。

① 创建 2-44_load.html，作为 Ajax 载入文档，编写如下代码。

图 2-54　使用 $.getScript() 方法实现 Ajax 请求

```
<body>
    <h2>这是 Ajax 请求载入的文档</h2>
    <p>load() 方法可以成功地加载该文档</p>
</body>
```

② 创建 2-44.html，加载代码 2-44_load.html。

```
<body>
    <h2>load() 实现 Ajax 请求载入 HTML 文档</h2>
    <div id="div"
        style="border:1px solid black;width:400px;height:300px;padding:15px;">
    <input type="button" value="单击载入 HTML 文档" id="show">
```

```
</div>
<script src="./jquery-3.4.1.min.js"></script>
<script>
    $('#show').click(function() {
        $('#div').load('./代码 2-44_load.html');
    })
</script>
</body>
```

运行效果如图 2-55 所示，当单击"单击载入 HTML 文档"按钮时，能够通过 Ajax 发送请求，载入 demo5-6_load.html 文档，并将其放置于 `<div id="div">` 标签内。

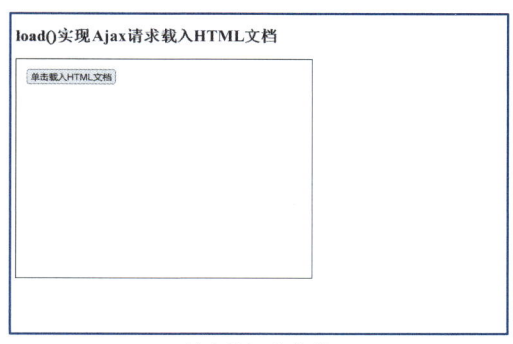

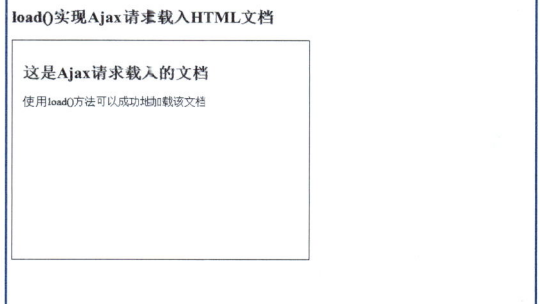

(a) 单击按钮前的效果   (b) 单击按钮后的效果

图 2-55   load()实现 Ajax 请求载入 HTML 文档

5）Ajax 的跨域

浏览器出于安全方面的考虑，只允许访问来自同一站点的资源，即浏览器的同源策略。同源策略是浏览器最核心、最基本的安全功能。

同源是指协议、域名、网址相同。如表 2-17 所示，相对于 URL 地址 http://www.exp.com/index.html 的同源检测结果。

表 2-17   同源策略检测示例

URL 地址	检测结果
http://www.exp.com/index.html	检测成功（协议，域名，端口均相同）
http://www.exp.com：9090/index.html	检测失败（端口不同）
https://www.exp.com/index.html	检测失败（协议不同）
http://www.exam.com/index.html	检测失败（域名不同）

协议、域名、端口中有任何一个不相同，即为不同的域。不同域之间的请求就是跨域请求，除非建立信任关系，否则无法互相访问。不同源地址间默认不能相互发送 Ajax 请求。

（1）JSONP 实现跨域请求

浏览器阻止 Ajax 跨域请求提高了网络的安全性，但也给正常的跨域带来了问题。实际应用中，需要突破跨域的限制实现正常的网络访问。在浏览器中，<script><img><link><iframe>标签不受浏览器同源策略的影响，允许跨域引用资源。JSONP（JSON with Padding）是一种非官方跨域请求数据的交互协议，利用<script>标签元素的 src 属性请求服务器端的资源实现跨域请求。JSONP 是目前较为流行的一种跨域请求方法。使用 JSONP 实现跨域请求的策略如下。

① 在测试站点 www. test. com：800 中创建 PHP 文件 test. php，编写如下代码。

```php
<?php
// 在服务端返回 JavaScript 格式数据给浏览器端
header('Content-Type:application/javascript');
// 定义数据
$data = array('city'=>'北京','temp'=>'23℃','SD'=>"40%");
// 将 $data 编码为 JSON 格式
$json = json_encode($data);
// 输出调用函数 test()
echo "test($json)";
```

② 在客户端 localhost：801 中创建 HTML 文件，通过<script>标签引入测试文件 test. php，定义测试函数 test()，具体代码如下。

```html
<script>
    function test(data){
        alert(data);
    }
</script>
<script src="http://www.test.com:800/test.php"></script>
```

运行 HTML 文件，效果如图 2-56 所示。

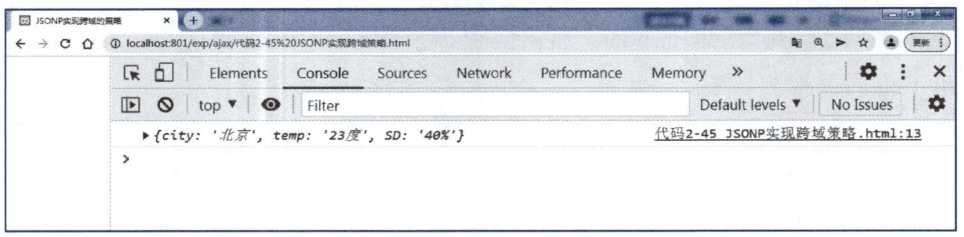

图 2-56 使用 JSONP 实现跨域的策略

jQuery 对 JSONP 进行了封装，通过设置 dataType 的属性为"jsonp"实现 JSONP 跨域。使用 jQuery 封装 JSONP 实现跨域请求示例如下。

① 在测试站点 www. test. com:800 中创建 PHP 文件 data. php。具体代码如下。

```php
<?php
// 创建测试数据
$data = array('city'=>'beijing','temp'=>'23℃');
// 将 $data 编码为 JSON 格式
```

```
$json = json_encode($data);
// 获取在浏览器端设置的回调函数名
$callback = $_GET['callback'];
echo $callback.'('.$json.')';
?>
```

② 在客户端 localhost:801 中创建 HTML 文件，引入 jQuery，通过 Ajax 获取 http://www.test.com:800/data.php 中的数据。具体代码如下。

```
<input type="button" onclick="getWeather()" value="获取天气预报"/>
<script src="./jquery-3.4.1.min.js"></script>
<script>
    function getWeather() {
        $.ajax({
            type:"get",                              // get 请求方式
            url:"http://www.test.com:800/dataJsonp.php",    // 请求文件
            // 请求成功时,在控制器中返回数据
            success:function(data) { console.log(data); },
            // 请求失败时,在控制器中返回错误
            error:function(err) { console.log(err); }
        });
    }
</script>
```

由于客户端 http://localhost：801 与请求的文件 http://www.test.com：800/data.php 的域名及端口号均不相同，受浏览器同源策略的影响，会出现如图 2-57 所示的错误提示。

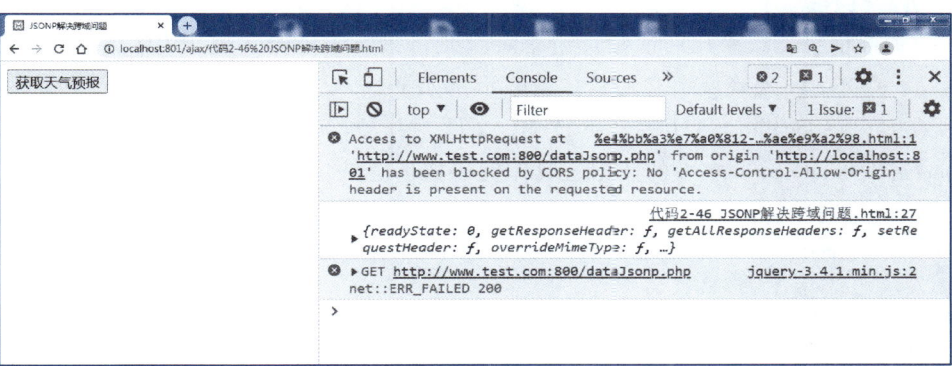

图 2-57　同源策略限制访问的错误提示

③ 在 $.ajax() 的方法中添加 dataType 属性，代码如下。

```
……
    $.ajax({
        ……
        dataType:"jsonp",        // 服务器返回 jsonp 数据
        jsonp:"callback",        // 返回 jsonp 回调函数名
```

```
      ......
｝)
</script>
```

通过 jQuery 封装的 JSONP 实现跨域请求，获取服务器端的资源数据，运行效果如图 2-58 所示，实现了跨域请求，并获取相关数据。

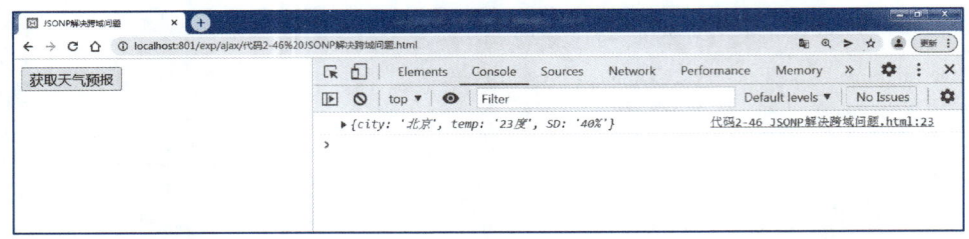

图 2-58　通过 JSONP 解决跨域问题

JSONP 的本质是从其他域中加载代码执行。如果其他域不安全，很可能会在响应中带有一些恶意代码，因此加载前一定要确保对方域的安全性。

（2）CORS 实现跨域请求

由于 JSONP 仅支持 GET 请求，对于较为复杂的 POST 请求和其他类的请求，则需要利用跨域资源共享（Cross-origin resource sharing，CORS）解决跨域问题。CORS 允许浏览器向跨域的服务器发出 XMLHttpRequest 请求，从而克服了 Ajax 只能同源使用的限制。CORS 需要浏览器和服务器同时支持。目前，所有浏览器都支持该功能。整个 CORS 通信的过程，都是由浏览器自动完成，不需要用户参与。对于开发者来说，CORS 通信与普通的 Ajax 通信没有差别，代码完全一样。浏览器一旦发现 Ajax 请求跨域，就会自动添加一些附加的头部信息，或多出一次附加请求。因此，只要服务器实现了 CORS 接口，就可以跨域通信。CORS 实现跨域请求的具体策略示例如下。

① 在客户端 localhost:801 中创建 HTML 文件，引入 jQuery，通过 Ajax 获取 http://www.test.com:800/dataCors.php 中的数据，具体代码如下。

```
<input type="button" onclick="getWeather()" value="获取天气预报"/>
<script src="./jquery-3.4.1.min.js"></script>
<script>
    function getWeather() {
        $.ajax({
            type:"get",                                   // get 请求方式
            url:"http://www.test.com:800/dataCors.php",   // 请求文件
            // 请求成功时,在控制器中返回数据
            success:function(data){console.log(data);},
            // 请求失败时,在控制器中返回错误
            error:function(err){ console.log(err); }
        });
    }
</script>
```

由于客户端 http://localhost:801 与请求的文件 http://www.test.com:800/data.php 的域名及端口号均不相同，受浏览器同源策略的影响，出现如图 2-57 所示的错误提示。下面通过 CORS 策略解决跨域问题，只需要在服务器端设置即可，无须改动客户端的代码。

② 在测试站点 www.test.com：800 中创建 PHP 文件 dataCors.php，代码如下。

```php
<?php
// 创建测试数据
$data = array('city'=>'北京','temp'=>'23℃','SD'=>"40%");
// 添加 CORS 请求头字段
header('Access-Control-Allow-Origin: *');
// 返回 JSON 数据格式
header('Content-Type:application/json');
echo json_encode($data);
?>
```

在服务器端添加 CORS 请求头字段 header 中加入 origin 请求头字段，Access-Control-Allow-Origin 字段为允许跨域请求的源，其中 * 表示所有域，也可以是具体的域名。请求时浏览器在请求头的 Origin 中说明请求的源，服务器收到后发现允许该源跨域请求，则会成功返回数据。

测试结果如图 2-59 所示。

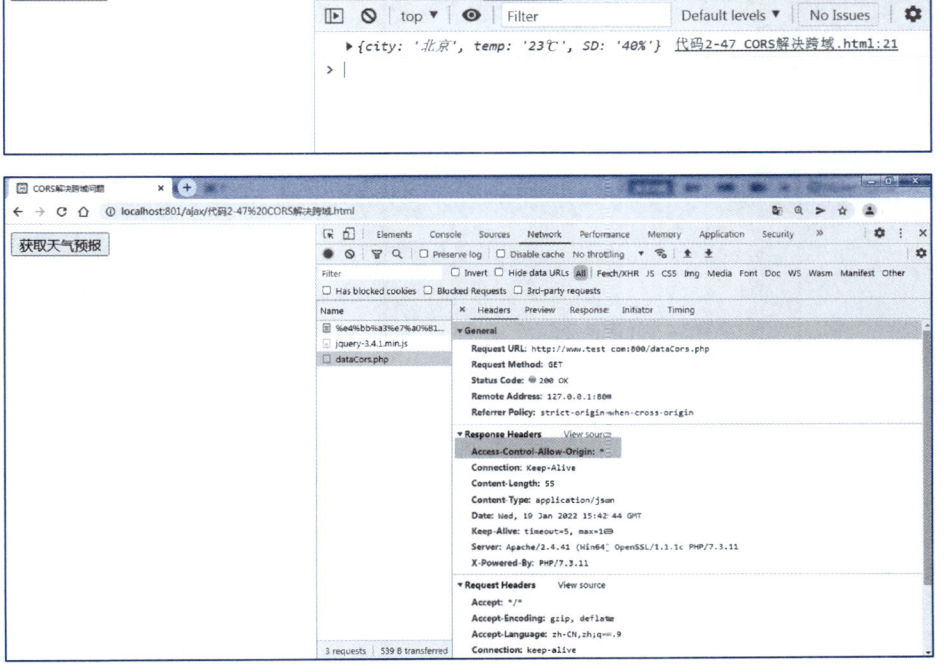

图 2-59　通过 CORS 解决跨域问题

任务实施

1. 基本 HTML 结构

页面结构主要有头部导航和主体内容构成具体代码如下。

```
<div>
    <!-- 头部导航 -->
    <div class=" container ">
        ...
    </div>
    <!-- 主体内容 -->
    <div class="body">
        ......
    </div>
</div>
```

2. 头部导航

头部导航的 HTML 结构，主要分为 Logo 和右侧内容。其中右侧内容包括城市名称，"添加关注"以及"热门城市"输入框。

```
<div class="container">
    <div class="header">
        <img id="logo" src="../前端页面/imgs/logo.png" alt="">
        <div class="right">
            <div class="city">
                <i class="fa fa-map-marker" style="color：#fff;font-size：20px;"></i>
                <span class="txt-cur-location"> 北京市</span>
            </div>
                <a class="hasAttention" >[添加关注]</a>
            <div class="ct-search">
                <input type="text" autocomplete="off" class="i-location" name="city" placeholder="搜索市、区、县等">
                <div class="cityselect">
                    <p>热门城市</p>
                    <button>北京</button>
                    <button>上海</button>
                    <button>深圳</button>
                    <button>广州</button>
                    <button>郑州</button>
                </div>
            </div>
        </div>
    </div>
</div>
```

头部导航的 CSS 样式中"热门城市"列表默认是隐藏，当输入框获取到焦点时显示热门城市列表，通过 opacity 的属性控制器显示与隐藏。由于单击"热门城市"中选项时需要发生 Ajax 请求，因此不能通过 display 属性控制其隐藏和显示，否则无法发送 Ajax 请求。代码如下。

代码：任务 2-3
腾讯天气头部
导航 CSS 代码

3. 主体内容

主体内容的结构，主要包含天气情况的描述。代码如下。

4. Ajax 数据请求

代码：任务 2-3
腾讯天气主体
内容 H5+CSS3

为热门城市添加单击事件，当单击热门城市时获取城市名称并发送 Ajax 请求，应用 jQuery 操作 Ajax，注意要先引入 jQuery。具体代码如下。

```
<div class = "cityselect" >
  <p>热门城市</p>
  <button value = "北京" onclick = "load(this.value)">北京</button>
  <button   value = "上海" onclick = "load(this.value)">上海</button>
  <button   value = "深圳" onclick = "load(this.value)">深圳</button>
  <button   value = "广州" onclick = "load(this.value)">广州</button>
  <button   value = "郑州" onclick = "load(this.value)">郑州</button>
</div>
```

Ajax 请求需要明确请求的地址和请求的方式，以及如何处理响应数据。具体代码如下。

```
<script src = "jquery-3.4.1.min.js"></script>
<script>
  function load(value) {
    $.ajax({
      // 请求地址
      url:'/ajax/weatherdata.php? city ='+value,
      // 请求方式
      type:'get',
      // 数据类型
      dataType:'json',
      // 响应成功
      success:function(data) {
        // 将响应数据写入页面
        $('.txt-cur-location').html(data.name);
        $('.txt-temperature').html(data.temp);
        $('#txt-info-aqi').html(data.pm);
        $('#txt-weather').html(data.weather);
        $('.tag').html(data.warm);
        $('#txt-wind').html(data.wind);
        $('#txt-humidity').html(data.wet);
        $('#txt-pa').html(data.pa);
        $('#img').attr('src',data.img);
```

```
            if( !data. warm) {
                $('. level01'). css('display','none');
            }
            $('#txt-tips'). html(data. text);
        }
    })
}
</script>
```

　　使用配套资源的后端代码时，实现访问前请将 xampp 的 apache 服务启动，并且将前端和后台代码存放在 xampp/htdocs 的自建目录下。

知识拓展

　　浏览器向服务器发起请求，最常用的请求方式是 GET 和 POST。
　　GET 请求从指定资源中请求数据。使用 GET 请求时，查询字符串被附加在 URL 地址后面以"?"为标识发送至服务器，多个参数之间用 & 隔开。示例如下：

```
http://www. example. com/home?  id = 1&name = tom
```

　　GET 请求主要用以获取数据，能够被缓存，并且能够保存在浏览器的浏览记录中。由于 GET 请求通过 URL 提交数据，URL 本身对于数据没有限制，但是不同的浏览器对于 URL 是有限制的，因此传输的数据量一般限制在 2kB。主要用来传输一些可以公开的参数信息，如百度搜索的关键词。
　　POST 方法用于将数据发送到服务器以创建或更新资源，数据被包含在请求体中。POST 请求可能会导致新资源的建立或已有资源的修改。使用 POST 请求，查询字符串在 POST 信息中单独存放，与 HTTP 请求一起发送至服务器。示例如下：

```
https://www. w3school. com. cn/html/index. asp
host: w3school. com. cn
id = 2&name = tom
```

　　POST 请求不能缓存，不会保存在浏览记录中，对于数据大小是无限制的，真正影响到数据大小的是服务器处理程序的能力。POST 方法可以用来提交一些用户敏感信息。

项目实训　微信朋友圈的组件化设计

项目 2-项目实训

实训目的

- 掌握 jQuery 的基本操作，以及 jQuery 中事件处理，动画特效的应用；

- 掌握 Ajax 异步通信，能够实现无刷新自动更新页面数据；
- 掌握面向对象的 DOM 编程，为组件化和模块化开发打下基础；
- 能够综合运用本项目的知识内容进行封装和抽象，实现界面组件化设计。

实训内容

在项目 1 中已经通过 HTML+CSS 实现了微信朋友圈的静态页面，本项目的实训内容在原有静态页面的基础上，实现微信朋友圈的组件化开发。根据微信朋友圈的消息类型可分为单图消息、多图消息、无图消息和分享消息，如图 2-60 所示，在页面获取数据后完成数据渲染。

通过对其功能及界面的分析，主要包含组件面向对象的 JavaScript 和 jQuery 应用实现评论点赞内容模块、分享消息模块、图片放大模块组件、多张消息图片组件、单张消息图片组件等，其功能如下。

① 回复按钮功能：单击回复按钮，弹出带有文本输入框的回复操作面板，同时只能展现一个回复操作面板，单击非回复操作面板的区域，隐藏回复操作面板，如图 2-61 所示。

② 点赞功能：对于未点赞的信息，单击回复按钮，展现"点赞"按钮；对于已点赞的信息，单击回复按钮，展现"取消"按钮；单击"点赞"按钮，完成点赞；单击"取消"按钮，取消点赞，如图 2-62 所示。

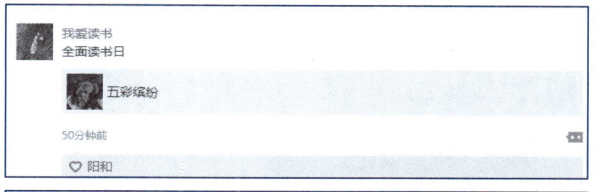

图 2-60　消息分类效果图

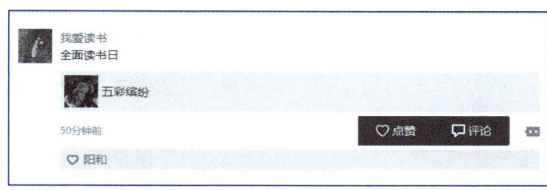

图 2-61　回复按钮功能

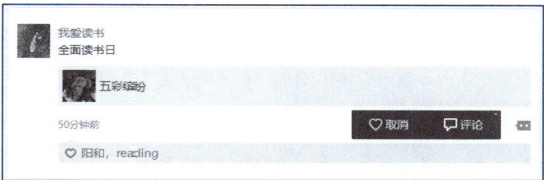

图 2-62　点赞功能

③ 增加评论功能：单击"评论"按钮，底部展现输入框和"发送"按钮；当文本框为空，"发送"按钮为灰色不可单击状态；当文本框不为空，"发送"按钮为绿色且单击可发送，在信息栏中增加信息，如图 2-63 所示。

④ 图片放大功能：单击信息中的图片，展示放大后图片；单击放大展示的图片区域，隐藏放大图片区域，如图 2-64 所示。

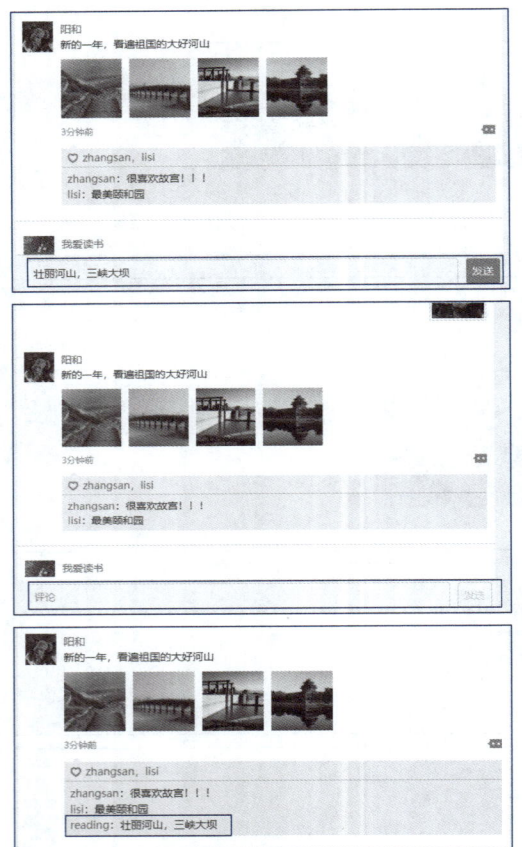

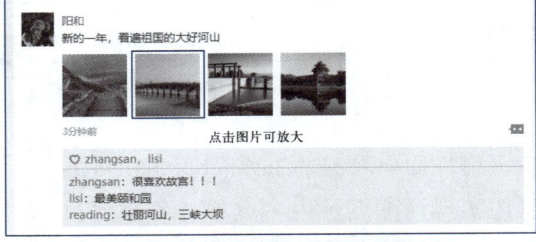

图 2-63　增加评论功能

图 2-64　图片放大功能

问题引导

在项目一中仅完成了页面的设计，通过对朋友圈功能的分析，需要实现点赞和评论等功能，点赞和评论后显示点赞人列表和评论内容的效果，同时针对相同的消息类型要能够实现代码的复用。

针对以上问题，本次实训解决如下问题。

● 创建数据对象，数据对象是页面渲染的核心，如何分析数据的结构，并且根据数据渲染页面？

- 如何对消息进行分类？
- 页面需要监听哪些事件？
- 采用什么方式封装不同的功能以及组件？

实训步骤

由于静态页面结构已在项目 1 的项目实训中进行了分析，本实训仅讲述需要更新修改的部分，完整代码详见源码资料。根据实训内容，将 UI 和实现功能进行组件化设计，具体步骤如下。

1. 创建项目工程

创建名为 comments 的项目工程及文件，项目文件及类型如表 2-18 所示。

表 2-18　项目文件

类　　型	文　　件	说　　明
HTML 文件	comments. html	页面结构文件
CSS 文件	common. css	通用样式文件
	style. css	页面样式文件
JS 文件	app. js	页面业务逻辑文件
	jquery-3. 4. 1. min. js	jQuery 文件

2. HTML 结构文件

创建 comments. html 页面文件，由于在本项目中各类型的消息组件通过 app. js 的业务逻辑生成，因此在项目 1 的基础上有较大的修改。

① \<header\>标签显示个人信息包括个人 banner 显示，用户名及头像显示，具体代码如下。

```
<!DOCTYPE html>
<html>
<head>
    <meta charset="UTF-8">
    <meta name="viewport" content="width=device-width, initial-scale=1.0">
    <meta http-equiv="X-UA-Compatible" content="ie=edge">
    <title>朋友圈信息流</title>
    <!-- 引入样式文件 -->
    <link rel="stylesheet" href="./css/common.css" type="text/css" rel="stylesheet">
    <link rel="stylesheet" href="./css/style.css" type="text/css" rel="stylesheet">
</head>
```

```html
<body>
    <div class="page-moments">
        <!-- 头部显示个人信息 -->
        <header class="header">
            <div class="header-banner"></div>
            <div class="header-user">
                <span class="user-name">Lu 仔酱</span>
                <a class="user-link" href="#"><img src="./img/avatar1.png" width="70" height="70"
alt=""></a>
            </div>
        </header>
    </div>
</body>
</html>
```

　　CSS 文件与项目 1 中的 CSS 文件相同，因此不再重复展示，只需引入项目 1 的 common. css 和 style. css 文件即可。

　　② 使用<div>标签创建朋友圈主体——消息列表容器，具体代码如下。

```html
<div class="page-moments">
    ...
    <div class="moments-list">
        <!-- 消息内容 -->
    </div>
</div>
```

　　③ 使用<div>标签创建放大图片组件，具体代码如下。

```html
<div class="page-moments">
    ...
    <!-- 放大图片组件 -->
    <div class="enlarge-image">
        <img src="">
    </div>
</div>
```

　　④ 使用<div>标签创建回复面板组件，具体代码如下。

```html
<div class="page-moments">
    ...
    <!-- 回复面板 -->
    <div class="reply-panel">
        <div class="reply-btn js-like">
            <i class="icon-like"></i>
            <span class="reply-btn-text">点赞</span>
        </div>
        <div class="reply-btn js-unlike">
            <i class="icon-like"></i>
```

```
            <span class="reply-btn-text">取消</span>
        </div>
        <div class="reply-btn js-comment">
            <i class="icon-comment"></i>
            <span class="reply-btn-text">评论</span>
        </div>
    </div>
</div>
```

⑤ 使用<div>标签创建评论组件，具体代码如下。

```
<div class="page-moments">
    ...
    <!-- 评论组件 -->
    <div class="commenter">
        <input class="commenter-input" text="text" placeholder="评论">
        <button class="js-send-msg">发送</button>
    </div>
</div>
```

3. 业务逻辑文件——页面数据

① 创建 app.js 文件，并在 HTML 页面中导入 app.js 文件及 jQuery 文件。具体代码如下。

```
<!-- 引入 jQuery -->
<script src="./js/jquery-3.4.1.min.js"></script>
<!-- 业务逻辑代码 -->
<script src="./js/app.js"></script>
```

② 创建朋友圈的页面数据。

相关参数说明如下所示。

userName：用户名称（可修改为自己的名字）。

data：页面消息数据对象数组，需要对这个数据进行解析，并生成页面。data 是一个对象数组，其数组成员为每一条消息数据的对象。

data 每一条消息对象的结构如表 2-19 所示。

表 2-19　消息对象的结构

属性名	类　　型	备　　注
user	Object	发送消息的用户的信息
content	Object	消息的内容
reply	Object	消息的评论点赞信息

user 对象的组成结构如表 2-20 所示。

表 2-20　user 对象的结构

属性名	类　型	备　注
name	String	发送消息的用户的名称
avatar	String	发送消息的用户的头像地址

content 对象的组成结构如表 2-21 所示。

表 2-21　content 对象的结构

属性名	类　型	备　注
type	Number	消息的类型，共有 4 种值（0 代表多图片消息；1 代表分享信息；2 代表单图片消息；3 代表无图片消息）
text	String	消息的文本内容
pics	Array	消息相关图片地址列表
share	Obejct	分享消息内容对象
timeString	String	消息的发送时间字符串

其中，content. share 分享数据对象组成如表 2-22 所示。

表 2-22　content. share 对象的结构

属性名	类　型	备　注
pic	String	分享消息的图片
text	String	分享消息的文本

reply 对象的组成结构如表 2-23 所示。

表 2-23　reply 对象的组成结构

属性名	类　型	备　注
hasLiked	Boolean	是否已对这条消息进行点赞
likes	Array	消息已点赞的用户列表
comments	Array	消息相关的评论信息列表

其中，reply. comments 数组对象中每一项对象都代表评论的信息，其组成结构如表 2-24 所示。

表 2-24　reply. comments 数组对象的组成结构

属性名	类　型	备　注
author	String	消息评论的用户名称
text	String	消息评论的文本内容

页面数据的具体代码如下。

```
// 可以修改为自己微信的名字
var userName = '阳和';
// 朋友圈页面的数据
var data = [ {
    user: {
        name: '阳和',
        avatar: './img/avatar2.png'
    },
    content: {
        type: 0, // 多图片消息
        text: '新的一年,看遍祖国的大好河山',
        pics: ['./img/reward1.png', './img/reward2.png', './img/reward3.png', './img/reward4.png'],
        share: {},
        timeString: '3 分钟前',
    },
    reply: {
        hasLiked: false,
        likes: ['zhangsan', 'lisi'],
        comments: [{
            author: 'zhangsan',
            text: '很喜欢故宫!!!'
        },{
            author: 'lisi',
            text: '最美颐和园'
        }]
    }
}, {
    user: {
        name: '我爱读书',
        avatar: './img/avatar3.png'
    },
    content: {
        type: 1, // 分享消息
        text: '全面读书日',
        pics: [],
        share: {
            pic: './img/avatar2.png',
            text: '五彩缤纷'
        },
        timeString: '50 分钟前',
    },
    reply: {
        hasLiked: false,
        likes: ['阳和'],
        comments: []
    }
```

```
}, {
    user: {
        name: '天道酬勤',
        avatar: './img/avatar4.png'
    },
    content: {
        type: 2, // 单图片消息
        text: '上下五千年文明史',
        pics: ['./img/reward4.png'],
        share: {},
        timeString: '一小时前'
    },
    reply: {
        hasLiked: false,
        likes: [],
        comments: []
    }
}, {
    user: {
        name: '美丽心情',
        avatar: './img/avatar5.png'
    },
    content: {
        type: 3, // 无图片消息
        text: '光盘行动',
        pics: [],
        share: {},
        timeString: '2 个小时前',
    },
    reply: {
        hasLiked: false,
        likes: [],
        comments: []
    }
}];
```

定义其他参数如下。

```
// 相关 DOM
var $page = $('.page-moments');            // 整体页面容器
var $momentsList = $('.moments-list');     // 消息列表

// 当前消息对象
var curMessage = {
    index: -1,                             // 当前消息对象坐标
    reply: {},                             // 当前回复消息数据
    $elem: null                            // 当前元素的 jQuery 对象
};
```

4. 消息组件

多张图片类型的消息组件代码如下。

```
function multiplePicTpl(pics) {
    var htmlText = [];
    htmlText.push('<ul class="item-pic">');
    for (var i = 0, len = pics.length; i < len; i++) {
        // 向数组中追加元素
        htmlText.push('<img class="pic-item" src="'+ pics[i] + '">')
    }
    htmlText.push('</ul>');
    return htmlText.join('');
}
```

上述代码中，传入参数 pics 为多图片消息的图片列表，push() 函数向数组 htmlText 中追加数据，join() 函数将 htmlText 数组中的所有元素放入一个字符串，并返回 html 字符串。

单张图片消息组件代码如下。

```
function singlePicTpl(pic) {
    return '<div class="item-pic"><img class="single-pic-item pic-item" src="'+ pic + '" alt=""></div>';
}
```

上述代码中，传入参数 pic 为单图片消息的图片列表，函数返回 HTML 字符串。

分享消息组件代码如下。

```
function shareMsgTpl(share) {
    var htmlText = [];
    htmlText.push('<a class="item-share">');
    htmlText.push('<img class="share-img" src="'+ share.pic + '" width="40" height="40" alt="">');
    htmlText.push('<p class="share-tt">'+ share.text + '</p>');
    htmlText.push('</a>');
    return htmlText.join('');
}
```

以上代码中，传入 share 分享消息对象，函数返回 HTML 字符串。分享消息的结构如表 2-22 所示。

5. 评论点赞 HTML 模板

编写点赞列表 HTML 模板代码如下。

```
function likesHtmlTpl(likes) {
    if (!likes.length) {
        return '';
    }
    var htmlText = ['<div class="reply-like"><i class="icon-like-blue"></i>'];
    if (likes.length) {
```

```
    htmlText. push('<a class = "reply-who" href = "#" >'+ likes[0] + '</a>');
    // 后面的前面都有逗号
    for(var i = 1, len = likes. length; i < len; i++) {
        htmlText. push(',<a class = "reply-who" href = "#" >'+ likes[i] + '</a>');
    }
}
    htmlText. push('</div>');
    return htmlText. join('');
}
```

以上代码中，参数 likes 为点赞列表，在函数中遍历点赞列表，追加至点赞 HTML 模板数组，函数返回 HTML 字符串。

编写评论内容 HTML 模板代码如下。

```
function commentsHtmlTpl(comments) {
    if (!comments. length) {
        return '';
    }
    var htmlText = ['<div class = "reply-comment" >'];
    for(var i = 0, len = comments. length; i < len; i++) {
        var comment = comments[i];
        htmlText. push('<div class = "comment-item" ><a class = "reply-who" href = "#" >'+ comment. author +
'</a>:'+ comment. text + '</div>');
    }
    htmlText. push('</div>');
    return htmlText. join('');
}
```

以上代码中，参数 comments 为评论列表，在函数中遍历评论列表，追加至点评论 HT-ML 模板数组，函数返回 HTML 字符串。

编写评论点赞总体内容 HTML 模板代码如下。

```
function replyTpl(replyData) {
    var htmlText = [];
    htmlText. push('<div class = "reply-zone" >');
    htmlText. push(likesHtmlTpl(replyData. likes));
    htmlText. push(commentsHtmlTpl(replyData. comments));
    htmlText. push('</div>');
    return htmlText. join('');
}
```

以上代码中，传入参数为消息的评论点赞数据，调用点赞列表函数 likesHtmlTpl 和评论内容函数 commentsHtmlTpl，将其函数的返回值追加至 htmlText 变量数组，最终 replyTpl() 函数返回 HTML 字符串。

6. 消息体模块

根据消息体的布局，其结构划分如图 2-65 所示。参考结构，编写消息体模块，传入参数消息对象，获取用户的头像、用户名、文本、消息时间等属性，添加回复按钮。根据消息类型的不同，调用不同的消息格式函数，并调用回复内容模块，函数返回 HTML 字符串。

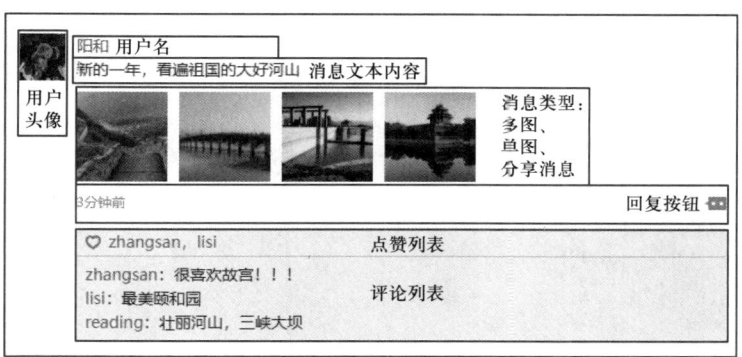

图 2-65　消息体结构

具体代码如下。

```
function messageTpl(messageData) {
    var user = messageData.user;
    var content = messageData.content;
    var htmlText = [];
    htmlText.push('<div class="moments-item" data-index="0">');
    // 消息用户头像
    htmlText.push('<a class="item-left" href="#">');
    htmlText.push('<img src="'+ user.avatar + '" width="42" height="42" alt=""/>');
    htmlText.push('</a>');
    // 消息右边内容
    htmlText.push('<div class="item-right">');
    // 消息内容——用户名称
    htmlText.push('<a href="#" class="item-name">'+ user.name + '</a>');
    // 消息内容-文本信息
    htmlText.push('<p class="item-msg">'+ content.text + '</p>');
    // 消息内容——根据消息类型划分
    var contentHtml = '';
    switch(content.type) {
        // 多图片和无图片可共用
        case 0:
            contentHtml = multiplePicTpl(content.pics);
            break;
        // 分享消息
        case 1:
            contentHtml = shareMsgTpl(content.share);
            break;
        // 单图片
        case 2:
            contentHtml = singlePicTpl(content.pics[0]);
            break;
```

```
    }
    htmlText. push( contentHtml) ;
    // 消息时间和回复按钮
    htmlText. push('<div class = "item-ft">') ;
    htmlText. push('<span class = "item-time">'+ content. timeString + '</span>') ;
    htmlText. push('<div class = "item-reply-btn">') ;
    htmlText. push('<span class = "item-reply"></span>') ;
    htmlText. push('</div></div>') ;
    // 消息回复模块(点赞和评论)
    htmlText. push( replyTpl( messageData. reply) ) ;
    htmlText. push('</div></div>') ;
    return htmlText. join('') ;
}
```

7. 图片放大组件

当单击消息体中的图片时，能够显示大图，以对象的格式封装图片放大组件，代码如下。

```
var enlargeImageModule = {
    // 初始化
    init: function() {
        // 获取图片放大组件元素
        this.$element = $('. enlarge-image') ;
        this.$image = this.$element. find('img') ;
    },
    /**
     * 放大指定放大图片,并展示图片放大组件
     * @ param {String} imgSrc 需要展现的图片地址
     */
    show: function( imgSrc) {
        this.$image. attr('src', imgSrc) ;
        this.$element. addClass('z-show') ;
    },
    /**
     * 隐藏图片放大组件
     */
    hide: function() {
        this.$element. removeClass('z-show') ;
    }
};
```

代码：项目 2 项目
实训 微信朋友圈
回复模块

8. 回复面板模块

回复面板模块负责处理点赞、取消点赞、评论的功能，以对象的格式
封装该功能，代码如下。

9. 评论组件

评论组件主要负责管理增加评论的文本框和发送按钮，具体代码如下。

```
var commentModule = {
    init: function() {
        this.$element = $('. commenter')
        this.$input = this.$element. find('. commenter-input');
        this.$btn = this.$element. find('. js-send-msg');
    },
    doSend: function() {
        var text = this.$input. val();
        var replyData = curMessage. reply;

        // 如果可以单击
        if (this.$btn. hasClass('z-work')) {
            // 更新数据——增加评论
            replyData. comments. push({
                author: userName,
                text: text
            });

            // 生成新的 HTML
            var htmlText = commentsHtmlTpl(curMessage. reply. comments);
            // 移除旧的节点
            curMessage.$elem. find('. reply-comment'). remove();
            // 插入新的 HTML 节点
            curMessage.$elem. find('. reply-zone'). append(htmlText);

            this. hide();
        }
    },
    /**
     * 展现函数,需要传入当前的 message 和对象
     */
    show: function() {
        this.$element. addClass('z-show');
        this.$input. focus();
    },
    hide: function() {
        // 隐藏评论模块
        this.$element. removeClass('z-show');
        // 清空文本框
        this.$input. val('');
        this.$btn. removeClass('z-work');
    },
};
```

10. 渲染页面数据

渲染消息体中的数据相关函数代码如下。

```
function render() {
    var messageHtml = '';
    data.forEach(function(message) {
        messageHtml += messageTpl(message);
    })
    momentsList.html(messageHtml);
}
```

在以上代码中，通过 forEach() 遍历页面数据 data。调用消息体组件，渲染消息体数据。

11. 绑定页面事件函数

当单击回复按钮时，更新消息对象，执行回复面板的功能，并且隐藏评论框；单击"点赞"按钮时调用 doLike()，单击"取消"按钮时调用 doUnLike()，单击"评论"按钮时调用 doComment()；单击图片时调用图片放大组件 enlargeImageModule；同时监听评论组件的输入框事件。

```
function bindEvent() {
    // 回复按钮点击
    $page.on('click', '.item-reply-btn', function(event) {
        var $item  = $(this).parents('.moments-item');
        var curIndex = $item.index();
        // 判断是否是同一个消息
        var isSameMsg = curIndex === curMessage.index;
        // 更新当前信息对象
        curMessage.index = curIndex;
        curMessage.reply = data[curIndex].reply;
        curMessage.$elem = $item;
        // 执行回复面板的 reply 功能
        replyPanelModule.doReply(isSameMsg);
        // 打开面板时需要隐藏评论框
        commentModule.hide();
        // 阻止冒泡
        event.stopPropagation();
    });
    // 点赞按钮功能
    $page.on('click', '.js-like', function() {
        replyPanelModule.doLike();
    });
    // 取消点赞按钮功能
    $page.on('click', '.js-unlike', function() {
```

```
        replyPanelModule.doUnLike();
    });
    // 评论按钮功能,会弹出评论框
    $page.on('click', '.js-comment', function(event) {
        replyPanelModule.doComment();
        // 阻止冒泡
        event.stopPropagation();
    });
    // 单击消息图片则展示放大
    $page.on('click', '.item-pic .pic-item', function() {
        // 获取图片地址
        var src = $(this).attr('src');
        enlargeImageModule.show(src);
    });
    // 输入框事件
    $page.on('input', '.commenter-input', function() {
        var textValue = $(this).val().trim();
        var $btn = $(this).siblings('.js-send-msg');
        // 如果输入框不为空,则展示按钮可单击,否则不可单击
        textValue !== ""?$btn.addClass('z-work') :$btn.removeClass('z-work');
    });
    // 评论框比较特殊,如果是评论框单击,阻止冒泡不隐藏
    $page.on('click', '.commenter', function() {
        event.stopPropagation();
    });
    // 评论消息发送按钮
    $page.on('click', '.js-send-msg', function() {
        commentModule.doSend();
    });
    // 单击图片放大面板则隐藏
    $page.on('click', '.enlarge-image', function() {
        enlargeImageModule.hide();
    });
    // 由于回复面板和评论都会取消冒泡,因此触发页面 click 的不是这两个组件
    $(window).on('click', function(event) {
        replyPanelModule.hide();
        commentModule.hide();
    });
}
```

12. 编写页面入口函数

初始化个功能模块,渲染页面,相关代码如下。

```
/**
 * 页面入口函数:init
 * 0. 初始化各组件
```

```
 *  1. 根据数据页面内容
 *  2. 绑定事件
 */
function init() {
    // 初始化各功能模块
    enlargeImageModule. init();
    replyPanelModule. init();
    commentModule. init();
    // 渲染页面
    render();
    bindEvent();
}
// 调用入口函数
init();
```

项目总结

　　本项目利用组件化设计为微信朋友圈页面添加回复按钮、图片放大组件、单图片消息组件、无图片消息组件以及分享消息组件，实现点赞、评论、分享、放大/缩小图片等功能，并对功能、组件进行封装方便调用，同时各消息组件可以进行组合，提升了代码的复用性。

　　本项目训练的重点是 jQuery 的基本操作、事件的处理和 jQuery 的综合应用，以及面向对象的 DOM 编程。

　　本项目实现的方法为将微信朋友圈按照功能及 UI 进行分解，实现其功能，并将其进行封装，方便调用和复用。

　　本项目在实施中的注意事项如下。

　　① 语法检查，注意 HTML 开始标签和结束标签要成对出现，所有的符号需要使用英文符号，否则程序会报错。保证 CSS 文件、JS 文件引入正确。

　　② 由于页面渲染需要数据，因此页面数据的分析是本项目的基础。

　　③ 综合分析消息体的结构，掌握消息体的布局。

　　④ 在对事件的处理上，注意阻止事件的冒泡。

　　⑤ 项目中主要使用函数和对象进行封装，掌握不同的封装方式。

　　⑥ 请参考以上代码分步骤编写，逐步测试，保证代码的准确性。

　　⑦ 在完成任务的同时注意代码的编写规范，添加必要的注释，培养良好的代码编写习惯。

课后练习

一、填空题

（1）当 $.ajax()需要传入两个参数时候，按照顺序分别是_____、_____。

（2）代码"$(':visible').css('backgroundColor', 'yellow');"实现的效果是_____。

（3）在 jQuery 删除节点的操作中，用_____来实现从 DOM 中删除所有匹配的元素。

（4）在 jQuery 中，用_____来获取表单元素的值。

（5）在某元素前面插入元素，用_____来实现。

（6）可以让元素以淡入/淡出动画切换显示隐藏状态的方法是_____。

（7）"用 show()方法让 id 为"box"元素在 3s 中显示可以执行代码_____。

（8）Ajax 请求数据的形式是_____。

二、选择题

（1）页面中存在元素"<div id="box"><h1>标题</h1></div>"，那么代码"$("#box").text()"运行后的返回值是（　　）。

A. <h1>标题</h1>

B. 标题

C. &l;th1>标题 &l;/h1>

D. <div id="box"><h1>标题</h1></div>

（2）关于 Ajax，下列说法错误的是（　　）。

A. 由 XMLHttpRequest 实例发出请求

B. 可以不刷新页面

C. 全称是 Asynchronous Javascript And XML

D. Ajax 请求是非异步请求

（3）关于 get 方法和 post 方法，下列说法错误的是（　　）。

A. 两种方法不相同的地方发出请求的方式也不同

B. 发送的数据的形式相同，两种方法会把要发送的数据自动加工成 Query string

C. 该方法只能请求数据，不能向服务器发送数据

D. 该方法的回调函数参数可以通过参数的形式得到该请求返回的数据

（4）页面中存在 id 名为"box"的元素"<div id='box'></div>"，那么对于代码"$.fn.changeColor = function(color){this.css("backgroundColor",color)};"封装插件的运用，下列说法中正确的是（　　）。

A. "$("#box").changeColoe("red")"，不能改变元素的样式，因为 changeColor()方法中不能用 this 直接调用 CSS 方法来改变元素样式，因为 this 在方法中指向 DOM 对象

B. "$("#box").changeColoe("red").css("color","white")"，可以将元素改变为红底白字

C. 将插件方法添加到 "$.fn" 对象上之后，即可实现链式编程

D. 该方法不能被 jQuery 对象调用，因为此为封装静态方法的方式

（5）代码 "$('li:nth-child(1)').css('background', 'orange');" 说法正确的是（   ）。

A. 获取每个 ul 列表下的第一个 li 元素并设置背景色

B. 获取父元素下仅含一个 li 的子元素并设置背景色

C. 获取每个父元素下的第一个子元素

D. 获取每个父元素下的最后一个子元素并设置背景色

（6）在 DOM 元素操作中，下面能够实现给 ul 下的 li 元素添加 "测试" 内容的是（   ）。

A. $("ul>li").text(测试)

B. $("ul li").text("测试")

C. $("ul+li").text("测试")

D. $("ul * li").html("测试")

三、判断题

（1）与 append()和 appendTo()方法、after()和 insertAfter()方法的使用方式类似的还有 prepend()、prependTo()、before()和 insertBefore()。   （   ）

（2）在 jQuery 中，链式编程能够更加快速方便地实现页面效果，让开发变得更简单。   （   ）

（3）当多个事件的处理函数相同时，可以利用 on()方法一次为多个事件绑定相同的处理函数。   （   ）

四、思考题

（1）什么是事件的冒泡？为什么在项目中需要阻止事件的冒泡？

（2）如何在朋友圈项目中添加删除评论的功能？

项目3　微信朋友圈移动端的设计

学习目标

知识目标

- 了解微信小程序的概念；
- 了解微信小程序从创建到发布的流程；
- 掌握微信小程序中基础组件的基本参数。

技能目标

- 能够搭建和配置微信小程序的开发环境；
- 掌握使用微信小程序基础组件进行界面开发的方法；
- 熟悉小程序基础 API 的使用方法；
- 具备综合应用移动端开发的设计与制作技术进行微信小程序设计、开发、调试和维护的能力。

素养目标

- 具备严谨的科学态度、精益求精的科学精神；
- 具备较强的逻辑思维能力；
- 具备发现问题和解决问题的能力以及勇于创新的职业精神；
- 具备接受新事物、不断学习、自我提升的能力；
- 具备较强的团队协作能力。

项目描述

项目背景及需求

随着智能手机等移动设备的普及，越来越多的人选择使用手机上网。相关统计显示，当前超过 90% 的流量源于移动端。当用户使用移动端访问 PC（Personal Computer）端网站时，发现存在字体过小、不好操控等多种缺陷。为了给用户提供更好的使用体验，越来越多的网站面向移动端网站开发。

和开发 PC 端网页不同，开发移动端网页主要需要考虑的不是浏览器的兼容问题。开发一个用户体验好的移动端网页需要考虑的是如何在不同设备上都具有适合的显示效果。

从 2017 年腾讯推出微信小程序以来，京东、支付宝、百度、美团等各大平台相继发布了自己的小程序，围绕小程序的生态产业链也逐渐形成。小程序区别于 App，不需要用户下载和安装，是内嵌于各平台之中的，平台用户的多少一定程度上影响了小程序用户的数量。就开发难度而言，小程序的开发比 App 开发的难度要低一些。小程序已经成为人们生活中不可或缺的一个工具。在本项目中，将学习微信小程序的设计与开发。

项目构成

本项目以微信小程序开发为目的，以微信朋友圈的小程序化开发为训练载体，主要从微信小程序创建与发布、基本组件、基本 API 等几个方面展开，项目构成如图 3-1 所示。

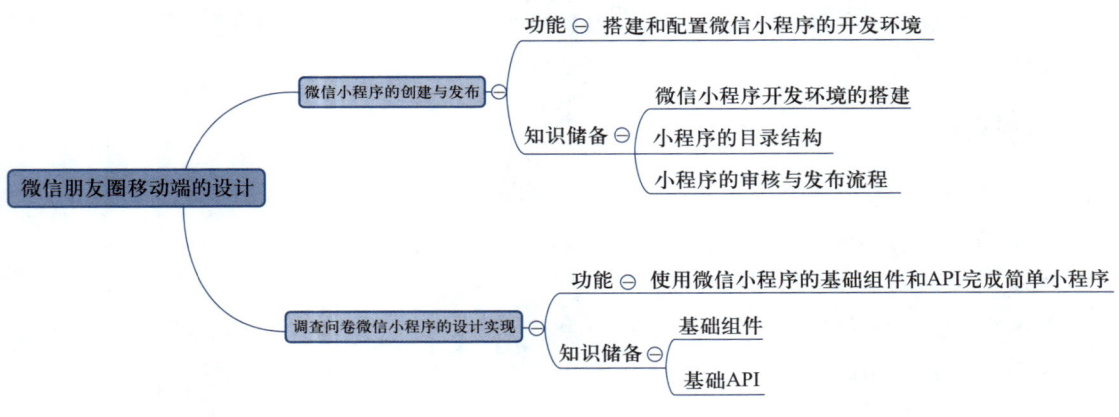

图 3-1　项目 3 构成图

任务 3-1　微信小程序的创建与发布

任务 3-1

任务描述

　　微信小程序在日常生活中应用非常广泛，基于微信运行，是一种不用下载就能使用的应用。相比于 App 开发，小程序开发难度更低。

　　在本任务中，将学习微信小程序开发环境的搭建、小程序的创建与发布、小程序工程项目结构等内容，并且使用微信开发者工具创建一个简单的微信小程序项目——天气预报。项目运行效果如图 3-2 所示。

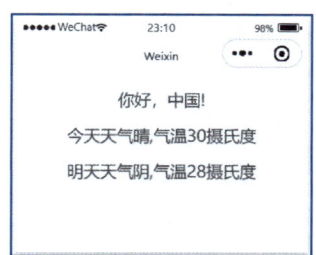

图 3-2　任务 3-1 运行效果

问题引导

　　微信小程序是基于微信平台的连接用户与服务的方式。开发者可以快速地开发一个小程序。小程序可以在微信内被便捷地获取和传播，同时具有出色的使用体验。

　　在本任务中，将学习如下部分。
- 怎样搭建微信小程序的开发环境？
- 微信小程序要如何创建？
- 微信小程序的目录结构是什么，常用文件具有什么功能，要如何使用？
- 微信小程序如何发布？

知识准备

　　腾讯公司提供了详细的微信小程序开发文档，详见微信小程序官网。

　　微信小程序（以下简称小程序）的主要开发语言是 JavaScript，小程序的开发同普通的网页开发类似。对于前端开发者而言，从网页开发迁移到小程序的开发成本并不高，但是两者还是有些许区别的。具体区别可以归结为以下 3 点。

　　① 运行环境不同。Web 网页在运行浏览器环境中，所以在开发过程中主要考虑如何兼容不同的浏览器；小程序运行在微信环境中，开发过程中需要考虑在不同的移动端操作系统（鸿蒙、安卓、iOS 等）、机型（屏幕分辨率、是否为刘海屏等问题）等移动设备上完整显示内容。

　　② API 不同。由于运行环境不同，小程序无法调用 DOM 和 BOM 的 API，前端开发非

常熟悉的一些库，例如 jQuery、Zepto 等，在小程序中是无法运行的。而且小程序的逻辑层和渲染层是分开的。但小程序中可以调用微信环境提供的各种 API，例如获取用户信息、实时位置监听、本地存储、支付功能等。

③ 开发模式不同。前端网页的开发模式一般采用浏览器和代码编辑器的模式；而小程序开发则需要使用微信的开发者工具进行开发。

要进行一个小程序的开发一般需要 4 步，具体如下

① 注册。在微信公众平台注册小程序，完成注册后可以同步进行信息完善和开发。

② 小程序信息完善。填写小程序基本信息，包括名称、头像、介绍及服务范围等。

③ 开发小程序。完成小程序开发者绑定、开发信息配置后，开发者可下载开发者工具、参考开发文档进行小程序的开发和调试。

④ 提交审核和发布。完成小程序开发后，提交代码至微信团队审核，审核通过后即可发布（公测期间不能发布）。

下面一起来搭建一个小程序的开发环境。

1. 小程序开发环境的搭建

1）注册小程序开发账号

（1）申请账号

使用浏览器打开微信小程序官网网址，单击右上角的"立即注册"按钮，开始进行小程序开发账号的申请，如图3-3所示。

在页面中选择注册账号的类型为"小程序"，如图3-4所示。

进入小程序注册页面，如图3-5所示，在填写邮箱、密码、验证码完成后，选中"你已阅读并同意《微信公众平台服务协议》及《微信小程序平台服务条款》"复选框后，单击"注册"按钮。注意：每个邮箱仅能申请一个小程序账号。

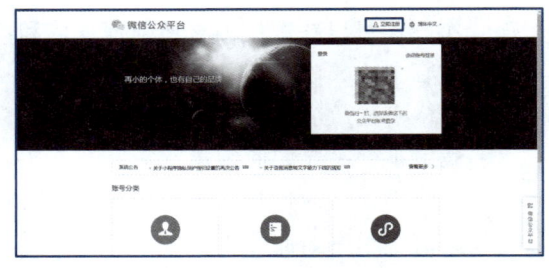

图 3-3 微信公众平台

图 3-4 选择注册账号类型

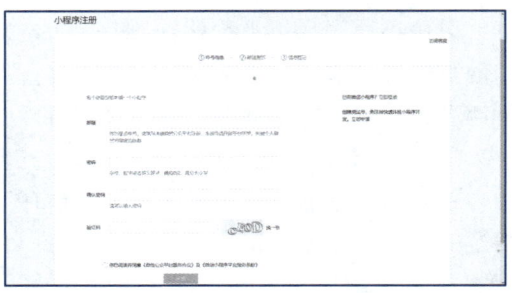

图 3-5 填写账号信息

在接下来的页面中会提示用户，登录注册邮箱，如图 3-6 所示。单击注册邮箱激活邮件中的链接激活账号，如图 3-7 所示。

<table>
<tr><td>图 3-6　登录邮箱</td><td>图 3-7　激活账号</td></tr>
</table>

完成后，即可进入注册账号的第 3 个部分——信息登记。这里需要对注册国家/地区和主体类型进行选择，然后对主体信息继续相应的登记。注意：个人类型暂不支持微信认证、微信支付和高级接口能力。

本示例以个人为例。选择"个人"后，页面下方会出现主体信息登记，在相应的位置填好个人信息即可，如图 3-8 所示。

图 3-8　信息登记

以上步骤完成后，使用手机微信端扫描网页上的二维码，在微信上会收到验证信息，如图 3-9 所示。点击"确定"按钮后，注册页面中会出现"身份验证成功"的提示，如图 3-10 所示。

单击"继续"按钮，出现"提示"对话框，单击"确定"按钮即可完成主体信息提交确认，如图 3-11 所示。

（2）获取小程序的 AppID

申请账号成功后，可以登录小程序后台，查看小程序 AppID 了。小程序的 AppID 相当于小程序平台的一个身份证，后续会在很多地方要用到 AppID（注意这里要区别于服务号或订阅号的 AppID）。

找到左侧菜单中"开发"的"开发管理"选项，然后单击右侧的"开发设置"。在这里可以查看对应的 AppID，如图 3-12 所示。

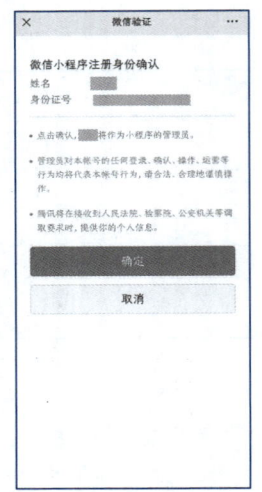

图 3-9 微信验证信息

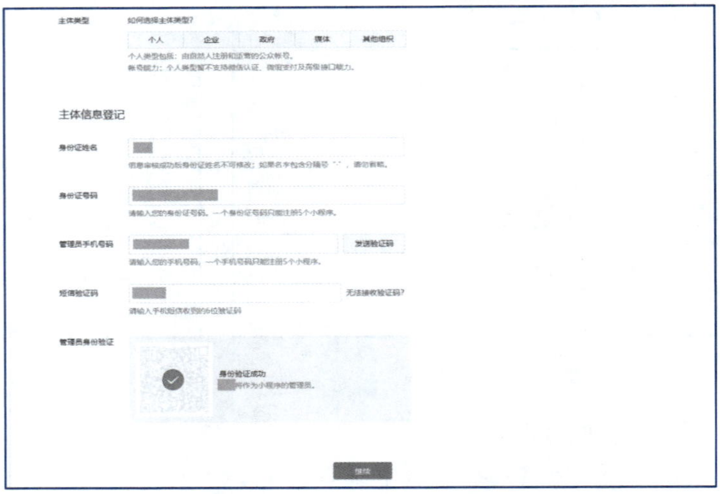

图 3-10 信息提交成功

图 3-11 主体信息提交确认

图 3-12 获取 AppID

2）安装开发者工具

微信开发者工具是官方推荐使用的小程序开发工具，提供的主要功能如下。

① 快速创建小程序项目。

② 代码的查看和编辑。

③ 对小程序功能进行调试。

④ 小程序的预览和发布。

安装步骤如下。

（1）下载

在微信官方文档中进入开发者工具的下载页面，如图 3-13 所示。可以看到页面中有稳定版、预发布版和开发版等不同的版本，推荐下载和安

图 3-13 下载开发者工具

装最新的稳定版（Stable Build）的微信开发者工具，可以根据自己的操作系统选择合适的版本。

（2）安装

下面以 Windows 操作系统为例，演示安装微信开发者工具的过程。具体步骤如下。

双击安装文件，运行安装向导。单击"下一步"按钮，如图 3-14 所示。在许可协议处单击"我接受"按钮，如图 3-15 所示。选择安装路径；设置安装路径，若单击"安装"按钮，如图 3-16 所示，后即可开始安装如图 3-17 所示。安装成功如图 3-18 所示，也会在桌面生成快捷方式。

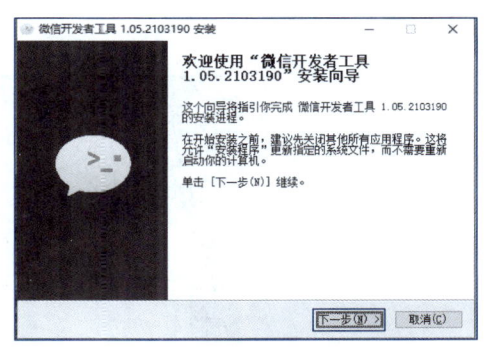

图 3-14　微信开发者工具安装向导

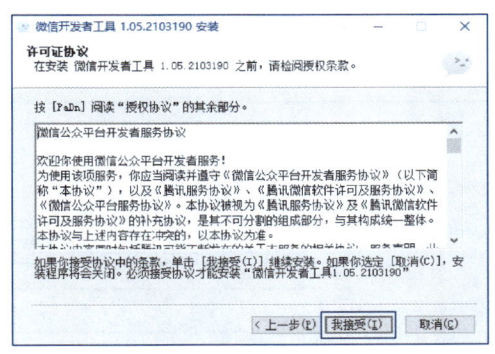

图 3-15　许可协议

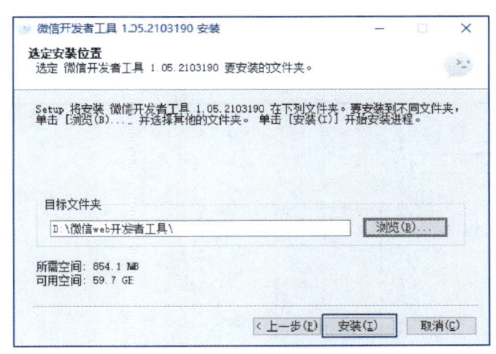

图 3-16　选择安装路径

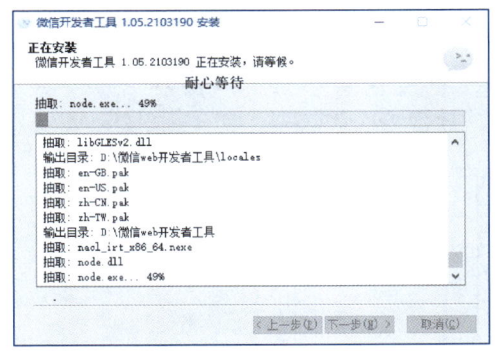

图 3-17　安装过程

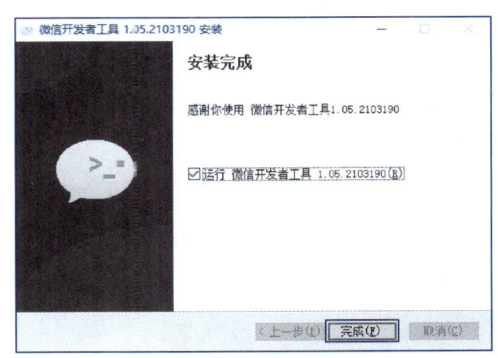

图 3-18　安装完成

（3）创建小程序

打开小程序开发者工具，用微信扫码登录开发者工具。在手机微信端点击"确认登录"按钮即可开始创建小程序。如图 3-19 所示。

新建项目，选择"小程序"项目，选择代码存放的硬盘路径，填入刚刚申请小程序的 AppID，给项目起一个名字（本案例取名为 miniprogram-1），选中"不使用云服务"复选框（注意：你要选择一个空的目录才可以创建项目），单击新建，就创建了第一个小程序项目，如图 3-20 所示。

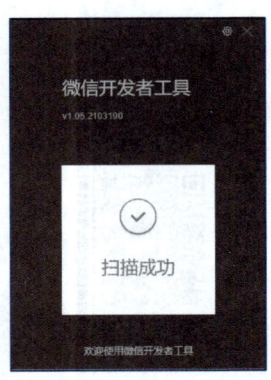

图 3-19　扫码登录

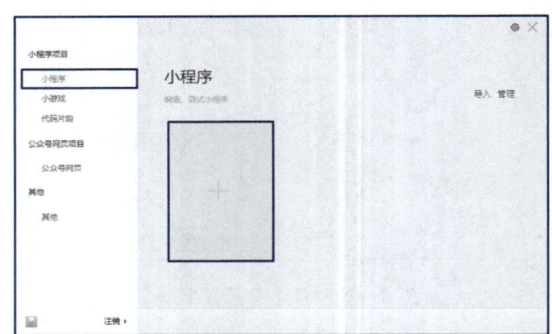
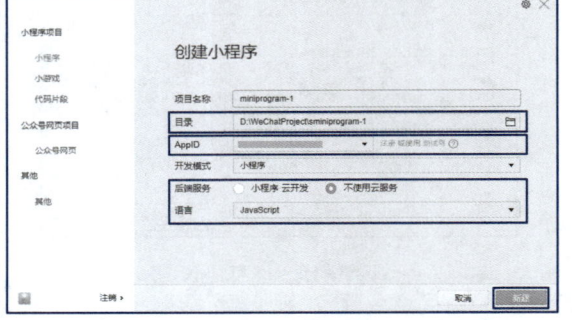

图 3-20　创建小程序

项目创建完成后，有两种方式预览这个小程序的效果：单击工具上的"编译"按钮，可以在工具的左侧模拟器页面看到这个小程序的表现；也可以单击"预览"按钮，通过微信扫一扫在手机上体验第一个小程序。

单击"编译"按钮，在开发者工具左侧的模拟器上可以查看项目效果，如图 3-21 所示。

通过扫描二维码可以在手机上预览项目效果，如图 3-22 所示。

（4）开发者工具

主界面由 5 个部分组成：菜单栏、工

图 3-21　小程序编译运行效果

具栏、模拟器、编辑器、调试器，如图 3-23 所示。

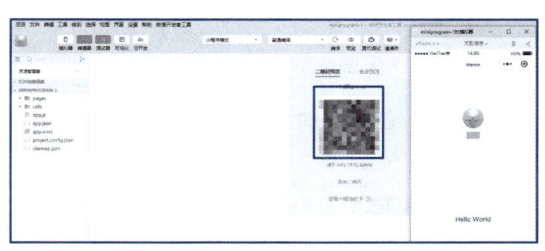

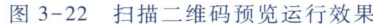

图 3-22　扫描二维码预览运行效果

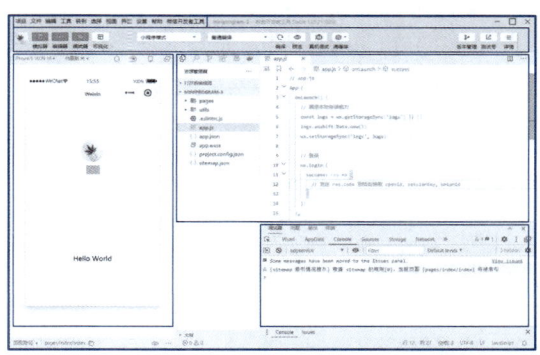

图 3-23　开发者工具主界面

① 菜单栏为开发者工具的大部分功能提供了入口。

② 工具栏中为一些常用的功能提供了快捷按钮，如编译、预览等。

③ 模拟器用于模拟手机环境，软件集成了一些常见的机型，供开发者查看运行效果；也可设置手机所处的网络环境，Wi-Fi、2G、3G、4G、Cffline（离线）等，不同网络环境网速不同。

④ 编辑器分为两栏，左栏显示项目的目录结构，右栏用于编写代码。

⑤ 调试器类类似浏览器的开发者工具，可以查看调试信息等内容。

2. 小程序的目录结构

在开发者工具的编辑器的左侧边栏中，可以看到新建的 miniprogram-1 项目的目录结构，如图 3-24 所示。各目录和文件的说明如下。

① app.js：调用 App 方法注册小程序实例，绑定生命周期回调函数、错误监听和页面不存在监听函数等。整个小程序只有一个 App 实例，是全部页面共享的。开发者可以通过 getApp() 方法获取到全局唯一的 App 实例，可获取 App 上的数据或调用开发者注册在 App 上的函数。

② app.json：当前小程序的全局配置，包括了小程序的所有页面路径、界面表现、网络超时时间、底部 Tab 等。

③ app.wxss：小程序公共样式表。

④ project.config.json：保存了开发者对于工具上做的个性化配置，包括编辑器的颜色、代码上传时自动压缩、调试时隐藏指定代码等一系列选项。

⑤ sitemap.json：配置小程序及其页面是否允许被微信索引。

⑥ pages：存放单独页面的目录。一个小程序页面由 4 个

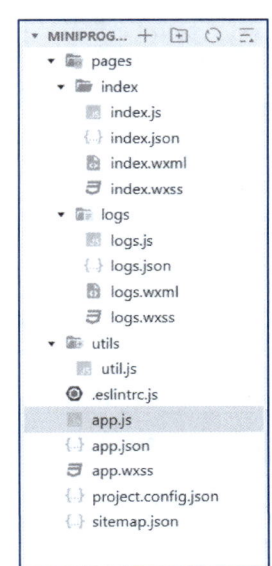

图 3-24　小程序目录结构

文件组成，一起存放在同一目录下。在本案例中，有 2 个页面，分别是 index 和 logs。

⑦ utils 中 util. js——工具类文件，保存了公用函数，如日期格式转换等。

一个小程序的页面文件通常由以下 4 种类型的文件组成。

① 以 . json 为扩展名的 JSON 配置文件，在小程序中扮演的静态配置的角色，完成小程序页面相关的配置。可以看到在项目中 pages/index 目录下有一个 index. json，外在 pages/logs 目录下还有一个 logs. json。

② 以 . wxml 为扩展名的 WXML 模板文件，类似 Web 编程中的 HTML 文件，用于构建页面结构。

③ 以 . wxss 为扩展名的 WXSS 样式文件，类似 Web 编程中 CSS，WXSS 具有 CSS 大部分的特性。

④ 以 . js 为扩展名的 JS 脚本逻辑文件，设置当前页面的逻辑代码和用户交互。

> **注意**：全局文件是对整个小程序全局属性的配置，如果在全局文件和页面文件中都设置了一个页面的某一属性，那么页面属性设置将覆盖全局属性设置。

综上所述，小程序包含一个描述整体程序的 app 和多个描述各自页面的 page。

1）主体文件

一个小程序主体部分由 3 个文件组成，名称均为 app，必须放在项目的根目录，如表 3-1 所示。

表 3-1　小程序主体文件

文　件	是否必须	作　用
app. js	是	小程序整体逻辑
app. json	是	小程序公共配置
app. wxss	否	小程序公共样式表

（1）app. js

每个小程序都需要在 app. js 中调用 App()方法注册小程序实例，绑定生命周期回调函数、错误监听和页面不存在监听函数等。

App()方法被用来注册小程序，接收一个 Object 参数。在 app. js 中必须调用且只能调用 App()一次。App()方法具体参数如表 3-2 所示。

表 3-2　App()方法主要参数

属性	类　型	是否必填	说　明
onLaunch	function	否	生命周期回调——监听小程序初始化。小程序初始化完成时触发，全局只触发一次
onShow	function	否	生命周期回调——监听小程序启动或切前台。小程序启动，或从后台进入前台显示时触发

续表

属性	类 型	是否必填	说 明
onHide	function	否	生命周期回调——监听小程序切后台。小程序从前台进入后台时触发
onError	function	否	错误监听函数。小程序发生脚本错误或 API 调用报错时触发
onPageNotFound	function	否	页面不存在监听函数。小程序要打开的页面不存在时触发
onUnhandledRejection	function	否	未处理的 Promise 拒绝事件监听函数
onThemeChange	function	否	监听系统主题变化。系统切换主题时触发
其他	any	否	开发者可以添加任意函数或数据变量到 Object 参数中，用 this 可以访问

注意：整个小程序只有一个 App 实例，是全部页面共享的。开发者可以通过 getApp 方法获取到全局唯一的 App 实例，获取 App 上的数据或调用开发者注册在 App 上的函数。

启动微信开发者工具，并创建名为"代码 3-1"的项目。当前项目 app.js 文件中的代码如下所示。在小程序初始化的阶段，将当时的日期与时间记录下来，在本地缓存中的 logs 中存储，并且执行用户登录。

```
// app.js
App({
onLaunch(){
// 展示本地存储能力
constlogs = wx. getStorageSync('logs') || []
logs. unshift( Date. now())
wx. setStorageSync('logs', logs)

// 登录
wx. login({
success: res => {
// 发送 res. code 到后台换取 openId, sessionKey, unionId
}
})
},
globalData: {
userInfo: null
}
})
```

可以在上面的代码中添加一小段代码如下，通过查看 console 控制台中显示的消息来查看小程序所处的不同生命周期。

```
// app. js
App( {
// 生命周期回调——监听小程序初始化
onLaunch( ) {
// 展示本地存储能力
const logs = wx. getStorageSync( 'logs' ) || [ ]
logs. unshift( Date. now( ) )
wx. setStorageSync( 'logs', logs)
console. log( 'onLaunch, 小程序初始化')

// 登录
wx. login( {
success: res = > {
// 发送 res. code 到后台换取 openId, sessionKey, unionId
}
} )
},
// 生命周期回调——监听小程序启动或切前台
onShow( options) {
console. log( 'onShow, 小程序启动或切前台')
},
// 生命周期回调——监听小程序切后台
onHide( ) {
console. log( 'onHide, 小程序切后台')
},
// 错误监听函数
onError( ) {
console. log( 'onError, 错误监听')
},
globalData: {
userInfo: null
}
} )
```

对小程序进行编译并启动预览后，控制台 Console 中输出如图 3-25 所示。

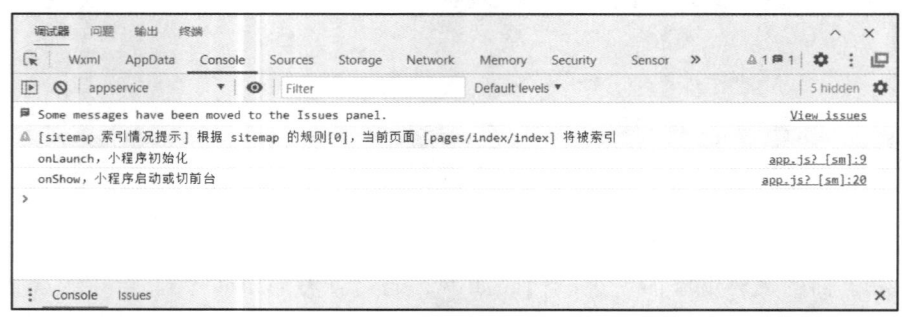

图 3-25　小程序启动时控制台输出结果

单击模拟器屏幕右上方的◉按钮关闭小程序后，控制台 Console 中输出如图 3-26 所示。

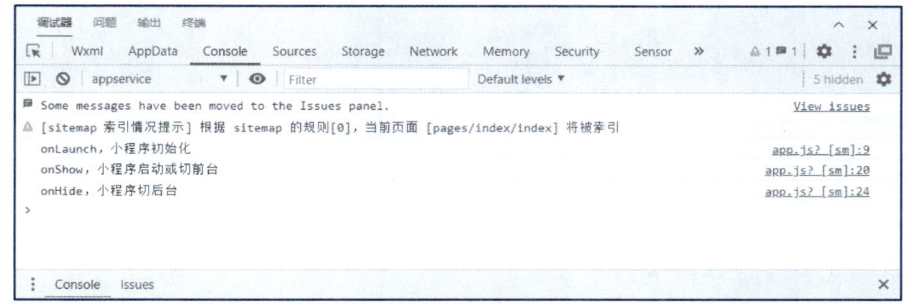

图 3-26　小程序切后台时控制台输出结果

单击模拟器中显示的列表中任意一项，返回小程序后，控制台 Console 中输出如图 3-27 所示。

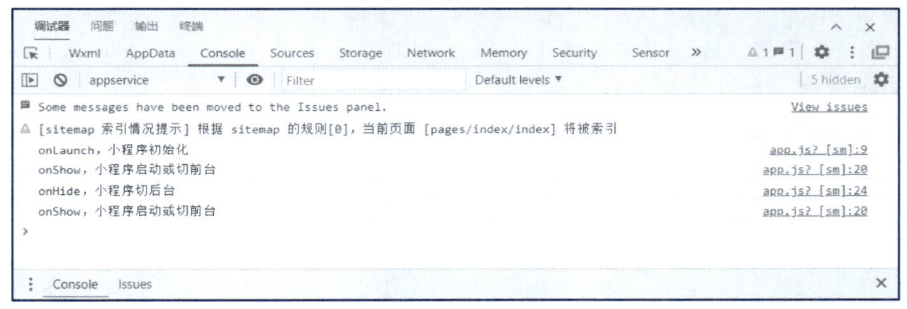

图 3-27　小程序切前台时控制台输出结果

（2）app.json

JSON 是一种数据格式，在小程序中，JSON 扮演的静态配置的角色。

JSON 中 value 的合法数据格式如表 3-3 所示。

表 3-3　JSON 中 value 的合法数据格式

数据格式	备　注
数字	含整数和浮点数
字符串	需要用双引号将值括住
布尔值	true 或 false
数组	需要用中括号［］将值括住
对象	需要用大括号｛｝将值括住
Null	空值

注意：JSON 文件中无法使用注释，试图添加注释将会引发报错。

小程序根目录下的 app. json 文件用来对微信小程序进行全局配置，决定页面文件的路径、窗口表现、设置网络超时时间、设置多个 Tab 等。当前项目 app. json 文件中的代码如下所示。

```
{
"pages" :[
"pages/index/index" ,
"pages/logs/logs"
],
"window" : {
"backgroundTextStyle" :"light" ,
"navigationBarBackgroundColor" :"#fff" ,
"navigationBarTitleText" :"Weixin" ,
"navigationBarTextStyle" :"black"
} ,
"style" :"v2" ,
"sitemapLocation" :"sitemap. json"
}
```

可以看到，上面这段程序中有 4 个字段，分别是 pages、window、style 和 sitemapLocation。其中配置各项的含义如下。

● pages 字段：用于指定小程序由哪些页面组成，每一项都对应一个页面的路径（含文件名）信息。文件名不需要写文件扩展名，框架会自动去寻找对应位置的 json、js、wxml、wxss 4 个文件进行处理。未指定 entryPagePath 时，数组的第 1 项代表小程序的初始页面（首页）。注意：小程序中新增/减少页面，都需要对 pages 数组进行修改。

● window 字段：定义小程序所有页面的顶部背景颜色、状态栏、导航条、标题、窗口、背景色文字颜色等，见表 3-4。

表 3-4　window 字段常用属性

属　性	类　型	默认值	描　述
navigationBarBackgroundColor	HexColor	#000000	导航栏背景颜色，如#000000
navigationBarTextStyle	string	white	导航栏标题颜色，仅支持 black/white
navigationBarTitleText	string		导航栏标题文字内容
navigationStyle	string	default	导航栏样式，仅支持以下值： default 默认样式； custom 自定义导航栏，只保留右上角胶囊按钮
backgroundColor	HexColor	#ffffff	窗口的背景色
backgroundTextStyle	string	dark	下拉 loading 的样式，仅支持 dark/light
backgroundColorTop	string	#ffffff	顶部窗口的背景色，仅 iOS 支持
backgroundColorBottom	string	#ffffff	底部窗口的背景色，仅 iOS 支持

续表

属　　性	类　　型	默认值	描　　述
enablePullDownRefresh	boolean	false	是否于启全局的下拉刷新。
onReachBottomDistance	number	50	页面上拉触底事件触发时距页面底部距离，单位为 px
pageOrientation	string	portrait	屏幕旋转设置，支持 auto/portrait/landscape

- style 字段：从微信客户端 7.0 版开始，其 UI 界面进行了大改版。小程序也进行了基础组件的样式升级。app. json 中配置 ""style":"v2"" 表明启用新版的组件样式。

- sitemaplocation 字段：指明 sitemap. json 的位置；默认为 "sitemap. json" 即在 app. json 同级目录下名字的 sitemap. json 文件。

注意：微信现已开放小程序内搜索，开发者可以通过 sitemap. json 配置，或者管理后台页面收录开关来配置其小程序页面是否允许被微信建立索引。当开发者允许微信索引时，微信会通过爬虫的形式，为小程序的页面内容建立索引。当用户的搜索词条触发该索引时，小程序的页面将展示在搜索结果中。

除以上字段外，app. json 还有以下一些常用配置项，如表 3-5 所示。

表 3-5　app. json 常用配置项

属　　性	类　　型	是否必填	描　　述
entryPagePath	string	否	指定小程序的默认启动路径（首页）。如果不填，将默认为 pages 列表的第 1 项
tabBar	Object	否	如果小程序是一个多 tab 应用（客户端窗口的底部或顶部有 tab 栏可以切换页面），可以通过 tabBar 配置项指定 tab 栏的表现，以及 tab 切换时显示的对应页面

（3）app. wxss

WXSS（WeiXinStyleSheets）是一套样式语言，用于描述 WXML 的组件样式，以及用来决定 WXML 的组件应该怎么显示。定义在 app. wxss 中的样式为全局样式，作用于每一个页面。

为了适应广大的前端开发者，WXSS 具有 CSS 大部分特性。同时为了更适合开发微信小程序，WXSS 对 CSS 进行了扩充以及修改。

与 CSS 相比，WXSS 扩展的特性如下。

① 尺寸单位。可以根据屏幕宽度进行自适应。小程序中规定屏幕宽为 750rpx。如某手机屏幕宽度为 375px，共有 750 个物理像素，则 750rpx = 375px = 750 物理像素，1rpx = 0.5px = 1 物理像素。

② 样式导入。使用@ import 语句可以导入外联样式表，@ import 后面导入的外联样式

表的相对路径，用 ";" 表示语句结束。

例如，在 comman.wxss 中声明如下。

```
/ * * common. wxss * * /
. small-p{
padding:5px;
}
```

在 app. wxss 中引入，用法如下。

```
/ * * app. wxss * * /
@ import" common. wxss";
. middle-p{
padding:15px;
}
```

小程序中框架组件上支持使用 style、class 属性来控制组件的样式。

● style：静态的样式统一写到 class 中。style 接收动态的样式，在运行时会进行解析，请尽量避免将静态的样式写进 style 中，以免影响渲染速度。具体代码如下。

```
<view style="color:{{color}};"/>
```

● class：用于指定样式规则，其属性值是样式规则中类选择器名（样式类名）的集合，样式类名不需要带上 ".",样式类名之间用空格分隔。具体代码如下。

```
<view class="normal_view"/>
```

小程序中支持的样式选择器如表 3-6 所示。

表 3-6　小程序中样式选择器

选择器	样　　例	样例描述
. class	. intro	选择所有拥有 class="intro" 的组件
#id	#firstname	选择拥有 id="firstname" 的组件
element	view	选择所有 view 组件
element，element	view, checkbox	选择所有文档的 view 组件和所有的 checkbox 组件
:: after	view:: after	在 view 组件后边插入内容
:: before	view:: before	在 view 组件前边插入内容

2）页面文件

一个小程序页面通常由 4 个文件组成，具体如表 3-7 所示。

表 3-7　小程序页面文件组成

文件类型	是否必须	作　　用
JS	是	页面逻辑
WXML	是	页面结构

续表

文件类型	是否必须	作　　用
JSON	否	页面配置
WXSS	否	页面样式表

注意：为了开发者减少配置项，描述页面的 4 个文件必须具有相同的路径与文件名。

（1）页面逻辑 page.js

这里的 page.js 其实用来表示 pages/logs 目录下的 logs.js 这类和小程序页面相关的逻辑层。在微信开发者工具中创建页面后会自动生成页面 JS 文件。对于小程序中的每个页面，都需要在页面对应的 JS 文件中进行注册，指定页面的初始数据、生命周期回调、事件处理函数等。

① getApp()方法。在 page.js 中可以使用 getApp()方法获取小程序全局唯一的 App 实例，获取 App 上的数据或调用开发者注册在 App 上的函数。

例如，新建项目"代码 3-2"，对 app.js 中 globalData 下 userInfo 的值进行修改，然后在 index.js 中获得 app.js 中的公共数据，并在控制台 Console 中输出 userInfo 的值。具体代码如下。

```
// app.js
App({
……
globalData:{
// 将 userInfo 的值从 null 修改为"John Doe"
userInfo:"John Doe"
}
}
```

```
// index.js
// 获取应用实例
const app = getApp()
console.log(app.globalData.userInfo)
```

运行后，控制台 Console 中输出结果如图 3-28 所示。

图 3-28　页面中获取 app 的数据结果

② page()方法。注册小程序中的一个页面。接收一个 Object 类型参数，其指定页面的初始数据、生命周期回调、事件处理函数等。其参数常见属性如表 3-8 所示。

表 3-8　page()常见属性

属　性	类　型	说　明
data	Object	页面的初始数据
options	Object	页面的组件选项
onLoad	function	生命周期回调——监听页面加载
onShow	function	生命周期回调——监听页面显示
onReady	function	生命周期回调——监听页面初次渲染完成
onHide	function	生命周期回调——监听页面隐藏
onUnload	function	生命周期回调——监听页面卸载
onPullDownRefresh	function	监听用户下拉动作
onReachBottom	function	页面上拉触底事件的处理函数
onShareAppMessage	function	用户点击右上角转发
onShareTimeline	function	用户点击右上角转发到朋友圈
onAddToFavorites	function	用户点击右上角收藏
onPageScroll	function	页面滚动触发事件的处理函数
onResize	function	页面尺寸改变时触发
onTabItemTap	function	当前是 Tab 页时，单击 Tab 时触发
其他	any	开发者可以添加任意的函数或数据到 Object 参数中，在页面的函数中用 this 可以访问

③ data 与数据绑定。data 是页面第一次渲染使用的初始数据。

页面加载时，data 将会以 JSON 字符串的形式由逻辑层传至渲染层，因此 data 中的数据必须是可以转成 JSON 的类型，如字符串、数字、布尔值、对象、数组。

渲染层可以通过 WXML 对数据进行绑定。数据绑定的语法及示例将在下一部分"页面结构"中进行介绍。

（2）页面结构 page.wxml

WXML（WeiXinMarkupLanguage）是框架设计的一套标签语言，结合基础组件、事件系统，可以构建出页面的结构。WXML 具有数据绑定、列表渲染、条件渲染、模板、引用等功能。

① 数据绑定。WXML 中的动态数据均来自对应 Page 的 data。数据绑定使用 Mustache 语法（双大括号）将变量包起来，可以作用于内容、组件属性（需要在双引号之内）、控制属性（需要在双引号之内）、关键字（需要在双引号之内）、三元运算、算术运算等。

创建项目"代码 3-3"，在 index.js 中定义 2 个初始数据，其中 text 是字符串类型、

array 是数组类型，然后在 index. wxml 中将初始数据的值显示出来。小程序中的数据绑定示例如下所示。

JS 文件代码如下。

```
// index. js
Page({
data:{
text:'HelloWorld',
array:[{msg:'1'},{msg:'2'}]
}
})
```

在 WXML 页面中加入如下代码，即可将设定好的变量值渲染到页面上。

```
<!--index. wxml-->
<view>{{text}}</view>
<view>{{array[0]. msg}}</view>
```

运行后，模拟器中效果如图 3-29 所示。

② 列表渲染。

● wx:for。

在组件上使用 wx:for 控制属性绑定一个数组，即可使用数组中各项的数据重复渲染该组件。默认数组的当前项的下标变量名默认为 index，数组当前项的变量名默认为 item。

代码 3-4 展示了如何使用 wx:for 在页面上将预设好的数组内容显示出来。

JS 文件如下所示。

图 3-29   小程序中数据绑定
运行结果

```
// index. js
Page({
data:{
array:[{
name:'张三',
number:'202101'
},{
name:'李四',
number:'202102'
}]
}
})
```

WXML 文件如下所示。

```
<!--index. wxml-->
<view wx:for="{{array}}">
{{index}}:姓名是:{{item. name}},学号是:{{item. number}}
</view>
```

运行结果如图 3-30 所示。

注意事项如下。

● 使用 wx:for-item 可以指定数组当前元素的变量名；使用 wx:for-index 可以指定数组当前下标的变量名。

● wx:for 可以嵌套。

● 当 wx:for 的值为字符串时，会将字符串解析成字符串数组。wx:for="array" 等同于 wx:for="{{['a','r','r','a','y']}}"。

在小程序中如果不使用默认下标变量名 index 和默认变量名 item，可以将它们换为自定义的变量名。下面演示通过 wx:for-item 将上述代码中 index.wxml 的 item 变量名改为 newItem，通过 wx:for-index 将 index 变量名修改为 newIndex，变更后列表渲染页面效果不变。

图 3-30　使用 wx:for 进行列表渲染运行结果

WXML 文件如下。

```
<!--index.wxml-->
<view wx:for="{{array}}" wx:for-item="newItem" wx:for-index="newIndex">
{{newIndex}}:姓名是:{{newItem.name}},学号是:{{newItem.number}}
</view>
```

● wx:key。如果小程序列表中项目的位置会动态改变或者有新的项目添加到列表中，且希望列表中的项目保持自己的特征和状态（如 input 中的输入内容、switch 的选中状态），则需要使用 wx:key 来指定列表中项目的唯一的标识符。当数据改变触发渲染层重新渲染的时候，会校正带有 key 的组件，框架会确保他们被重新排序，而不是重新创建，以确保组件保持自身的状态，并且提高列表渲染时的效率。

wx:key 的值的两种形式提供如下。

● 字符串，代表在 for 循环的 array 中 item 的某个属性，该属性的值需要是列表中唯一的字符串或数字，且不能动态改变。

● 保留关键字 * this 代表在 for 循环中的 item 本身，这种表示需要 item 本身是一个唯一的字符串或者数字。

注意：如不提供 wx:key，程序会在控制台中告警 "Now you can provide attr 'wx:key'for a 'wx:for' to improve performance."，如果明确知道该列表是静态，或者不必关注其顺序，可以选择忽略。

代码 3-5 展示了 wx:key 对于变化的数据的渲染的作用。

JS 文件如下。

```
// index.js
Page({
  data: {
    numberArray: [1, 2, 3, 4]
  },
```

```
// 每次调用 addNumberToFront() 都会添加一个数字到 numberArray 中
  addNumberToFront: function(e) {
    this. data. numberArray = [ this. data. numberArray. length + 1 ]. concat( this. data. numberArray)
    this. setData( {
      numberArray: this. data. numberArray
    } )
  }
} )
```

在 index. wxml 页面中加入下面代码，实现在界面中添加 switch 控件，并且将设定好的变量值渲染到页面上。

WXML 文件如下。

```
<!--index. wxml-->
<switch wx:for="{{numberArray}}" wx:key=" * this" style="display: block;"> {{item}} </switch>
<button bindtap="addNumberToFront">添加新数字</button>
```

在上面这个案例中，在 index. js 文件中定义了一个 numberArray 数组和一个 addNumberToFront() 方法。单击界面上的按钮后会调用 addNumberToFront() 方法，在数组 numberArray 中添加一个新的数字，然后通过列表渲染将数据显示到界面上。

可以看到，程序运行后，界面中出现了纵向排列的开关组件。点击开关组中的开关，会出现开关被选中/取消选中的效果。点击界面中的"Add to the front"按钮，在开关组的上方会添加新的开关，并且开关组中被选中的开关保留选中效果，如图 3-31 所示。

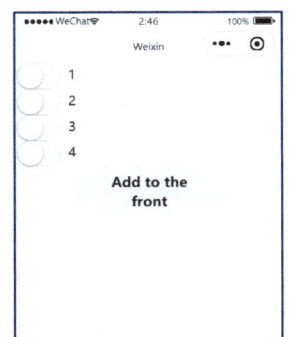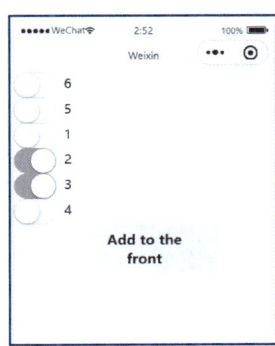

图 3-31　开关组件示例运行结果

请大家自行尝试将代码中 wx:key 部分删除后运行，找出运行效果的不同之处，并且思考原因是什么。

③ 条件渲染。在框架中，使用 wx:if="" 来判断是否需要渲染该代码块，语法如下。

```
<view wx:if="{{condition}}">True</view>
```

也可以用 wx: elif 和 wx: else 来添加一个 else 块，语法如下。

```
<view wx:if="{{length>5}}">1</view>
<view wx:elif="{{length>2}}">2</view>
<view wx:else>3</view>
```

　　如果要一次性判断多个组件标签，可以使用一个<block/>标签将多个组件包装起来，并在上边使用 wx：if 控制属性，语法如下。

```
<block wx:if="{{true}}">
<view>view1</view>
<view>view2</view>
</block>
```

　　④ 模板。WXML 提供模板（template），可以在模板中定义代码片段，然后在不同的地方调用。通过代码 3-6 介绍模板的使用方法。

　　● 定义模板。在 pages 中新建文件夹 testTemplate，并在其中新建文件 testTemplate. wxml。在代码中使用 name 属性，将它的值作为模板的名字。testTemplate. wxml 中的代码如下所示。

```
<!--pages/testTemplate/testTemplate. wxml-->
<text>pages/testTemplate/testTemplate. wxml</text>
<!--index:int;msg:string;time:string-->
<template name="testTemplate">
<view>
<text>{{index}}:{{msg}}</text>
</view>
<view>
<text>Time:{{time}}</text>
</view>
</template>
```

　　● 使用模板。使用 is 属性，声明需要的使用的模板，然后将模板所需要的 data 传入。需要注意的是，其他 wxml 文件使用此模板时，需要引入文件，然后再根据模板类的名称调用。在本案例中，要在 index. wxml 中引入定义好的模板，并显示在界面上。

　　在 index. js 中，先定义案例需要显示的数据，代码如下。

```
Page({
data:{
item:{
index:0,
msg:'thisisatemplate',
time:'2022-01-15'
}
}
})
```

　　在 index. wxml 中引入模板文件，声明需要使用的模板，然后将所需的 data 传入，代码如下。

```
<!--index. wxml-->
<!--引入模板文件-->
<import src="../testTemplate/testTemplate. wxml"/>
<!--声明将要使用的模板,并将 data 进行传入-->
<template is="testTemplate" data="{{...item}}"/>
```

运行结果如图 3-32 所示。

is 属性可以使用 Mustache 语法（双大括号），来动态决定具体需要渲染哪个模板。

WXML 文件如下。

```
<!--index. wxml-->
<!--模板 odd-->
<templatename = "odd">
<text>奇数</text>
</template>
<!--模板 even-->
<templatename = "even">
<text>偶数</text>
</template>

<blockwx:for = "{{[1,2,3,4,5]}}">
<view>
<text>{{item}}是</text>
<templateis = "{{item%2 == 0? 'even':'odd'}}"/>
</view>
</block>
```

图 3-32　引入模板文件示例
运行结果

代码 3-7 定义了两个模板 odd 和 even。在页面中声明需要使用的模板时使用了三元运算对数组中的数字进行判断，如果是奇数就使用 odd 模板，如果是偶数就使用 even 模板，其运行结果如图 3-33 所示。

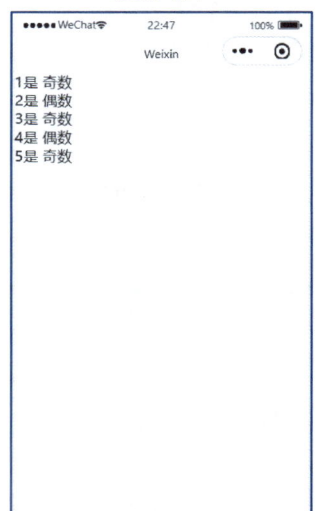

注意：模板拥有自己的作用域，只能使用 data 传入的数据以及模板定义文件中定义的<wxs/>模块。

⑤ 引用。WXML 提供两种文件引用方式 import 和 include。

● import。import 可以在该文件中使用目标文件定义的 template，如下代码在 item. wxml 中定义了一个叫 item 的 template。

```
<!--item. wxml-->
<templatename = "item">
<text>{{text}}</text>
</template>
```

图 3-33　判断奇/偶数示例
运行结果

在 index. wxml 中引用了 item. wxml，就可以使用 item 模板具体如下。

```
<importsrc = "item. wxml"/>
<templateis = "item" data = "{{text:'forbar'}}"/>
```

注意：import 有作用域的概念，只会导入目标文件中定义的 template，而不会导入目标文件中导入文件或包的 template。例如在 C 导入 B 后可以使用 B 定义的 template，在 B 导入 A 后可以使用 A 定义的 template，但是 C 不能使用 A 定义的 template。

● include。include 可以将目标文件除了 <template/><wxs/> 外的整个代码引入，相当于复制粘贴到 include 位置。下面的示例代码是在 index. wxml 中引入 header. wxml 和 foot-er. wxml 两个文件的代码。

```
<!--index. wxml-->
<includesrc = "header. wxml"/>
<view>body</view>
<includesrc = "footer. wxml"/>

<!--header. wxml-->
<view>header</view>

<!--footer. wxml-->
<view>footer</view>
```

（3）页面配置 page. json

page. json 是用来表示 pages/logs 目录下的 logs. json 这类和小程序页面相关的配置。每个小程序页面也可以使用同名 . json 文件对本页面的窗口表现进行配置，页面中配置项会覆盖 app. json 的 window 中相同的配置项。page. json 中各配置项用法与 app. json 相同。

（4）页面样式表 page. wxss

在 page 的 wxss 文件中定义的样式为局部样式，只作用在对应的页面，并会覆盖 app. wxss 中相同的选择器。

3. 小程序的审核与发布

一个小程序从开发完到上线一般要经过预览→上传代码→提交审核→发布等步骤。

1）预览

在创建小程序的部分中实操了使用开发者工具在模拟器界面预览小程序；也可以在手机端微信中预览小程序的真实表现。

单击开发者工具顶部操作栏的预览按钮 ，开发者工具会自动打包当前项目，并上传小程序代码至微信的服务器，成功之后会在界面上显示一个二维码。使用当前小程序开发者的微信扫码即可看到小程序在手机端的真实表现，如图 3-34 所示。

图 3-34　二维码预览小程序

微信还提供了自动预览功能，可以实现编写小程序时快速预览，免去了每次查看小程序效果时都要扫码或者使用小程序助手。

使用"自动预览"功能，可以在打开预览二维码的时候，单击"自动预览"标签切换成自动预览模式。切换模式后，单击"编译并预览"按钮，即可实现自动预览。此时开发者工具会自动上传代码，保持前台运行的微信客户端自动刷新当前开发的小程序，如图 3-35 所示。

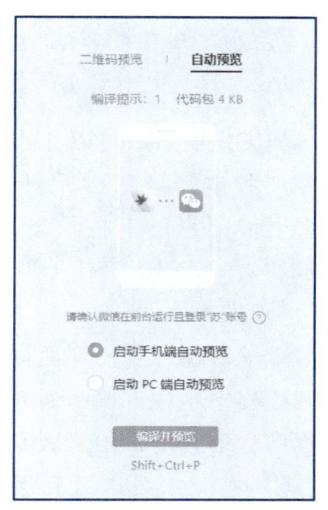

> **注意**：自动预览功能仅限与登录开发者工具的同账号微信使用。如需切换为普通预览模式，只需单击"扫描二维码预览"标签即可。注意使用自动预览功能，要使用 6.6.7 及以上版本的微信客户端。

2）上传代码

单击开发者工具顶部操作栏的上传按钮 ⬆️ ，填写版本号以及项目备注。注意，这里版本号以及项目备注是为了方便管理员检查版本使用的，开发者可以根据自己的实际要求填写这两个字段，如图 3-36 所示。

上传成功之后，登录小程序管理后台，在"版本管理"中的"开发版本"处就可以找到提交上传的版本信息。可以将这个版本设置为体验版或者提交审核，如图 3-37 所示。

图 3-35　自动预览

3）提交审核

为了保证小程序的质量符合相关的规范，小程序的发布需要经过审核。

在开发者工具中上传了小程序代码之后，登录小程序管理后台，在"版本管理"中的"开发版本"处找到提交上传的版本，单击"提交审核"按钮，按照页面提示，填写相关的信息即可，如图 3-38 所示。

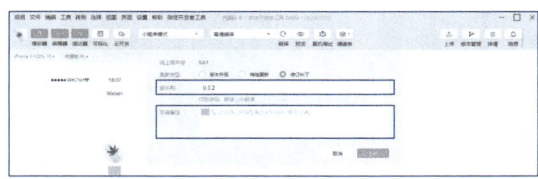

图 3-36　上传代码

(a) 单击"提交审核"按钮

图 3-37　后台查看代码上传状态

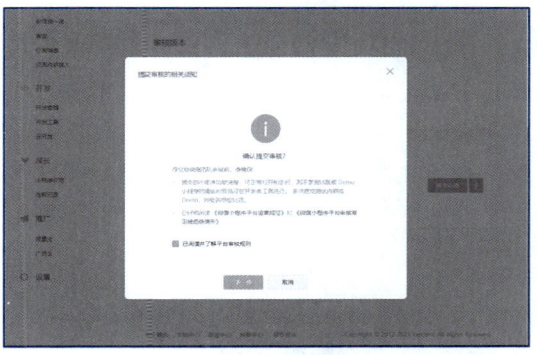

(b) 确认提交审核

图 3-38　提交审核

注意：只有管理员才能够提交审核。请开发者严格测试后，再提交审核。如果多次的审核不通过，可能会影响后续的审核时间。

提交完成后，可以在小程序管理后台→"版本管理"→"开发版本"中查看上传项目的审核状态，如图3-39所示。

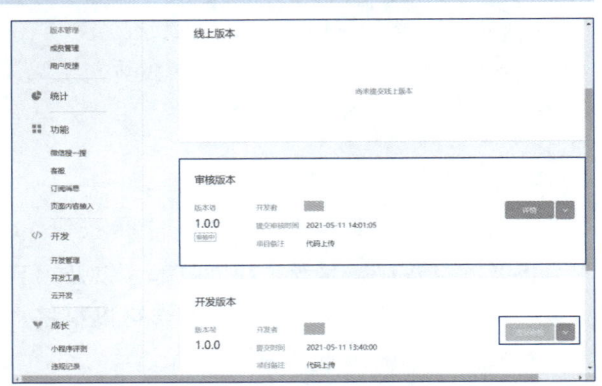

4）发布

审核通过之后，管理员的微信中会收到小程序通过审核的通知，此时登录小程序管理后台，在"版本管理"中的"审核版本"中可以看到通过审核的版本详情。

图3-39　项目审核状态

单击"发布"后，即可发布小程序。小程序提供了两种发布模式：全量发布和分阶段发布。全量发布是指当单击发布之后，所有用户访问小程序时都会使用当前最新的发布版本。分阶段发布是指分不同时间段来控制部分用户使用最新的发布版本。分阶段发布也称为灰度发布。一般来说，普通小程序发布时采用全量发布即可。当大型小程序承载的功能越来越多，使用的用户数越来越多时，采用分阶段发布是一个控制风险的办法。

任务实施

请读者根据知识准备部分的实操流程申请开发者账号，并下载、配置微信开发者工具。

完成后，在开发者工具中创建一个新的项目"代码3-8"。通过修改index.js中的数据，采用数据绑定的方式使小程序界面中预设好的文字显示。运行效果如图3-40所示。

index.js中的数据定义如下。

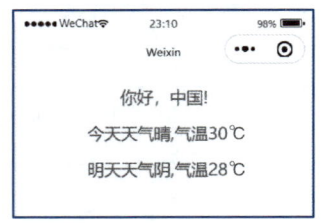

图3-40　任务3-1运行效果

```
// index.js
// 获取应用实例
const app = getApp()

Page({
    // 定义在页面显示的数据
    data: {
        items: {
            msg: '你好,中国!',
```

```
        array：[{
            weather：'今天天气晴'，
            tem：'气温 30℃'
        }，
        {
            weather：'明天天气阴'，
            tem：'气温 28℃'
        }]
    }
  }
})
```

接下来需要使用数据绑定和列表渲染，将数据显示到界面上。index. wxml 中代码如下。

```
<!--index. wxml-->
<view class="userinfo">
    <text>{{items. msg}}</text>
    <!-- 使用列表渲染的办法将 page 中的数据显示出来-->
    <text wx:for="{{items. array}}"
wx:key="index">{{item. weather}}，{{item. tem}}</text>
</view>
```

index. wxss 中对界面显示的文字效果进行配置，代码如下。

```
/**index. wxss**/
. userinfo {
    display：flex；
    flex-direction：column；
    margin-top：5%；
    align-items：center；
    color：#90e；
    font-size：large；
}
text{
    margin-bottom：5%；
}
```

代码编写、调试完成后，生成预览二维码，在微信手机端上查看效果。

对项目进行配置，调试。在开发者工具中上传小程序代码后，登录小程序管理后台，上传代码并提交审核。

知识拓展

在 WXML 中，普通的属性的绑定是单向的。例如如下代码。

```
<input value="{{value}}"/>
```

如果使用 this.setData({value:'leaf'})来更新 value，this.data.value 和输入框的中显示的值都会被更新为 leaf；但如果用户修改了输入框里的值，却不会同时改变 this.data.value。

如果需要在用户输入的同时改变 this.data.value，需要借助简易双向绑定机制。此时，可以在对应项目之前加入 model:前缀，例如如下代码。

```
<input model:value="{{value}}"/>
```

这样，如果输入框的值被改变了，this.data.value 也会同时改变。同时，WXML 中所有绑定了 value 的位置也会被一同更新，数据监听器也会被正常触发。

任务 3-2　调查问卷微信小程序的设计

任务 3-2

任务描述

调查问卷又称调查表或询问表，是以问题的形式系统地记载调查内容的一种调查模式。通过把问卷分发给与研究事项有关的人员，然后对问卷回收整理，并进行统计分析，最后得出研究结果。因为调查问卷设计统一的问题，进行大规模投放，所以调查过程具有较高的效率、客观性和广泛性。在生产生活中经常会用到或者收到调查问卷。

微信小程序中提供了大量的组件和 API。与 HTML5 相比，小程序的组件与 API 的使用方法更为简单。本任务中要使用微信小程序的组件和 API 来创建一个学生评教的微信小程序版调查问卷。运行效果如图 3-41 所示。

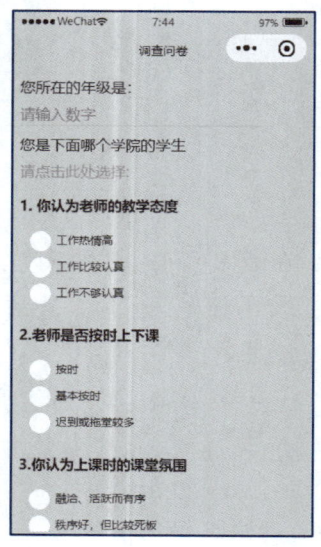
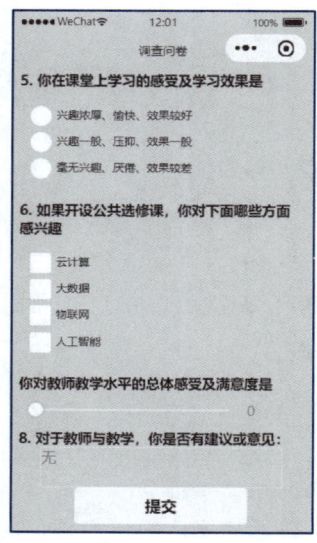

图 3-41　任务 3-2 运行效果

问题引导

调查问卷需要参与调研的人回答各种问题。问题有多种形式，如单选、多选、下拉菜单等，因此需要解决以下问题。

- 制作一个在线调查问卷需要使用什么控件？
- 是否需要使用微信的 API？
- 调查问卷中的问题的数据如何进行绑定与渲染？

知识准备

1. 小程序中的基础组件

小程序提供了丰富的基础组件给开发者，开发者可以像搭积木一样，组合各种组件拼合成小程序。框架为开发者提供了一系列基础组件，开发者可以通过组合这些基础组件进行快速开发。

组件的特点如下。

① 组件是视图层的基本组成单元。

② 组件自带一些功能与微信风格一致的样式。

③ 一个组件通常包括开始标签和结束标签；属性用来修饰这个组件；内容在两个标签之内。

就像 HTML 的<div><p>等标签一样，在小程序中，只需要在 WXML 写上对应的组件标签名字就可以把该组件显示在界面上。注意：所有组件与属性都是小写，以连字符（-）连接。

小程序中所有组件都具有表 3-9 中所列属性。

<p style="text-align:center"><strong>表 3-9　组件的公共属性</strong></p>

属性名	类　型	描　述	注　解
id	String	组件的唯一标识	保持整个页面唯一
class	String	组件的样式类	在对应的 WXSS 中定义的样式类
style	String	组件的内联样式	可以动态设置的内联样式
hidden	Boolean	组件是否显示	所有组件默认显示
data-*	Any	自定义属性	组件上触发的事件时，会发送给事件处理函数
bind*／catch*	EventHandler	组件的事件	

接下来对小程序中一些常用组件的属性及用法进行介绍。

1）view

view 是视图容器，支持 block 和 flex 两种布局方式，默认布局方式是 block。它的属性如表 3-10 所示。

表 3-10   组件 view 的属性

属 性	类 型	默认值	是否必填	说 明
hover-class	string	none	否	指定按下去的样式类。当 hover-class = " none" 时，没有点击态效果
hover-stop-propagation	boolean	false	否	指定是否阻止本节点的祖先节点出现点击态
hover-start-time	number	50	否	按住后多久出现点击态，单位为毫秒
hover-stay-time	number	400	否	手指松开后点击态保留时间，单位为毫秒

小程序中的 view 组件和 HTML 中的 div 类似。接下来通过如下代码，学习 view 的使用方法。首先新建项目"代码 3-9"，然后修改 pages 中的 index.wxml，使它在界面中分别显示横向布局和纵向布局。在本案例中分别设置了绿、蓝和浅灰 3 种颜色，在横向布局时让 3 种色块横向排列在界面中；在纵向布局时，让 3 个色块纵向排列在界面中。

index.wxml 代码如下。

```
<!--index. wxml-->
<view>
<view>
<view>
<view>
<text>flex-direction:row\n 横向布局</text>
</view>
<viewclass = "flex-wrp" style = "flex-direction:row;" >
<viewclass = "flex-itemdemo-text-1" ></view>
<viewclass = "flex-itemdemo-text-2" ></view>
<viewclass = "flex-itemdemo-text-3" ></view>
</view>
</view>
<view>
<view>
<text>flex-direction:column\n 纵向布局</text>
</view>
<viewclass = "flex-wrp" style = "flex-direction:column;" >
<viewclass = "flex-itemflex-item-Vdemo-text-1" ></view>
<viewclass = "flex-itemflex-item-Vdemo-text-2" ></view>
<viewclass = "flex-itemflex-item-Vdemo-text-3" ></view>
</view>
</view>
</view>
</view>
```

在 index.wxss 中对 index.wxml 中出现的控件的样式进行定义。index.wxss 代码如下。

```
/ * * index.wxss * * /
.flex-wrp{
margin-top:20rpx;
margin-bottom:40rpx;
display:flex;
}
.flex-item{
width:200rpx;
height:300rpx;
font-size:26rpx;
}
.flex-item-V{
margin:0auto;
width:300rpx;
height:200rpx;
}
.demo-text-1{
position:relative;
align-items:center;
justify-content:center;
background-color:#1AAD19;
color:#FFFFFF;
font-size:36rpx;
}
.demo-text-1:before{
content:'A';
position:absolute;
top:50%;
left:50%;
transform:translate(-50%,-50%);
}
.demo-text-2{
position:relative;
align-items:center;
justify-content:center;
background-color:#2782D7;
color:#FFFFFF;
font-size:36rpx;
}
.demo-text-2:before{
content:'B';
position:absolute;
top:50%;
left:50%;
transform:translate(-50%,-50%);
}
```

```
. demo-text-3{
position:relative;
align-items:center;
justify-content:center;
background-color:#F1F1F1;
color:#353535;
font-size:36rpx;
}
. demo-text-3:before{
content:'C';
position:absolute;
top:50%;
left:50%;
transform:translate(-50%,-50%);
}
```

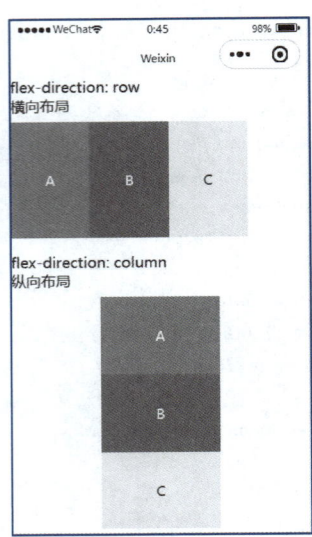

图 3-42   代码 3-9 运行结果

运行结果如图 3-42 所示。

2) scroll-view

可滚动视图区域是非常常见的视图组件。使用竖向滚动时，需要设置一个固定高度，通过 WXSS 设置 height。组件属性的长度单位默认为 px，微信 2.4.0 版本起支持传入单位（rpx/px）。主要属性如表 3-11 所示。

表 3-11   组件 scroll-view 的属性

属　　性	类　　型	默认值	是否必填	说　　明
scroll-x	boolean	false	否	允许横向滚动
scroll-y	boolean	false	否	允许纵向滚动
scroll-top	number/string		否	设置竖向滚动条位置
scroll-left	number/string		否	设置横向滚动条位置
scroll-into-view	string		否	值应为某子元素 id（id 不能以数字开头）。设置哪个方向可滚动，则从哪个方向滚动到该元素
scroll-with-animation	boolean	false	否	在设置滚动条位置时使用动画过渡
enable-back-to-top	boolean	false	否	iOS 点击顶部状态栏、安卓双击标题栏时，滚动条返回顶部，只支持竖向
enable-flex	boolean	false	否	启用 flexbox 布局。开启后，当前节点声明了 display:flex 就会成为 flexcontainer，并作用于其孩子节点
refresher-enabled	boolean	false	否	开启自定义下拉刷新
refresher-threshold	number	45	否	设置自定义下拉刷新阈值
show-scrollbar	boolean	true	否	滚动条显隐控制（同时开启 enhanced 属性后生效）

续表

属　　性	类　　型	默认值	是否必填	说　　明
bindscrolltoupper	eventhandle		否	滚动到顶部/左边时触发
bindscrolltolower	eventhandle		否	滚动到底部/右边时触发
bindscroll	eventhandle		否	滚动时触发，event. detail = { scrollLeft, scroll-Top, scrollHeight, scrollWidth, deltaX, deltaY }

注意：在滚动 scroll-view 时会阻止页面回弹，所以在 scroll-view 中滚动时，无法触发 onPullDownRefresh；若要使用下拉刷新，请使用页面的滚动，而不是 scroll-view，这样也能通过点击顶部状态栏回到页面顶部。

接下来通过代码 3-10，来看一下 scroll-view 的使用方法。首先新建项目"代码 3-10"，然后修改 pages 中的 index. wxml，使它在界面中分别添加可以纵向滚动的区域和可以横向滚动的区域。

index. wxml 代码如下。

```
<!--index. wxml-->
<view>
<viewclass = " page-body" >
<!--纵向滚动展示区域-->
<viewclass = " page-section" >
<viewclass = " page-section-title" >
<text>VerticalScroll\n 纵向滚动</text>
</view>
<viewclass = " page-section-spacing" >
<!--滚动时,滚动到顶端,滚动到底部输出信息-->
<scroll-viewscroll-y = " true" style = " height:300rpx;" bindscrolltoupper = " upper" bindscrolltolower = " lower"
bindscroll = " scroll" scroll-into-view = " { {toView} }" scroll-top = " { {scrollTop} }" >
<viewid = " demo1" class = " scroll-view-itemdemo-text-1" ></view>
<viewid = " demo2" class = " scroll-view-itemdemo-text-2" ></view>
<viewid = " demo3" class = " scroll-view-itemdemo-text-3" ></view>
</scroll-view>
</view>
</view>
<!--横向滚动展示区域-->
<viewclass = " page-section" >
<viewclass = " page-section-title" >
<text>HorizontalScroll\n 横向滚动</text>
</view>
<viewclass = " page-section-spacing" >
<!--滚动时输出信息-->
<scroll-viewclass = " scroll-view_H" scroll-x = " true" bindscroll = " scroll" style = " width:100%" >
<viewid = " demo1" class = " scroll-view-item_Hdemo-text-1" ></view>
<viewid = " demo2" class = " scroll-view-item_Hdemo-text-2" ></view>
```

```
<viewid = " demo3" class = " scroll-view-item_Hdemo-text-3" ></view>
</scroll-view>
</view>
</view>
</view>
</view>
```

在 index. wxss 中对页面的样式进行设置。index. wxss 代码如下。

```
. page-section-spacing{
margin-top:30rpx;
}
. page-section{
margin-bottom:60rpx;
}
. scroll-view_H{
white-space:nowrap;
}
. scroll-view-item{
height:300rpx;
}
. scroll-view-item_H{
display:inline-block;
width:100% ;
height:300rpx;
}
. demo-text-1{
position:relative;
align-items:center;
justify-content:center;
background-color:#1AAD19;
color:#FFFFFF;
font-size:36rpx;
}
. demo-text-1:before{
content:'A';
position:absolute;
top:50% ;
left:50% ;
transform:translate(-50% ,-50% );
}
. demo-text-2{
position:relative;
align-items:center;
justify-content:center;
background-color:#2782D7;
color:#FFFFFF;
font-size:36rpx;
}
```

```
. demo-text-2:before{
content:'B';
position:absolute;
top:50%;
left:50%;
transform:translate(-50%,-50%);
}
. demo-text-3{
position:relative;
align-items:center;
justify-content:center;
background-color:#F1F1F1;
color:#353535;
font-size:36rpx;
}
. demo-text-3:before{
content:'C';
position:absolute;
top:50%;
left:50%;
transform:translate(-50%,-50%);
}
```

　　在 index.js 中定义滚动时在控制台中进行信息输出；纵向滚动时滚到顶部和底部时都在控制台中进行信息输出。

　　index.js 代码如下。

```
// index.js
// 获取应用实例
constapp=getApp()

constorder=['demo1','demo2','demo3']

Page({
// 用户点击右上角转发
onShareAppMessage(){
return{
title:'scroll-view',
path:'page/component/pages/scroll-view/scroll-view'
}
},

data:{
toView:'green'
},

upper(e){
```

```
console. log( e)
},

lower( e) {
console. log( e)
},

// 滚动时输出信息
scroll( e) {
console. log( e)
},

scrollToTop() {
this. setAction( {
scrollTop:0
})
}

})
```

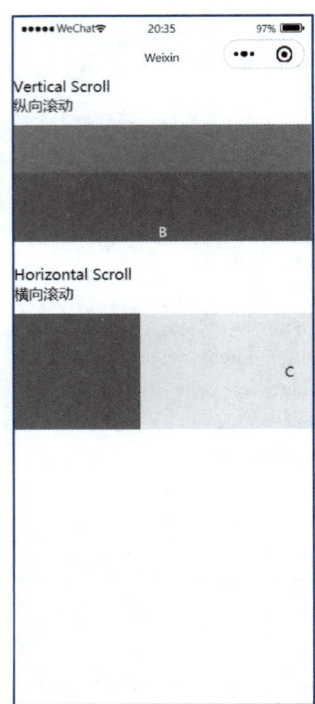

图 3-43　代码 3-10 运行结果

运行结果如图 3-43 所示。滚动时，在 console 控制台中可以查看输出信息，当纵向滚动到顶部和底部时，有相应的提示。控制台中输出结果如图 3-44 和图 3-45 所示。

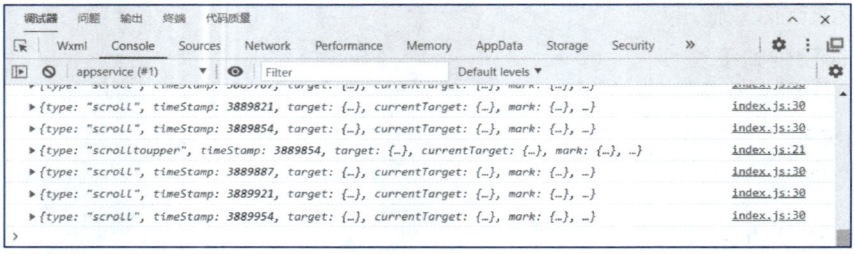

图 3-44　纵向滚动到顶端时控制台输出信息

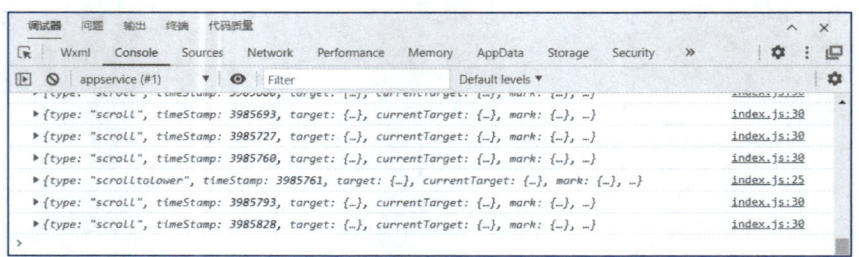

图 3-45　纵向滚动到底部时控制台输出信息

3）text

文本组件的属性如表 3-12 所示。

表 3-12　文本 text 的属性

属　　　性	类　　　型	默认值	是否必填	说　　　　明
selectable	boolean	false	否	文本是否可选（已废弃）
user-select	boolean	false	否	文本是否可选，该属性会使文本节点显示为 inline-block
space	string		否	显示连续空格
decode	boolean	false	否	是否解码

注意：decode 可以解析的有 、<、>、&、'、 、 ，text 组件内只支持 text 嵌套。

接下来通过一个案例介绍 text 文本的使用方法，首先创建一个项目"代码 3-11"，然后在相应的文件中编写代码。该页面由 1 个 text 文本和 2 个 button 按钮组成，当点击"添加行"按钮后，会在文本中添加文本；点击"删除行"按钮后，会将文本中添加的文本删除。

index. wxml 代码如下。

```
<!--index. wxml-->
<viewclass = " btn-area" >
<viewclass = " body-view" >
<text>｛｛text｝｝</text>
<buttonbindtap = " add" class = " intro" >添加行</button>
<buttonbindtap = " remove" class = " intro" disabled = "｛｛!canRemove｝｝' >删除行</button>
</view>
</view>
```

index. wxss 代码如下。

```
/ ** index. wxss ** /
. intro｛
margin：30px；
text-align：center；
｝
```

index. js 代码如下。

```
// index. js
// 获取应用实例
constapp = getApp()

varinitData = '第一行\n 第二行'
varextraLine = [ ]；
Page(｛
data：｛
text：initData,
canRemove：false
｝,
// 点击"添加行"按钮后,在文字部分添加"追加内容"
```

```
add:function(e){
extraLine. push('追加内容')
this. setData({
text:initData+'\n'+extraLine. join('\n'),
canRemove:extraLine. length>0
})
},
// 点击"删除行"按钮后,将文字部分中"追加内容"删除
remove:function(e){
if(extraLine. length>0){
extraLine. pop()
this. setData({
text:initData+'\n'+extraLine. join('\n'),
canRemove:extraLine. length>0
})
}
}
})
```

项目运行结果如图 3-46 所示。点击页面上按钮效果如图 3-47 所示。

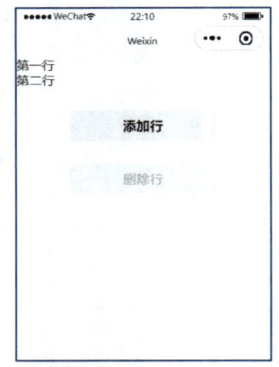

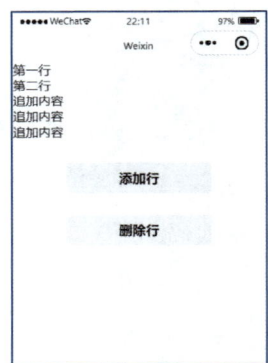

图 3-46　"代码 3-11"项目的运行结果　　　　图 3-47　"代码 3-11"项目中点击页面按钮效果

4) icon

图标组件。组件属性的长度单位默认为 px,从微信 2.4.0 版本起支持传入单位（rpx/px）。图标 icon 属性如表 3-13 所示。

表 3-13　图标 icon 的属性

属　　性	类　　型	默认值	是否必填	说　　明
type	string		是	icon 的类型, 有效值: success, success_no_circle, info, warn, waiting, cancel, download, search, clear
size	number/string	23	否	icon 的大小
color	string		否	icon 的颜色, 同 css 的 color

"代码 3-12"项目中展示了多种图标样式,以及不同大小和颜色的图标。新建项目

"代码 3-12"，修改 index. wxml 和 index. js 的代码。在 index. js 中定义好图标的大小、类型、颜色等属性，在 index. wxml 中使用 wx:for 列表渲染将结果显示到页面上。

index. wxml 代码如下。

```
<!--index. wxml-->
<viewclass = " group" >
<blockwx:for = " { { iconSize } } " >
<icontype = " success" size = " { { item } } " />
</block>
</view>

<viewclass = " group" >
<blockwx:for = " { { iconType } } " >
<icontype = " { { item } } " size = " 40" />
</block>
</view>

<viewclass = " group" >
<blockwx:for = " { { iconColor } } " >
<icontype = " success" size = " 40" color = " { { item } } " />
</block>
</view>
```

index. js 代码如下。

```
// index. js
// 获取应用实例
constapp = getApp()

Page( {
data:{
iconSize:[ 20,30,40,50,60,70 ] ,
iconColor:[
'red','orange','yellow','green','rgb( 0,255,255)','blue','purple'
] ,
iconType:[
'success','success_no_circle','info','warn','waiting','cancel','download','search','clear'
]
}
} )
```

项目运行结果如图 3-48 所示。

5）progress

progress（进度条）组件长度的单位默认为 px，自微信 2.4.0 版本起支持传入单位 rpx/px。progress 的属性如表 3-14 所示。

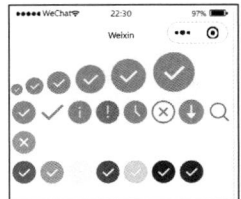

图 3-48　"代码 3-12"项目的运行结果

表 3-14 **progress** 的属性

属　　性	类　　型	默认值	是否必填	说　　明
percent	number		否	百分比 0~100
show-info	boolean	false	否	在进度条右侧显示百分比
border-radius	number/string	0	否	圆角大小
font-size	number/string	16	否	右侧百分比字号大小
stroke-width	number/string	6	否	进度条线的宽度
color	string	#09BB07	否	进度条颜色（请使用 activeColor）
activeColor	string	#09BB07	否	已选择的进度条的颜色
backgroundColor	string	#EBEBEB	否	未选择的进度条的颜色
active	boolean	false	否	进度条从左往右的动画
active-mode	string	backwards	否	backwards：动画从头开始播放；forwards：动画从上次结束点继续播放
duration	number	30	否	进度增加 1% 所需毫秒数
bindactiveend	eventhandle		否	动画完成事件

下面展示几种进度条的样式。新建项目"代码 3-13"，在 index. wxml 和 index. wxss 中修改代码。案例中使用了进度条的 show-info、stroke-width、color、active 等属性。

index. wxml 代码如下。

```
<!--index. wxml-->
<viewclass="info">
<text>在进度条右侧显示百分比</text>
<progressclass="prog" percent="20" show-info/>
</view>
<viewclass="info">
<text>进度条线的宽度为 12</text>
<progressclass="prog" percent="40" stroke-width="12"/>
</view>
<viewclass="info">
<text>粉色的进度条</text>
<progressclass="prog" percent="60" color="pink"/>
</view>
<viewclass="info">
<text>进度条有从左往右的动画</text>
<progressclass="prog" percent="80" active/>
</view>
```

inde. wxss 代码如下。

```
/ ＊ ＊ index. wxss ＊ ＊ /
. prog{
margin-top:10px;
}

. info{
margin:20px;

}
```

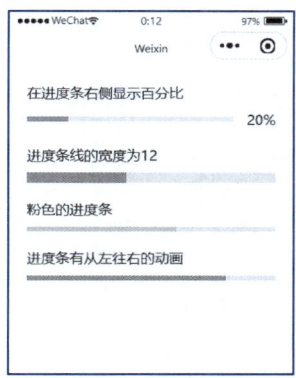

运行项目，可以看到页面最下面的进度条有从左往右的动画效果。项目运行结果如图 3-49 所示。

图 3-49　"代码 3-13"项目的运行结果

6）button

button（按钮）的主要属性如表 3-15 所示。

表 3-15　button 的主要属性

属　　　性	类　　　型	默认值	是否必填	说　　　明
size	string	default	否	按钮的大小
type	string	default	否	按钮的样式类型
plain	boolean	false	否	按钮是否镂空，背景色透明
disabled	boolean	false	否	是否禁用
loading	boolean	false	否	名称前是否带 loading 图标
form-type	string		否	用于 form 组件，点击分别会触发 form 组件的 sub-mit/reset 事件
hover-class	string	button-hover	否	指定按钮按下去的样式类。当 hover-class = " none" 时，没有点击态效果
lang	string	en	否	指定返回用户信息的语言，zh_CN（简体中文），zh_TW（繁体中文），en（英文）

其中 size 的合法取值为 default（默认大小）和 mini（小尺寸）；type 的合法取值为 primary、default 和 warn；form－type 的合法取值为 submit（提交表单）和 reset（重置表单）。

接下来通过一个案例介绍按钮的使用方法。首先创建一个项目"代码 3-14"，然后在相应的文件中编写代码。该项目的页面由 6 个按钮组成，当点击前 3 个按钮后，被点击的按钮会在默认大小和小尺寸间变化；点击后面 3 个按钮会使前面 3 个按钮分别变为禁用、镂空和 loading 效果。

index. wxml 代码如下。

```
<!--index. wxml-->
<buttonclass = " btn-margin" type = " default"
size = " {{defaultSize}}" loading = " {{loading}}"
```

```
plain = " { { plain } } " disabled = " { { disabled } } "
bindtap = " default " >default</button>
<buttonclass = " btn-margin " type = " primary "
size = " { { primarySize } } " loading = " { { loading } } "
plain = " { { plain } } " disabled = " { { disabled } } "
bindtap = " primary " >primary</button>
<buttonclass = " btn-margin " type = " warn "
size = " { { warnSize } } " loading = " { { loading } } "
plain = " { { plain } } " disabled = " { { disabled } } "
bindtap = " warn " >warn</button>
<buttonclass = " btn-margin " bindtap = " setDisabled " >点击设置以上按钮 disabled 属性</button>
<buttonclass = " btn-margin " bindtap = " setPlain " >点击设置以上按钮 plain 属性</button>
<buttonclass = " btn-margin " bindtap = " setLoading " >点击设置以上按钮 loading 属性</button>
```

　　设置样式，按钮按下时，背景颜色变为红色。

　　index. wxss 代码如下。

```
/ * * index. wxss * * /
. btn { margin : 10px ; }
```

　　index. js 代码如下。

```
// index. js
// 获取应用实例
constapp = getApp( )
vartypes = [ 'default' , 'primary' , 'warn' ]
varpageObject = {
data : {
defaultSize : 'default' ,
primarySize : 'default' ,
warnSize : 'default' ,
disabled : false ,
plain : false ,
loading : false
} ,
// 设置禁用状态
setDisabled : function( e ) {
this. setData( {
disabled : ! this. data. disabled
} )
} ,
// 设置镂空效果
setPlain : function( e ) {
this. setData( {
plain : ! this. data. plain
} )
} ,
// 设置 loading 效果
```

```
setLoading:function( e ) {
this. setData( {
loading: !this. data. loading
} )
}
}
// 对前 3 个按钮的大小进行设置
for( var i = 0;i<types. length;++i) {
(function( type ) {
pageObject[ type ] = function( e ) {
var key = type+'Size'
var changedData = { }
changedData[ key ] =
this. data[ key ] = = ='default'? 'mini':'default'
this. setData( changedData )
}
} ) ( types[ i ] )
}

Page( pageObject)
```

项目运行结果如图 3-50 所示。注意，如果 app. json 文件中 "style" 的取值不同，项目按钮的显示效果可能有所不同。

点击前 3 个按钮中的任一个，被点击的按钮会改变大小，效果如图 3-51 所示。

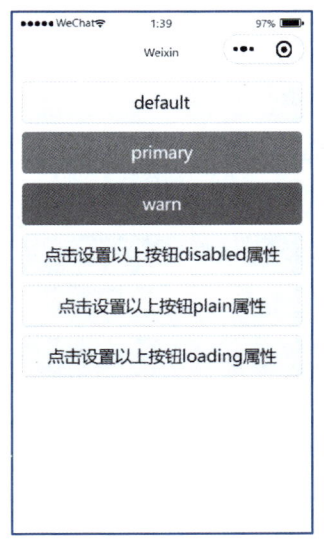

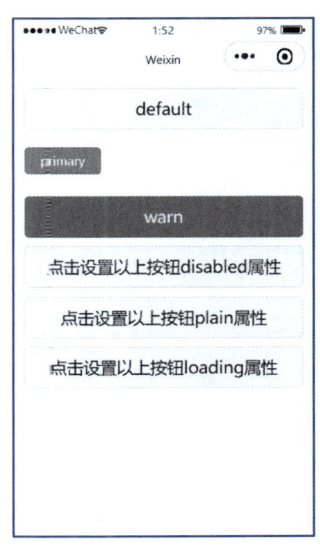

图 3-50　"代码 3-14" 项目的运行结果　　　　图 3-51　按钮改变大小

依次点击后 3 个按钮改变按钮的禁用属性、镂空效果和 loading 效果，效果如图 3-52 所示。

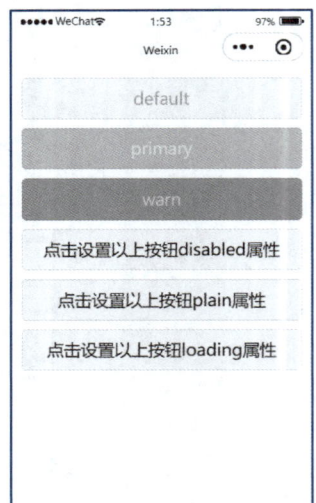 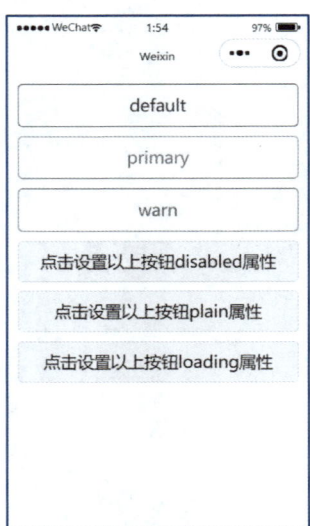 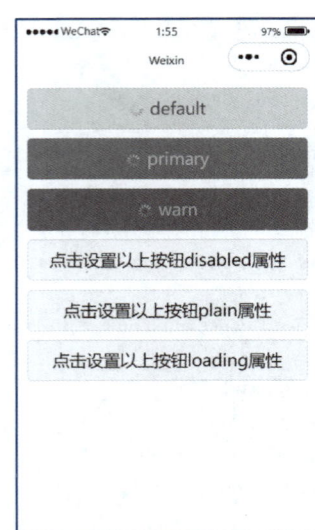

图 3-52 按钮属性变化效果

7）input

input（输入框）主要属性如表 3-16 所示。

表 3-16 input 的主要属性

属 性	类 型	默认值	是否必填	说 明
value	string		是	输入框的初始内容
type	string	text	否	输入框的类型
password	boolean	false	否	是否是密码类型
placeholder	string		是	输入框为空时占位符
placeholder-style	string		是	指定 placeholder 的样式
placeholder-class	string	input-placeholder	否	指定 placeholder 的样式类
disabled	boolean	false	否	是否禁用
maxlength	number	140	否	最大输入长度，设置为-1时不限制最大长度
focus	boolean	false	否	获取焦点
confirm-type	string	done	否	设置键盘右下角按钮的文字，仅在 type = 'text' 时生效
adjust-position	boolean	true	否	键盘弹起时，是否自动上推页面
bindinput	eventhandle		是	键盘输入时触发，event. detail = ¦ value, cursor, keyCode ¦，keyCode 为键值，从微信 2.1.0 版本起支持，处理函数可以直接 return 一个字符串，将替换输入框的内容

type 属性合法取值如表 3-17 所示。

表 3-17 type 的合法取值

合法取值	说　明
text	文本输入键盘
number	数字输入键盘
idcard	身份证输入键盘
digit	带小数点的数字键盘
safe-password	密码安全输入键盘

confirm-type 属性合法取值如表 3-18 所示。

表 3-18 confirm-type 的合法取值

合法取值	说　明
send	右下角按钮为"发送"
search	右下角按钮为"搜索"
next	右下角按钮为"下一个"
go	右下角按钮为"前往"
done	右下角按钮为"完成"

注意： 输入框组件是一个原生组件，字体是系统字体，所以无法设置 font-family。

接下来通过一个案例介绍输入框的使用方法。首先创建一个项目，然后在相应的文件中编写代码。"代码 3-15"的页面由 5 个输入框组成，第一个输入框在每次获得焦点时都会在 console 控制台输出输入框的内容，第二个输入框只可以输入 10 个字符，第三个输入框会将用户输入的内容自动同步到上方提示栏，第四个输入框定义输入类型为密码，第五个输入框占位符字体是红色。

index. wxml 代码如下。

```
<!--index. wxml-->
<viewclass=" page-body" >
<viewclass=" page-section" >
<viewclass=" view-cells__title" >可以自动聚焦的 input</view>
<viewclass=" view-cellsview-cells_after-title" >
<viewclass=" view-cellview-cell_input" >
<inputclass=" view-input" auto-focusplaceholder=" 将会获取焦点"/>
</view>
</view>
</view>
<viewclass=" page-section" >
<viewclass=" view-cells__title" >控制最大输入长度的 input</view>
```

```
<viewclass="view-cellsview-cells_after-title">
<viewclass="view-cellview-cell_input">
<inputclass="view-input" maxlength="10" placeholder="最大输入长度为 10"/>
</view>
</view>
</view>
<viewclass="page-section">
<viewclass="view-cells__title">实时获取输入值：{{inputValue}}</view>
<viewclass="view-cellsview-cells_after-title">
<viewclass="view-cellview-cell_input">
<inputclass="view-input" maxlength="10" bindinput="bindKeyInput" placeholder="输入同步到 view 中"/>
</view>
</view>
</view>

<viewclass="page-section">
<viewclass="view-cells__title">密码输入的 input</view>
<viewclass="view-cellsview-cells_after-title">
<viewclass="view-cellview-cell_input">
<inputclass="view-input" passwordtype="text" placeholder="这是一个密码输入框"/>
</view>
</view>
</view>

<viewclass="page-section">
<viewclass="view-cells__title">控制占位符颜色的 input</view>
<viewclass="view-cellsview-cells_after-title">
<viewclass="view-cellview-cell_input">
<inputclass="view-input" placeholder-style="color:#F76260" placeholder="占位符字体是红色的"/>
</view>
</view>
</view>
</view>
```

index. wxss 代码如下。

```
/** index. wxss **/
. page-body{
height:100%;
background-color:aliceblue;
}

. page-section{
margin-bottom:20rpx;
}

. view-cell{
```

```
padding:10px15px;
position:relative;
display:flex;
align-items:center;
}

.view-cells{
position:relative;
background-color:#FFFFFF;
font-size:16px;
}

.view-cells__title{
margin-bottom:10rpx;
padding-top:5%;
padding-left:15px;
padding-right:15px;
color:#999999;
font-size:14px;
}

.view-cell_input{
padding-top:0;
padding-bottom:0;
}
```

index. js 代码如下。

```
// index. js
// 获取应用实例
constapp=getApp()

Page({
data:{
focus:false,
inputValue:
},
bindKeyInput:function(e){
this. setData({
inputValue:e. detail. value
})
}
})
```

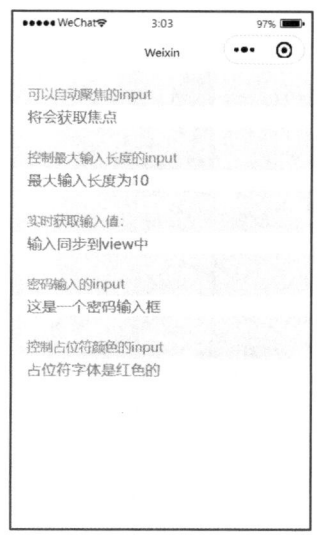

图 3-53　"代码 3-15"项目的
运行结果

项目运行结果如图 3-53 所示。

8）radio 和 radio-group

radio（单选项目）属性如表 3-19 所示。

表 3-19　radio 的属性

属　　性	类　　型	默认值	是否必填	说　　明
value	string		否	radio 标识。当该 radio 选中时，radio-group 的 change 事件会携带 radio 的 value
checked	boolean	false	否	当前是否选中
disabled	boolean	false	否	是否禁用
color	string	#09BB07	否	radio 的颜色，同 css 的 color

radio-group（单项选择器）内部由多个 radio 组成，属性如表 3-20 所示。

表 3-20　radio-group 的属性

属　　性	类　　型	默认值	是否必填	说　　明
bindchange	EventHandle		否	radio-group 中选中项发生改变时触发 change 事件，detail={value:[选中的 radio 的 value 的数组]}

　　接下来通过一个案例介绍单选项目和单项选择器的使用方法。首先创建一个项目"代码 3-16"，然后在相应的文件中编写代码。"代码 3-16"的显示页面由 1 组单选项目组成，每次只能有 1 个单选项目被选中。在 index.js 中定义了一组数据 items，含有 2 个属性 name 和 value。在 index.wxml 中使用列表渲染，将 items 数据显示到单选选项位置上。当某个 item 的 checked 属性值为 true 时，此 item 显示为选中状态。当用户选中某个选项时，在控制台中显示用户所选的选项。

　　index.wxml 代码如下。

```
<!--index.wxml-->
<view>
<view>
<text>radio</text>
<text>单选框</text>
</view>
<view>
<view>
<radio-groupclass="radio-group" bindchange="radioChange">
<!--使用列表渲染-->
<radioclass="radio" wx:for-items="{{items}}" wx:key="name" value="{{item.name}}" checked="{{item.checked}}">
<text>{{item.value}}</text>
</radio>
</radio-group>
</view>
</view>
</view>
```

　　index.wxss 代码如下。

```
/ ** index. wxss ** /
. radio-group{
border-bottom:1pxsolid#ddd;
}
. radio{
display:block;
border-top:1pxsolid#ddd;
padding:5px;
}
```

index. js 代码如下。

```
// index. js
// 获取应用实例
constapp = getApp()

Page({
data:{
items:[
{name:'USA',value:'美国'},
{name:'CHN',value:'中国',checked:'true'},
{name:'BRA',value:'巴西'},
{name:'JPN',value:'日本'},
{name:'ENG',value:'英国'},
{name:'FRA',value:'法国'},
]
},
radioChange:function(e){
console. log('radio 发生 change 事件,携带 value 值为:',e. detail. value)
}
})
```

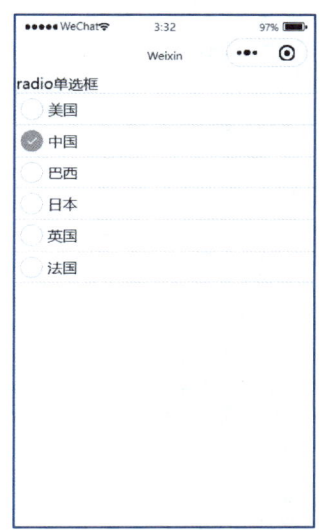

图 3-54　"代码 3-16" 项目的运行结果

项目运行结果如图 3-54 所示。

9）checkbox 和 checkbox-group

checkbox（多选项目）属性如表 3-21 所示。

表 3-21　checkbox 的属性

属　　性	类　　型	默认值	是否必填	说　　明
value	string		否	checkbox 标识，选中时触发 checkbox-group 的 change 事件，并携带 checkbox 的 value
disabled	boolean	false	否	是否禁用
checked	boolean	false	否	当前是否选中，可用来设置默认选中
color	string	#09BB07	否	checkbox 的颜色，同 css 的 color

checkbox-group（多项选择器）内部由多个 checkbox 组成，属性如表 3-22 所示。

表 3-22　**checkbox-group 的属性**

属　　性	类　　型	默认值	是否必填	说　　明
bindchange	EventHandle		否	checkbox-group 中选中项发生改变时触发 change 事件，detail = ｛value:［选中的 checkbox 的 value 的数组］｝

接下来通过一个案例介绍多选项目和多项选择器的使用方法。首先创建一个项目"代码 3-17"，然后在相应的文件中编写代码。"代码 3-17"的显示页面由 1 组多选项目组成，与"代码 3-16"项目中的单项选择器不同，多项选择器可以允许多个项目被同时选中。

与前一个案例相同，在 index.js 中定义了一组数据 items，含有 2 个属性 name 和 value。然后在 index.wxml 中使用列表渲染，将 items 数据显示到多选选项上。当用户选中某个选项时，在控制台中显示用户所选的选项。

index.wxml 代码如下。

```
<!--index.wxml-->
<view>
<view>
<text>checkbox</text>
<text>多选框</text>
</view>
<view>
<view>
<checkbox-groupclass = " checkbox-group" bindchange = " checkboxChange">
<!--使用列表渲染-->
<checkboxclass = " checkbox" wx:for-items = " ｛｛items｝｝" wx:key = " name" value = " ｛｛item. name｝｝" checked = " ｛｛item. checked｝｝">
<text>｛｛item. value｝｝</text>
</checkbox>
</checkbox-group>
</view>
</view>
</view>
```

index.wxss 代码如下。

```
/ ** index. wxss ** /
. checkbox-group｛
border-bottom : 1pxsolid#ddd ;
｝
. checkbox｛
display : block ;
border-top : 1pxsolid#ddd ;
padding : 5px ;
｝
```

index.js 代码如下。

```
// index. js
// 获取应用实例
constapp = getApp( )

Page( {
data : {
items : [
{name:'USA',value:'美国'} ,
{name:'CHN',value:'中国',checked:'true'} ,
{name:'BRA',value:'巴西',checked:'true'} ,
{name:'JPN',value:'日本',checked:'true'} ,
{name:'ENG',value:'英国'} ,
{name:'TUR',value:'法国',checked:'true'} ,
]
} ,
checkboxChange:function( e) {
console. log('checkbox 发生 change 事件,携带 value 值为:',e. detail. value)
}
} )
```

图 3-55　"代码 3-17"项目的运行结果

项目运行结果如图 3-55 所示。

10) picker

picker (从底部弹起的滚动选择器) 根据 mode 的属性不同, 选择器会有不同的属性。表 3-23 中列出了 picker 的通用属性。

表 3-23　picker 的通用属性

属　　性	类　　型	默认值	是否必填	说　　明
header-text	string		否	选择器的标题, 仅安卓可用
mode	string	selector	否	选择器类型
disabled	boolean	false	否	是否禁用
bindcancel	eventhandle		否	取消选择时触发

mode 属性的合法取值如表 3-24 所示。

表 3-24　mode 属性的合法取值

合法取值	说　　明
selector	普通选择器
multiSelector	多列选择器
time	时间选择器
date	日期选择器
region	省市区选择器

接下来通过一个案例介绍滚动选择器的使用方法。首先创建一个项目"代码 3-18"，然后在相应的文件中编写代码。"代码 3-18"的显示页面由多个滚动选择器组成。

在案例中使用 3 种选择器：普通选择器、日期选择器和省市区选择器。每个选择器都会在用户选定某个选项后将用户所设置的内容显示在控制台中。

index. wxml 代码如下。

```
<!--index. wxml-->
<view>
<view>普通选择器</view>
<pickerbindchange = "bindPickerChange" value = "{{index}}" range = "{{array}}">
<viewclass = "picker">
当前选择：{{array[index]}}
</view>
</picker>
</view>
<view>
<view>日期选择器</view>
<pickermode = "date" bindchange = "bindDateChange" value = "{{date}}">
<viewclass = "picker">
当前选择：{{date}}
</view>
</picker>
</view>
<view>
<view>省市区选择器</view>
<pickermode = "region" bindchange = "bindRegionChange" value = "{{region}}" custom - item = "{{custom-
Item}}">
<viewclass = "picker">
当前选择：{{region[0]}},{{region[1]}},{{region[2]}}
</view>
</picker>
</view>
```

index. wxss 代码如下。

```
/ ** index. wxss ** /
. picker{
padding:13px;
background-color:#FFFFFF;
}
```

index. js 代码如下。

```
// index. js
// 获取应用实例
constapp = getApp()

Page({
data:{
```

```
array:['美国','中国','巴西','日本'],
index:0,
date:'2022-01-01',
region:['北京市','北京市','石景山区'],
customItem:'全部'
},
bindPickerChange:function(e){
console.log('picker 发送选择改变,携带值为',e.detail.value)
this.setData({
index:e.detail.value
})
},
bindDateChange:function(e){
console.log('picker 发送选择改变,携带值为',e.detail.value)
this.setData({
date:e.detail.value
})
},
bindRegionChange:function(e){
console.log('picker 发送选择改变,携带值为',e.detail.value)
this.setData({
region:e.detail.value
})
}
})
```

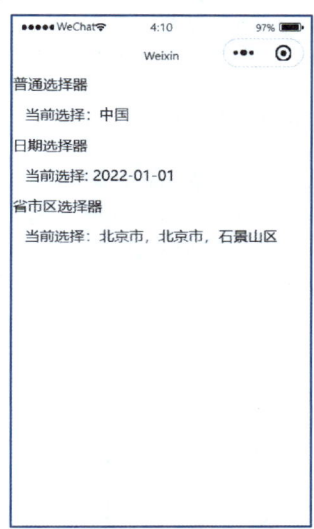

图 3-56　"代码 3-18"项目的
运行结果

项目运行结果如图 3-56 所示。

11）switch

switch（开关选择器）属性如表 3-25 所示。

表 3-25　switch 的属性

属　　性	类　　型	默认值	是否必填	说　　　　明
checked	boolean	false	否	是否被选中
disabled	boolean	false	否	是否被禁用
type	string	switch	否	样式，有效值为 switch、checkbox
color	string	#04BE02	否	switch 的颜色，同 CSS 的 color
bindchange	eventhandle		否	checked 改变时触发 change 事件，event.detail={value}

　　接下来通过一个案例介绍开关选择器的使用方法。首先创建一个项目"代码 3-19"，然后在相应的文件中编写代码。在本案例中设置了 2 个开关选择器，它们的 type 属性分别是 switch 和 checkbox。每个开关选择器选中状态发生变化时，都会在控制台中输出相应的开关选择器是否被选中的信息。

　　index.wxml 代码如下。

```
<!--index. wxml-->
<viewclass = " page" >
<viewclass = " page__hd" >
<textclass = " page__title" >switch</text>
<textclass = " page__desc" >开关</text>
</view>
<viewclass = " page__bd" >
<viewclass = " sectionsection_gap" >
<viewclass = " section__title" >type = " switch" </view>
<viewclass = " body-view" >
<switchchecked = " { { switch1Checked} } " bindchange = " switch1Change" />
</view>
</view>

<viewclass = " sectionsection_gap" >
<viewclass = " section__title" >type = " checkbox" </view>
<viewclass = " body-view" >
<switchtype = " checkbox" checked = " { { switch2Checked} } " bindchange = " switch2Change" />
</view>
</view>
</view>
</view>
```

index. wxss 代码如下。

```
/ ** index. wxss ** /
. page{
min-height:100% ;
flex:1 ;
background-color:#FBF9FE ;
font-size:16px ;
overflow:hidden ;
}
. page__hd{
padding:40px ;
}
. page__title{
display:block ;
font-size:20px ;
}
. page__desc{
margin-top:5px ;
font-size:14px ;
color:#888888 ;
}

. section{
margin-bottom:40px ;
```

```
}
. section_gap{
padding:015px;
}
. section__title{
margin-bottom:8px;
padding-left:15px;
padding-right:15px;
}
. section_gap. section__title{
padding-left:0;
padding-right:0;
}
. intro{
margin:30px;
text-align:center;
}
```

index. js 代码如下。

```
// index. js
// 获取应用实例
constapp = getApp()

varpageData = {
data:{
switch1Checked:true,
switch2Checked:false,
switch1Style:'',
switch2Style:'text-decoration:line-through'
}
}
for( vari = 1;i< = 2;++i){
( function( index){
pageData['switch${ index} Change'] = function( e){
console. log('switch${ index}发生 change 事件,携带值为', e. detail. value)
varobj = { }
obj['switch${ index} Checked'] = e. detail. value
this. setData( obj)
obj = { }
obj['switch${ index} Style'] = e. detail. value? '':'text-decoration:line-through'
this. setData( obj)
}
} )( i)
}
Page( pageData)
```

项目运行结果如图 3-57 所示。

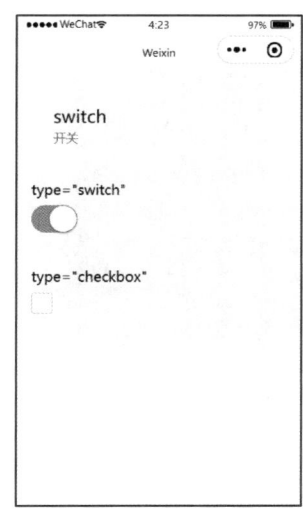

图 3-57 "代码 3-19"
项目的运行结果

12）slider

slider（滑动选择器）的属性如表 3-26 所示。

表 3-26　slider 的属性

属　　性	类　　型	默认值	是否必填	说　　明
min	number	0	否	最小值
max	number	100	否	最大值
step	number	1	否	步长，取值必须大于 0，并且可被（max、min）整除
disabled	boolean	false	否	是否禁用
value	number	0	否	当前取值
color	color	#E9E9E9	否	背景条的颜色（请使用 backgroundColor）
selected-color	color	#1AAD19	否	已选择的颜色（请使用 activeColor）
activeColor	color	#1AAD19	否	已选择的颜色
backgroundColor	color	#E9E9E9	否	背景条的颜色
block-size	number	28	否	滑块的大小，取值范围为 12~28
block-color	color	#FFFFFF	否	滑块的颜色
show-value	boolean	false	否	是否显示当前 value
bindchange	eventhandle		否	完成一次拖动后触发的事件，event. detail = {value}
bindchanging	eventhandle		否	拖动过程中触发的事件，event. detail = {value}

接下来通过一个案例介绍滑动选择器的使用方法。首先创建一个项目"代码 3-20"，然后在相应的文件中编写代码。在本案例中设置了 4 个滑动选择器，分别使用了 block-size、step、show-value、min 和 max 等属性。每个滑动选择器在滑块滑动后都会在控制台中输出当前的 value 值。

index. wxml 代码如下。

```
<!--index. wxml-->
<viewclass = " page" >
<viewclass = " page__hd" >
<textclass = " page__title" >slider</text>
<textclass = " page__desc" >滑块</text>
</view>
<viewclass = " page__bd" >
<viewclass = " sectionsection_gap" >
<textclass = " section__title" >设置 block 样式</text>
<viewclass = " body-view" >
<sliderbindchange = " slider1change" block-size = " 15rpx" block-color = " pink" />
</view>
</view>
```

```
<viewclass="sectionsection_gap">
<textclass="section_title">设置 step</text>
<viewclass="body-view">
<sliderbindchange="slider2change" step="5"/>
</view>
</view>

<viewclass="sectionsection_gap">
<textclass="section_title">显示当前 value</text>
<viewclass="body-view">
<sliderbindchange="slider3change" show-value/>
</view>
</view>

<viewclass="sectionsection_gap">
<textclass="section_title">设置最小/最大值</text>
<viewclass="body-view">
<sliderbindchange="slider4change" min="50" max="200" show-value/>
</view>
</view>
</view>
</view>
```

index. wxss 代码如下。

```
/** index. wxss **/
. page{
min-height:100%;
flex:1;
background-color:#FBF9FE;
font-size:16px;
overflow:hidden;
}
. page_hd{
padding:40px;
}
. page_title{
display:block;
font-size:20px;
}
. page_desc{
margin-top:5px;
font-size:14px;
color:#888888;
}
. section{
margin-bottom:40px;
}
```

```
. section_gap{
padding:015px;
}
. section__title{
margin-bottom:8px;
padding-left:15px;
padding-right:15px;
}
. section_gap. section__title{
padding-left:0;
padding-right:0;
}
. intro{
margin:30px;
text-align:center;
}
```

index. js 代码如下。

```
// index. js
// 获取应用实例
constapp = getApp( )

varpageData = { }
for( vari = 1;i<5;++i){
( function( index ){
pageData[ 'slider${ index } change'] = function( e ){
console. log('slider${ index }发生 change 事件,携带值为', e. detail. value)
}
} )( i);
}
Page( pageData)
```

项目运行结果如图 3-58 所示。

13） textarea

textarea（多行输入框）属性如表 3-27 所示。

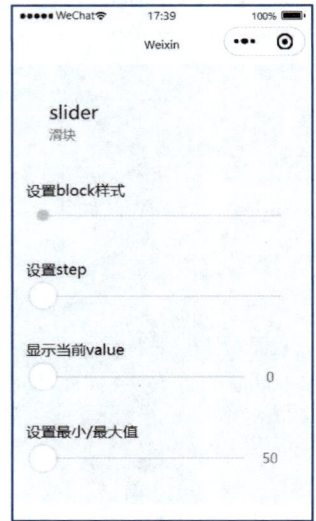

图 3-58　"代码 3-20" 项目的
运行结果

表 3-27　textarea 的属性

属　　性	类　　型	默认值	是否必填	说　　明
value	string		否	输入框的内容
placeholder	string		否	输入框为空时占位符
placeholder-style	string		否	指定 placeholder 的样式，目前仅支持 color, font-size 和 font-weight
placeholder-class	string	textarea-placeholder	否	指定 placeholder 的样式类

续表

属　　性	类　　型	默认值	是否必填	说　　明
disabled	boolean	false	否	是否被禁用
maxlength	number	140	否	最大输入长度，设置为-1时不限制最大长度
auto-focus	boolean	false	否	自动聚焦，收起键盘
focus	boolean	false	否	获取焦点
auto-height	boolean	false	否	是否自动增高，设置 auto-height 时，style. height 不生效
fixed	boolean	false	否	如果 textarea 是在一个 position：fixed 的区域，需要显示指定属性 fixed 为 true
show-confirm-bar	boolean	true	否	是否显示键盘上方带有"完成"按钮那一栏
adjust-position	boolean	true	否	键盘弹起时，是否自动上推页面
bindinput	eventhandle		否	当从键盘输入时，触发 input 事件，event. detail = {value, cursor, keyCode}，keyCode 为键值，目前工具还不支持返回 keyCode 参数。bindinput 处理函数的返回值并不会反映到 textarea 上
bindblur	eventhandle		否	输入框失去焦点时触发，event. detail = {value,cursor}

接下来通过一个案例介绍多行输入框的使用方法。首先创建一个项目"代码 3-21"，然后在相应的文件中编写代码。在本案例中使用了多行输入框的 auto-height 属性和 bindblur 属性，当程序运行时，多行输入框处于无焦点状态，点击其输入栏，输入框获得焦点；输入框的高度会随着用户输入字符数的增加而增高；当多行输入框失去焦点时会在控制台输出当前多行输入框中已经输入的内容。

index. wxml 代码如下。

```
<!--index. wxml-->
<viewclass = " page-body" >
<viewclass = " page-section" >
<viewclass = " page-section-title">输入区域高度自适应,不会出现滚动条</view>
<viewclass = " textarea-wrp" >
<textareaclass = " textarea-set" bindblur = " bindTextAreaBlur" auto-heigh-/>
</view>
</view>
</view>
```

index. wxss 代码如下。

```
/ * * index. wxss * * /
page{
background-color:#F8F8F8;
height:100%;
font-size:32rpx;
line-height:1.6;
}
. page-body{
padding:20rpx0;
}
. textarea-set{
width:700rpx;
padding:25rpx0;
}
. textarea-wrp{
padding:025rpx;
background-color:#fff;
}
. page-section{
width:100%;
margin-bottom:60rpx;
}
. page-section:last-child{
margin-bottom:0;
}
. page-section-title{
font-size:28rpx;
color:#999999;
margin-bottom:10rpx;
padding-left:30rpx;
padding-right:30rpx;
}
```

　　index. js 代码如下。

```
// index. js
// 获取应用实例
constapp=getApp()
Page({
data:{
focus:false
},
bindTextAreaBlur:function(e){
console. log( e. detail. value)
}
})
```

　　项目运行结果如图 3-59 所示。

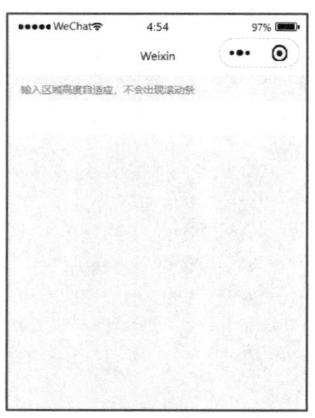

图 3-59　"代码 3-21"项目的
　　　　运行结果

14）form

form（表单）组件会将组件内的用户输入的 switch、input、checkbox、slider、radio、picker 提交。当点击 form 表单中的 button 组件（form-type 属性须为 submit）时，小程序会将表单组件中的 value 值进行提交，此时需要在表单组件中加上 name 属性作为 key。form 的属性如表 3-28 所示。

表 3-28　form 的属性

属　　性	类　　型	默认值	是否必填	说　　明
report-submit	boolean	false	否	是否返回 formId 用于发送模板消息
report-submit-timeout	number	0	否	等待一段时间（毫秒数）以确认 formId 是否生效。如果未指定这个参数，formId 有很小的概率是无效的（如遇到网络失败的情况）。指定这个参数将可以检测 formId 是否有效，以这个参数的时间作为这项检测的超时时间。如果失败，将返回 requestFormId：fail 开头的 formId
bindsubmit	eventhandle		否	携带 form 中的数据触发 submit 事件，event.detail = { value : { 'name':'value' } ,formId:" }
bindreset	eventhandle		否	表单重置时会触发 reset 事件

接下来通过一个案例介绍表单的使用方法。首先创建一个项目"代码 3-22"，然后在相应的文件中编写代码。"代码 3-22"的显示页面下方有 2 个 button 按钮，当点击 Submit 按钮后，console 控制台中会显示当前页面中的数据；点击 Reset 按钮后页面中的数据被清空。

index.wxml 代码如下。

```
<!--index.wxml-->
<formbindsubmit="formSubmit" bindreset="formReset">
<viewclass="section">
<viewclass="section__title">switch</view>
<switchname="switch"/>
</view>
<viewclass="section">
<viewclass="section__title">slider</view>
<slidername="slider" show-value></slider>
</view>

<viewclass="section">
<viewclass="section__title">input</view>
<inputname="input" placeholder="pleaseinputhere"/>
</view>
<viewclass="section">
<viewclass="section__title">radio</view>
```

```
<radio-groupname = "radio-group">
<label><radiovalue = "radio1"/>radio1</label>
<label><radiovalue = "radio2"/>radio2</label>
</radio-group>
</view>
<viewclass = "section">
<viewclass = "section__title">checkbox</view>
<checkbox-groupname = "checkbox">
<label><checkboxvalue = "checkbox1"/>checkbox1</label>
<label><checkboxvalue = "checkbox2"/>checkbox2</label>
</checkbox-group>
</view>
<viewclass = "btn-area">
<buttonformType = "submit">Submit</button>
<buttonformType = "reset">Reset</button>
</view>
</form>
```

index. wxss 代码如下。

```
/ * index. wxss * /
page{
padding:10rpx;
}
. section{
margin:20rpx;
}
. section__title{
font-size:16px;
margin-bottom:5rpx;
}
```

index. js 代码如下。

```
// index. js
// 获取应用实例
constapp = getApp()

Page({
formSubmit:function(e){
console. log('form 发生了 submit 事件,携带数据为:',e. detail. value)
},
formReset:function(){
console. log('form 发生了 reset 事件')
}
})
```

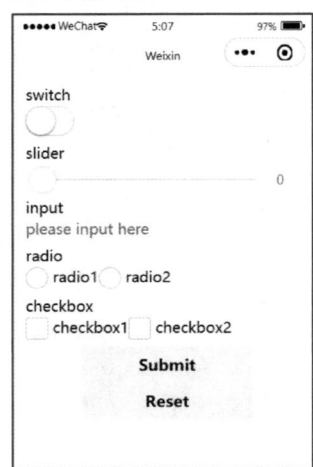

图 3-60 "代码 3-22" 项目的
运行结果

项目运行结果如图 3-60 所示。

点击 Submit 按钮后，可以在 console 控制台中看到用户选择的信息。项目运行效果如图 3-61 所示。

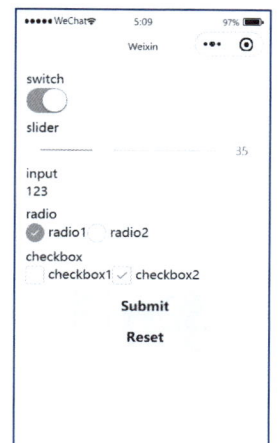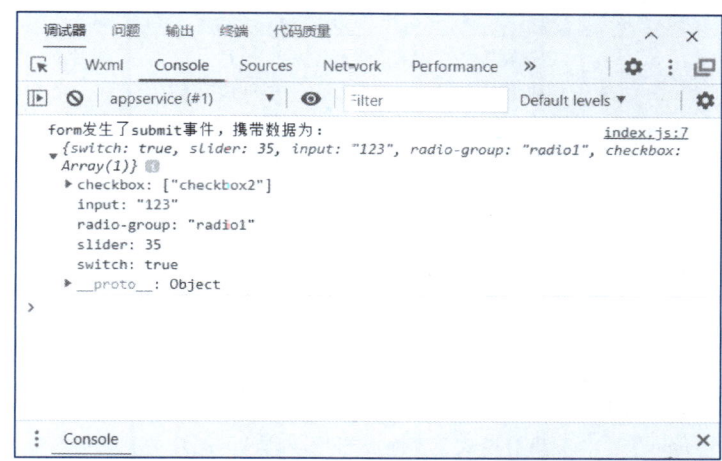

图 3-61　点击 Submit 按钮提交数据

15）image

image（图片）组件支持 JPG、PNG、SVG、WEBP、GIF 等格式，主要属性如表 3-29 所示。

表 3-29　image 的属性

属　　　性	类　　型	默认值	是否必填	说　　　明
src	string		否	图片资源地址
mode	string	scaleToFill	否	图片裁剪、缩放的模式
webp	boolean	false	否	默认不解析 WebP 格式，只支持网络资源
lazy-load	boolean	false	否	图片懒加载，在即将进入一定范围（上下 3 屏）时才开始加载
show-menu-by-longpress	boolean	false	否	开启长按图片显示识别小程序码菜单
binderror	eventhandle		否	当错误发生时触发，event. detail = {errMsg}
bindload	eventhandle		否	当图片载入完毕时触发，event. detail = {height,width}

其中 image 的 mode 属性的合法取值在表 3-30 中列出。

表 3-30　mode 属性的合法取值

合法取值	说　　　明
scaleToFill	缩放模式，不保持纵横比缩放图片，使图片的宽、高完全拉伸至填满 image 元素
aspectFit	缩放模式，保持纵横比缩放图片，使图片的长达能完全显示出来

续表

合法取值	说　　明
aspectFill	缩放模式，保持纵横比缩放图片，只保证图片的短边能完全显示出来。也就是说，图片通常只在水平或垂直方向是完整的，另一个方向将会被截去
widthFix	缩放模式，宽度不变，高度自动变化，保持原图宽高比不变
heightFix	缩放模式，高度不变，宽度自动变化，保持原图宽高比不变
top	裁剪模式，不缩放图片，只显示图片的顶部区域
bottom	裁剪模式，不缩放图片，只显示图片的底部区域
center	裁剪模式，不缩放图片，只显示图片的中间区域
left	裁剪模式，不缩放图片，只显示图片的左边区域
right	裁剪模式，不缩放图片，只显示图片的右边区域
topleft	裁剪模式，不缩放图片，只显示图片的左上边区域
topright	裁剪模式，不缩放图片，只显示图片的右上边区域
bottomleft	裁剪模式，不缩放图片，只显示图片的左下边区域
bottomright	裁剪模式，不缩放图片，只显示图片的右下边区域

接下来通过一个案例介绍 image 组件的使用方法。首先创建一个项目"代码 3-23"，在根目录下创建一个文件夹 resources，在其中放入一张图片（图片名为 cat1.jpg），然后在相应的文件中编写代码。在本案例中使用 wx：for 列表渲染的办法，将 JS 文件中预设好的 mode 值取出，将这个值设置为 image 控件的 mode 属性值，从而查看相同图片在使用不同 mode 值时展现出的不同效果。

index.wxml 代码如下。

```
<!--index. wxml-->
<viewclass = " page" >
<viewclass = " page__hd" >
<textclass = " page__title" >image</text>
<textclass = " page__desc" >图片</text>
</view>
<viewclass = " page__bd" >
<viewclass = " sectionsection_gap" wx:for-items = " {{array}}" wx:for-item = " item" >
<viewclass = " section__title" >{{item. text}}</view>
<viewclass = " section__ctn" >
<imagestyle = " width:200px; height:200px; background - color: #eeeeee;" mode = " {{item. mode}}" src = "
{{src}}" ></image>
</view>
</view>
</view>
</view>
```

index.wxss 代码如下。

```
/ * * index. wxss * * /
. page {
min-height : 100% ;
flex : 1 ;
background-color : #FBF9FE ;
font-size : 16px ;
font-family : -apple-system-font , HelveticaNeue , Helvetica , sans-serif ;
overflow : hidden ;
}
. page__hd {
padding : 40px ;
}
. page__title {
display : block ;
font-size : 20px ;
}
. page__desc {
margin-top : 5px ;
font-size : 14px ;
color : #888888 ;
}

. section {
margin-bottom : 40px ;
}
. section_gap {
padding : 015px ;
}
. section__title {
margin-bottom : 8px ;
padding-left : 15px ;
padding-right : 15px ;
}
. section_gap. section__title {
padding-left : 0 ;
padding-right : 0 ;
}
. section__ctn {
text-align : center ;
}
```

index. js 代码如下。

```
// index. js
// 获取应用实例
constapp = getApp()
Page( {
```

```
data:{
array:[{
mode:'scaleToFill',
text:'scaleToFill:不保持纵横比缩放图片,使图片完全适应'
},{
mode:'aspectFit',
text:'aspectFit:保持纵横比缩放图片,使图片的长边能完全显示出来'
},{
mode:'aspectFill',
text:'aspectFill:保持纵横比缩放图片,只保证图片的短边能完全显示出来'
},{
mode:'top',
text:'top:不缩放图片,只显示图片的顶部区域'
},{
mode:'bottom',
text:'bottom:不缩放图片,只显示图片的底部区域'
},{
mode:'center',
text:'center:不缩放图片,只显示图片的中间区域'
},{
mode:'left',
text:'left:不缩放图片,只显示图片的左边区域'
},{
mode:'right',
text:'right:不缩放图片,只显示图片的右边边区域'
},{
mode:'topleft',
text:'topleft:不缩放图片,只显示图片的左上边区域'
},{
mode:'topright',
text:'topright:不缩放图片,只显示图片的右上边区域'
},{
mode:'bottomleft',
text:'bottomleft:不缩放图片,只显示图片的左下边区域'
},{
mode:'bottomright',
text:'bottomright:不缩放图片,只显示图片的右下边区域'
}],
src:'../../resources/cat1.jpg'
},
imageError:function(e){
console.log('image3 发生 error 事件,携带值为',e.detail.errMsg)
}
})
```

项目运行结果如图 3-62 所示。

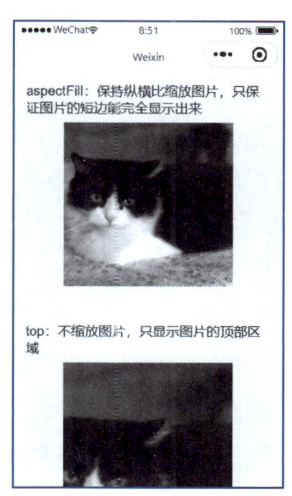

图 3-62　"代码 3-23"项目的运行结果

16）tabBar

小程序是一个多 tab 应用（客户端窗口的底部或顶部有 tab 栏可以切换页面），可以通过 tabBar 配置项指定 tab 栏的表现，以及 tab 切换时显示的对应页面。tabBar 的属性如表 3-31 所示。

表 3-31　tabBar 的属性

属　　　性	类　　　型	默认值	是否必填	说　　　明
color	HexColor		是	tab 上的文字默认颜色，仅支持以十六进制表示颜色
selectedColor	HexColor		是	tab 上的文字选中时的颜色，仅支持以十六进制表示颜色
backgroundColor	HexColor		是	tab 的背景色，仅支持以十六进制表示颜色
borderStyle	string	black	否	tabBar 上边框的颜色，仅支持 black/white
list	Array		是	tab 的列表，详见 list 属性说明，最少 2 个、最多 5 个 tab
position	string	bottom	否	tabBar 的位置，仅支持 bottom/top
custom	boolean	false	否	自定义 tabBar，见详情

list 属性是对象数组，每一项表示一个 tabBar 项，其字段含义如表 3-32 所示。

表 3-32　list 的属性

字段名	类　　　型	默认值	必填	说　　　明
pagePath	string		是	页面路径，必须在 pages 中先定义
text	string		是	tab 上按钮文字

续表

字段名	类　　型	默认值	必填	说　　明
iconPath	string		否	图片路径，不支持网络链接地址，icon 大小限制为 40 KB，建议尺寸为 81px×81px 当 position 为 top 时，不显示 icon
selectedIconPath	string		否	选中时的图片路径，不支持网络链接地址，icon 大小限制为 40 KB，建议尺寸为 81px×81px 当 position 为 top 时，不显示 icon

接下来通过一个案例介绍 tabBar 组件的使用方法。首先创建一个项目"代码 3-24"，在项目中 Pages 文件夹下创建 2 个页面 test1 和 test2。创建一个文件夹 resources 用于存放项目中用到的图标和图片。在 resources 中存入 3 组图标，分别用作各页面选中的图标和未选中的图标。

在 app. json 中对新建的页面进行声明，并且定义 tabBar，具体代码如下。

```
{
"pages":[
"pages/index/index",
"pages/test1/test1",
"pages/test2/test2"
],
"tabBar":{
"list":[
{
"iconPath":"./resources/chat.png",
"selectedIconPath":"./resources/chatActive.png",
"pagePath":"pages/index/index",
"text":"聊天"
},
{
"iconPath":"./resources/test1.png",
"selectedIconPath":"./resources/test1Active.png",
"pagePath":"pages/test1/test1",
"text":"通讯录"
},
{
"iconPath":"./resources/test2.png",
"selectedIconPath":"./resources/test2Active.png",
"pagePath":"pages/test2/test2",
"text":"发现"
}
]
},
…
}
```

项目运行结果如图 3-63 所示。

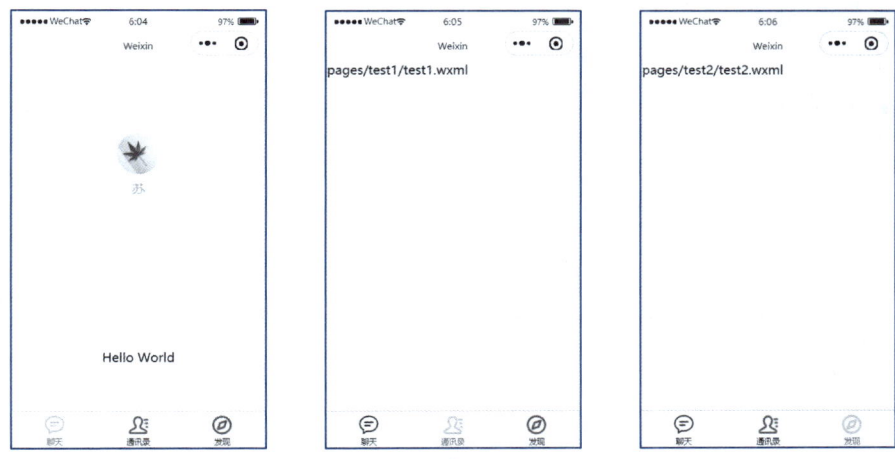

图 3-63　"代码 3-24"项目的运行结果

2. 小程序中的 API

小程序开发框架提供丰富的微信原生 API，可以方便地调用微信提供的功能，如获取用户信息、本地存储、支付等功能。小程序 API 有以下几种类型。

1）事件监听 API

以 on 开头的 API 用来监听某个事件是否被触发，如 wx. onSocketOpen、wx. onCompassChange 等。这类 API 接收一个回调函数作为参数，当事件触发时会调用这个回调函数，并将相关数据以参数形式传入。

代码示例如下。

```
wx. onCompassChange( function( res) {
console. log( res. direction)
} )
```

2）同步 API

以 Sync 结尾的 API 都是同步 API，如 wx. setStorageSync、wx. getSystemInfoSync 等。此外，也有一些其他的同步 API，如 wx. createWorker、wx. getBackgroundAudioManager 等。同步 API 的执行结果可以通过函数返回值直接获取，如果执行出错会抛出异常。

代码示例如下。

```
try {
wx. setStorageSync( 'key', 'value')
} catch( e) {
console. error( e)
}
```

3）异步 API

大多数 API 都是异步 API，如 wx. request、wx. login 等。这类 API 接口通常都接收一个

Object 类型的参数，这个参数支持按需指定以下字段来接收接口调用结果。

Object 参数说明如表 3-33 所示。

表 3-33　Object 参数说明

参数名	类　　型	是否必填	说　　明
success	function	否	接口调用成功的回调函数
fail	function	否	接口调用失败的回调函数
complete	function	否	接口调用结束的回调函数（调用成功、失败都会执行）
其他	Any	否	接口定义的其他参数

success、fail、complete 函数调用时会传入一个 Object 类型参数，包含如表 3-34 所示字段。

表 3-34　回调函数的参数

属　　性	类　　型	说　　明
errMsg	string	错误信息，如果调用成功返回 ${apiName}：ok
errCode	number	错误码，仅部分 API 支持，具体含义请参考对应 API 文档，成功时为 0
其他	Any	接口返回的其他数据

异步 API 的执行结果需要通过 Object 类型的参数中传入的对应回调函数获取。部分异步 API 也会有返回值，可以用来实现更丰富的功能，如 wx.request、wx.connectSocket 等。

代码示例如下。

```
wx.login({
success(res){
console.log(res.code)
}
})
```

4）异步 API 返回 promise

从微信 2.10.2 版本起，异步 API 支持 callback 和 promise 两种调用方式。当接口参数 Object 对象中不包含 success、fail、complete 时，将默认返回 promise；否则，仍按回调方式执行，无返回值。

> 注意：部分接口如 downloadFile、request、uploadFile、connectSocket、createCamera（小游戏）本身就有返回值，它们的 promisify 需要开发者自行封装。

当没有回调参数时，异步接口返回 promise。此时若函数调用失败进入 fail 逻辑，会报错提示 Uncaught（inpromise），开发者可通过 catch 来捕获报错信息。

wx.onUnhandledRejection 可以监听未处理的 Promise 拒绝事件，代码示例如下。

```
// callback 形式调用
wx. chooseImage({
success(res){
console. log('res:',res)
}
})

// promise 形式调用
wx. chooseImage(). then(res=>console. log('res:',res))
```

5）云开发 API

开通并使用微信云开发，开发者无须搭建服务器，即可使用云开发 API，在小程序端直接调用服务端的云函数。代码示例如下。

```
wx. cloud. callFunction({
// 云函数名称
name:'cloudFunc',
// 传给云函数的参数
data:{
a:1,
b:2,
},
success:function(res){
console. log(res. result)// 示例
},
fail:console. error
})

// 此外,云函数同样支持 promise 形式调用
```

任务实施

在本任务中要使用一些小程序中的 radio、checkbox、input、picker 等基本组件，制作一个调查问卷。问卷中的题目由单选、多选等组件组成。任务效果如图 3-64 所示。

1. 项目初始化

在微信开发者工具中创建一个项目"代码 3-25"。创建成功后，在 app. json 文件中编写如下代码。

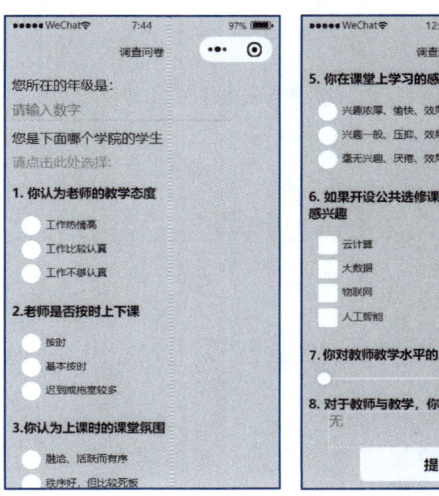

图 3-64　任务 3-2 的运行效果

```
{
"pages":[
"pages/index/index",
"pages/logs/logs"
],
"window":{
"backgroundTextStyle":"light",
"navigationBarBackgroundColor":"#fc9",
"navigationBarTitleText":"调查问卷",
"navigationBarTextStyle":"black"
},
"style":"v2",
"sitemapLocation":"sitemap.json"
}
```

　　上面的代码指定导航栏背景色为淡橙色，导航栏标题为
"调查问卷"，文字颜色为黑色。效果如图 3-65 所示。

　　2. 编写页面结构和样式

图 3-65　导航栏设置效果

　　本调查问卷中会有多道题，这导致一页不能完整显示。因此需要将 scroll-view 组件作
为外层容器，当问卷长度超过屏幕显示区域范围后，可以上下滚动。

　　index.js 代码如下。

```
// index.js
// 获取应用实例
constapp=getApp()

Page({
data:{
departmentName:['电信学院','机电学院','建工学院','经管学院']
},
// 绑定滚动选择器事件
bindPickerChange:function(e){
console.log('picker 发送选择改变,携带值为',e.detail.value)
this.setData({
index:e.detail.value
})
}
})
```

　　为了最终提交表单数据，我们要在页面上添加一个 form 表单组件，并将需要提交数据
的组件都放进 form 表单组件中。

　　index.wxml 代码如下。

```
<!--index. wxml-->
<scroll-viewclass="content" scroll-y>
<formbindsubmit="onSubmit">
<text>您所在的年级是:</text>
<inputname="grade" type="number" confirm-type="done" placeholder="请输入数字"/>
<text>您是下面哪个学院的学生</text>
<pickername="departName" mode="selector" bindchange="bindPickerChange" value="{{index}}" range=
'{{departmentName}}'>
<view>请点击此处选择:{{departmentName[index]}}</view>
</picker>
</form>
</scroll-view>
```

index. wxss 代码如下。

```
/**index. wxss**/
.content{
display:flex;
background:#fc9;
padding:20rpx;
box-sizing:border-box;
}

input{
width:600rpx;
margin-top:20rpx;
margin-bottom:25rpx;
border-bottom:solid2px#ccc;
}

picker{
margin-top:20rpx;
margin-bottom:25rpx;
color:#999;
}
```

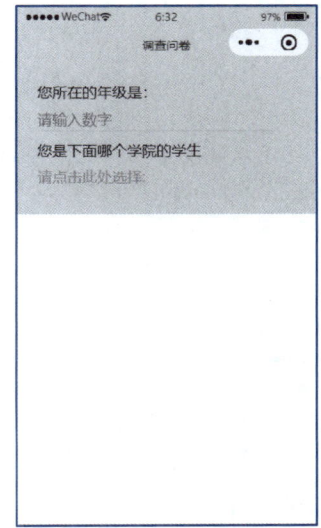

图 3-66　添加页面结构和样式的效果

　　首先在 index. js 中设置数组型变量 departmentName，用于存储几个学院的名称，以便在页面中使用选择器 picker。在 index. wxml 中，使用了 2 个控件 input 与 picker，让学生输入信息。相应的样式配置在 index. wxss 中完成。运行效果如图 3-66 所示。

3. 调查问卷题目

　　首先在 index. js 中创建问卷的题目与选项，题目类型有单选、多选。index. js 代码如下。

```
// index. js
// 获取应用实例
…
Page( {
…
// 题库,单选
singleChoice: [
{
"question" :"1. 你认为老师的教学态度",
"option" : {
"a" :"工作热情高",
"b" :"工作比较认真",
"c" :"工作不够认真"
},
"index" :1
},{
"question" :"2. 老师是否按时上下课",
"option" : {
"a" :"按时",
"b" :"基本按时",
"c" :"迟到或拖堂较多"
},
"index" :2
},{
"question" :"3. 你认为上课时的课堂氛围",
"option" : {
"a" :"融洽、活跃而有序",
"b" :"秩序好,但比较死板",
"c" :"课堂秩序差"
},
"index" :3
},{
"question" :"4. 你认为老师对你进行学习方法的指导情况是",
"option" : {
"a" :"能经常进行指导,效果好",
"b" :"能够进行指导,但效果一般",
"c" :"很少指导"
},
"index" :4
},{
"question" :"5. 你在课堂上学习的感受及学习效果是",
"option" : {
"a" :"兴趣浓厚、愉快、效果较好",
"b" :"兴趣一般、压抑、效果一般",
"c" :"毫无兴趣、厌倦、效果较差"
```

```
},
"index":5
}
],
// 题库,多选
multiChoice:[
{"question":"6. 如果开设公共选修课,你对下面哪些方面感兴趣",
"option":{
"a":"云计算",
"b":"大数据",
"c":"物联网",
"d":"人工智能"
}}
],
// 给教师评分
rating:[
{"question":"7. 你对教师教学水平的总体感受及满意度是"}
]
}
})
```

使用 wx: for 的方法将准备好的单选数据加载到页面上。

wxml 文件代码如下。

```
<!--index. wxml-->
<scroll-viewclass="content" scroll-y>
…
<!--单选-->
<blockwx:for="{{singleChoice}}"wx:key="index">
<viewclass='question'>{{item. question}}</view>
<radio-groupclass='radio-group'name='answer1-{{item. index}}'>
<labelclass='radio'>
<radiovalue="A" color='#fcbe39'/>{{item. option. a}}
</label>
<labelclass='radio'>
<radiovalue="B" color='#fcbe39'/>{{item. option. b}}
</label>
<labelclass='radio'>
<radiovalue="C" color='#fcbe39'/>{{item. option. c}}
</label>
</radio-group>
</block>
…
</scroll-view>
```

在样式文件 index. wxss 中设置好页面样式。

wxss 文件代码如下。

```
/ * * index. wxss * * /
…
. question {
font-size : 36rpx ;
font-weight : bold ;
margin-top : 40rpx ;
margin-right : 20rpx ;
}
. radio-group {
display : flex ;
flex-direction : column ;
font-size : 30rpx ;
text-indent : 14rpx ;
margin-top : 40rpx ;
}
. radio {
margin-bottom : 14rpx ;
}
```

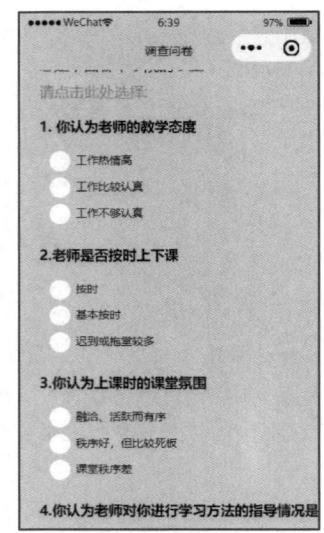

完成效果如图 3-67 所示。

继续加载多选题目。index. wxml 代码如下。

图 3-67 调查问卷单选题目效果

```
<!--index. wxml-->
<scroll-viewclass = " content" scroll-y>
…
<!--多选-->
<blockwx : for = " {{multiChoice}} " wx : key = " index" >
<viewclass = 'question'>{{item. question}} </view>
<checkbox-groupclass = 'radio-group'name = 'answer2'>
<labelclass = 'radio'>
<checkboxvalue = " A" color = '#fcbe39'/>{{item. option. a}}
</label>
<labelclass = 'radio'>
<checkboxvalue = " B" color = '#fcbe39'/>{{item. option. b}}
</label>
<labelclass = 'radio'>
<checkboxvalue = " C" color = '#fcbe39'/>{{item. option. c}}
</label>
<labelclass = 'radio'>
<checkboxvalue = " D" color = '#fcbe39'/>{{item. option. d}}
</label>
</checkbox-group>
</block>
…
</scroll-view>
```

运行效果如图 3-68 所示。

在页面中添加一个 slider，学生拖动它可为教师打分。页面中的 textarea 提供给学生对学校的填写意见与建议。最后添加一个提交按钮。运行效果如图 3-69 所示。

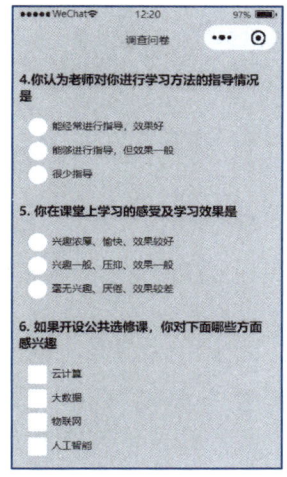

图 3-68　调查问卷多选题目效果

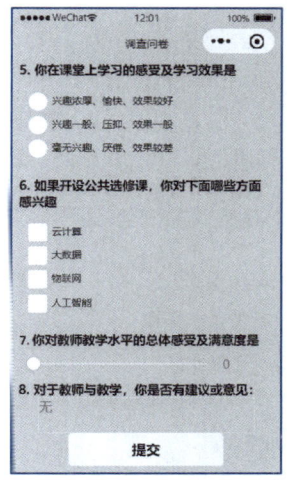

图 3-69　打分、意见与建议、提交按钮

index. wxml 代码如下。

```
...
<!--给教师打分-->
<block wx:for = " { { rating } } " wx:key = " index" >
<view class = 'question'>{ { item. question } }</view>
<view style = " width:90% ;" >
<slider name = " score" min = "0" max = "10" step = "1" block-size = "15" show-value/>
</view>
</block>
<!--意见与建议-->
<view>
<text class = 'question'>8. 对于教师与教学,你是否有建议或意见:</text>
<textarea name = " opinion" value = "" placeholder = "无"/>
</view>
<button size = " default" form-type = " submit">提交</button>
</form>
</scroll-view>
...
```

index. wxss 代码如下。

```
...
textarea{
width:600rpx;
height:100rpx;
margin-top:10rpx;
margin-bottom:10rpx;
```

```
margin:auto;
border:2rpxsolid#eee
}
button{
width:50%;
margin-top:20rpx;
margin:auto;
}
```

4. 表单提交功能的实现

在 index.js 文件中添加按钮提交的事件，实现用户点击提交后，在 console 控制台中可以查看用户提交的数据。

index.js 代码如下。

```
…
onSubmit:function(e){
console.log('form 发生了 submit 事件,携带数据为:',e.detail.value)
}
})
```

任务运行效果如图 3-70 所示。

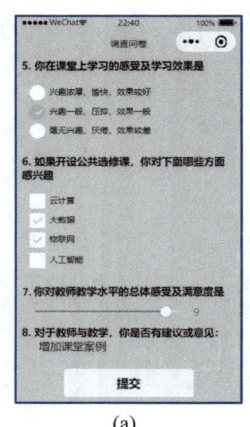

(a)

(b)

图 3-70　任务运行效果及控制台中信息

知识拓展

如需将调查问卷做成多页的形式，可以使用微信小程序中的 swiper 组件来实现左右切换翻页功能。具体代码如下所示。

```
<swiper>
<swiper-item>0</swiper-item>
```

```
<swiper-item>1</swiper-item>
<swiper-item>2</swiper-item>
</swiper>
```

　　注意： swiper 滑块视图容器中只可放置 swiper-item 组件，否则会导致未定义的行为。

　　也可以将预设的页面进行载入。例如我们可以创建 3 个不同的页面 page1、page2、page3，并将它们都存放在 index 文件夹中。这样就可以使用下面的办法实现 3 个页面间的滑动切换。具体代码如下所示。

```
<swiper>
<swiper-item>
<includesrc="/pages/index/page1.wxml"/>
</swiper-item>
<swiper-item>
<includesrc="/pages/index/page2.wxml"/>
</swiper-item>
<swiper-item>
<includesrc="/pages/index/page3.wxml"/>
</swiper-item>
</swiper>
```

　　swiper 的属性如表 3-35 所示。

表 3-35　swiper 的属性

属　　性	类　　型	默认值	是否必填	说　　明
indicator-dots	boolean	false	否	是否显示面板指示点
indicator-color	color	rgba(0,0,0,.3)	否	指示点颜色
indicator-active-color	color	#000000	否	当前选中的指示点颜色
autoplay	boolean	false	否	是否自动切换
current	number	0	否	当前所在滑块的 index
interval	number	5000	否	自动切换时间间隔
duration	number	500	否	滑动动画时长
circular	boolean	false	否	是否采用衔接滑动
vertical	boolean	false	否	滑动方向是否为纵向
previous-margin	string	"0px"	否	前边距，可用于露出前一项的一小部分，接受 px 和 rpx 值
next-margin	string	"0px"	否	后边距，可用于露出后一项的一小部分，接受 px 和 rpx 值
snap-to-edge	boolean	false	否	当 swiper-item 的个数大于或等于 2，关闭 circular 并且开启 previous-margin 或 next-margin 时，可以指定这个边距是否应用到第一个、最后一个元素

续表

属　　性	类　　型	默认值	是否必填	说　　明
display-multiple-items	number	1	否	同时显示的滑块数量
easing-function	string	"default"	否	指定 swiper 切换缓动动画类型
bindchange	eventhandle		否	current 改变时会触发 change 事件，event. detail = {current,source}
bindtransition	eventhandle		否	swiper-item 的位置发生改变时会触发 transition 事件，event. detail = {dx:dx,dy:dy}
bindanimationfinish	eventhandle		否	动画结束时会触发 animationfinish 事件，event. detail 同上
indicator-dots	boolean	false	否	是否显示面板指示点
indicator-color	color	rgba(0,0,0,.3)	否	指示点颜色
indicator-active-color	color	#000000	否	当前选中的指示点颜色
autoplay	boolean	false	否	是否自动切换
current	number	0	否	当前所在滑块的 index
interval	number	5000	否	自动切换时间间隔
duration	number	500	否	滑动动画时长
circular	boolean	false	否	是否采用衔接滑动
vertical	boolean	false	否	滑动方向是否为纵向
previous-margin	string	"0px"	否	前边距，可用于露出前一项的一小部分，接受 px 和 rpx 值
next-margin	string	"0px"	否	后边距，可用于露出后一项的一小部分，接受 px 和 rpx 值
snap-to-edge	boolean	false	否	当 swiper-item 的个数大于或等于 2，关闭 circular 并且开启 previous-margin 或 next-margin 时，可以指定这个边距是否应用到第一个、最后一个元素
display-multiple-items	number	1	否	同时显示的滑块数量
easing-function	string	"default"	否	指定 swiper 切换缓动动画类型
bindchange	eventhandle		否	current 改变时会触发 change 事件，event. detail = {current,source}
bindtransition	eventhandle		否	swiper-item 的位置发生改变时会触发 transition 事件，event. detail = {dx:dx,dy:dy}
bindanimationfinish	eventhandle		否	动画结束时会触发 animationfinish 事件，event. detail 同上

项目实训　微信小程序项目"朋友圈"的设计

项目 3-项目实训

实训目的

① 掌握微信小程序的创建、开发过程；

② 掌握微信小程序中基本组件的功能、属性和用法；

③ 熟悉微信小程序中基础 API 的用法；

④ 能够综合运用所学的知识与掌握的技能，实现微信小程序的设计与开发。

实训内容

在项目 1 与项目 2 的项目实训中，已经完成了微信朋友圈的网页端开发，在本项目中将要运用微信小程序的组件与 API，实现微信小程序中的朋友圈功能。根据微信朋友圈的消息类型，我们将消息分为单图消息、多图消息、无图消息和分享消息，当页面成功获取数据后完成数据渲染，效果如图 3-71 所示。

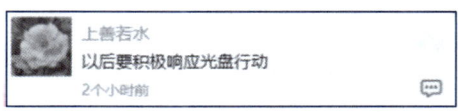

图 3-71　消息分类效果图

本项目主要通过对主体文件进行页面注册和路由配置；通过模块化设计实现点赞和评论内容模块、图片放大模块组件、多张消息图片组件、单张消息图片组件等。具体功能如下。

① 图片放大功能：点击信息的图片，展示放大图片；点击放大展示的图片区域，隐藏放大图片区域，如图 3-72 所示。

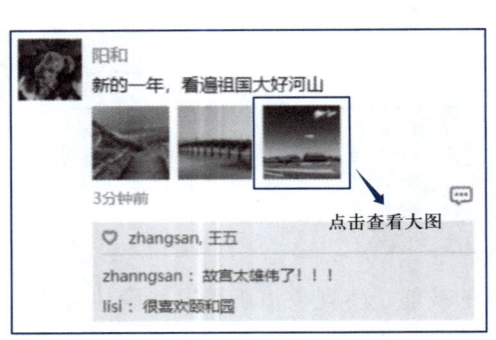

图 3-72　图片放大功能

② 回复按钮功能：点击信息的回复按钮，弹出回复操作面板，同时只能展现一个回复操作面板，如图 3-73 所示。

图 3-73　回复按钮点赞功能

③ 点赞功能：对于未点赞的信息，点击回复按钮，展示点赞按钮；对于已点赞的信息，点击回复按钮后，展示取消点赞的按钮；点击点赞按钮，完成点赞；点击取消按钮，取消点赞，如图 3-73 所示。

④ 增加评论功能：点击回复按钮后，消息下方展现输入框和发送按钮；点击发送按钮后，在信息栏中增加信息，如图 3-74 所示。

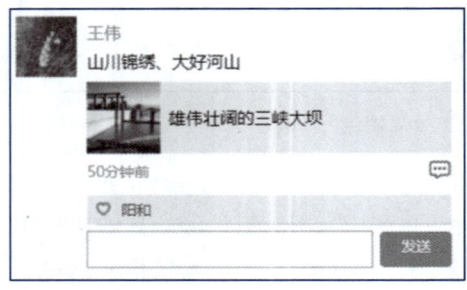
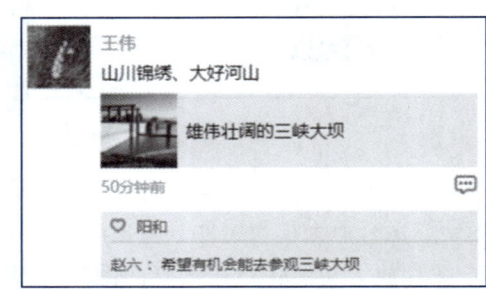

图 3-74　评论功能

问题引导

① 仿照微信客户端，创建多个页面时，如何实现导航栏和多页面的注册与路由？

② 仿照微信客户端，是否能制作发现页面？

③ 创建数据对象，如何根据数据渲染页面？

④ 分析不同消息类型的通用结构，如何在页面展示不同的消息？

⑤ 如何实现点击缩略图即可查看大图功能？

⑥ 如何实现点赞和评论功能？

实训步骤

1. 导航栏与一级页面

首先把图片资源文件夹 images 复制并粘贴到根目录下。微信中底部导航栏共有 4 个标签，分别是微信、通讯录、发现和我。新建 5 个页面文件夹 index、contact、find、me 和 moments。其中 contact 是"通讯录"页面，find 是"发现"页面，me 是"我"页面，moments 用于编写朋友圈页面。

创建项目工程名为 testMoments，项目文件如表 3-36 所示。

表 3-36 项目 3 项目实训文件夹

文件夹	说　　明
pages/index/	首页，导航栏上显示"微信"
pages/contact/	联系人，导航栏上显示"联系人"
pages/find/	发现，导航栏上显示"发现"；由此页第一栏可跳转到朋友圈
pages/me/	我，导航栏上显示"我"
pages/moments/	朋友圈，导航栏上显示"朋友圈"

在 app.json 文件中对导航栏的背景色和文字等进行配置，并且将 tabBar 中 pagePath 页面路径、icon 图片路径进行相应的配置。app.json 代码如下。

```
{
"pages":[
"pages/index/index",
"pages/logs/logs",
"pages/contact/contact",
"pages/find/find",
"pages/me/me",
"pages/moments/moments"
],
```

```
"window":{
"backgroundTextStyle":"light",
"navigationBarBackgroundColor":"#eee",    // 将上方导航栏背景色设置为灰色
"navigationBarTitleText":"Weixin",        // 设置导航栏显示文字为 Weixin
"navigationBarTextStyle":"black"
},
"tabBar":{
"list":[
{
"iconPath":"./images/weixin.png",
"selectedIconPath":"./images/weixinSelect.png",
"pagePath":"pages/index/index",
"text":"微信"
},
{
"iconPath":"./images/contact.png",
"selectedIconPath":"./images/contactSelect.png",
"pagePath":"pages/contact/contact",
"text":"通讯录"
},
{
"iconPath":"./images/find.png",
"selectedIconPath":"./images/findSelect.png",
"pagePath":"pages/find/find",
"text":"发现"
},
{
"iconPath":"./images/me.png",
"selectedIconPath":"./images/meSelect.png",
"pagePath":"pages/me/me",
"text":"我"
}
]
},
"style":"v2",
"sitemapLocation":"sitemap.json"
}
```

　　将首页对应的 index.wxml 中，显示的文字内容变为"我是首页"。通过在 index.js 中，修改相应的变量值来实现。具体代码如下。

```
// index.js
...
Page({
data:{
motto:'我是首页',
...
```

修改 pages 中每个网页的 json 文件，实现切换到不同页面时，上方显示对应页面的名字。index.json 代码如下。

```
{
"navigationBarTitleText":"微信"
}
```

将通讯录页面中 contact.wxml 代码修改，显示"我是通讯录"。代码如下。

```
<!--pages/contact/contact.wxml-->
<viewclass="container">
<text>我是通讯录</text>
</view>
```

contact.json 代码如下。

```
{
"navigationBarTitleText":"通讯录"
}
```

将"我"页面中 me.wxml 代码修改，显示"这是我的界面"。代码如下。

```
<!--pages/me/me.wxml-->
<viewclass="container">
<text>这是我的界面</text>
</view>
```

me.json 代码如下。

```
{
"navigationBarTitleText":"我"
}
```

现在，当点击底部的导航栏时，就会切换不同的页面。运行效果如图 3-75 所示。

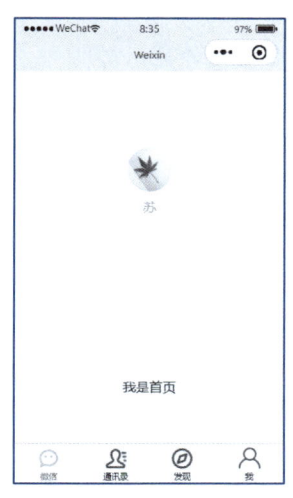

图 3-75　一级页面效果

代码：项目3项目实训
微信朋友圈发现
页制作 find. xwml
和 find. wxss

2. 发现页面的制作

接下来开始"发现"页面的制作。

本页面一共有8栏，每一栏的布局都是相同的，都是由左侧的图片、中间的文字和右侧的向右的箭头组成的。其中，朋友圈这一条目上绑定 bindtap 点击事件。find. xwml 中代码如下。

在 find. js 中，定义点击事件，代码如下。

```
// pages/find/find. js
Page({
data:{},
// 事件处理函数
bindViewTap(){
wx. navigateTo({
url:'../moments/moments'
})
},
})
```

图3-76 发现页面效果

将 find. json 中的代码进行修改，使页面上方显示"发现"字样。点击"朋友圈"可以跳转朋友圈页面。发现页面效果如图3-76所示。

3. 朋友圈页面的实现

朋友圈的页面将分2步完成，分别是相册封面、朋友圈消息。首先进行封面的编写。具体代码如下。

在 moments. js 中声明变量——用户名称 userName。代码如下。

```
// pages/moments/moments. js
Page({
data:{
userName:'赵六'
},
…
```

将相册图片、用户名与用户头像显示在页面的最上方。moments. wxml 代码如下。

```
<!--pages/moments/moments. wxml-->
<viewclass = "container">
<!--封面由背景图片、用户头像与用户名组成-->
<viewclass = "bg">
<imagesrc = "../../images/bg. png" class = "bg"></image>
<view>
<text>{{userName}}</text>
<imagesrc = "../../images/avatar1. png"></image>
```

```
</view>
</view>
</view>
```

moments. xwss 代码如下。

```
/ * pages/moments/moments. wxss * /
. container{
padding:0rpx0;
}
. bg{
width:100%;
height:650rpx;
position:relative;
}
. bgview{
display:flex;
align-items:center;
font-size:28rpx;
position:absolute;
right:0;
bottom:-30rpx;
color:#fff;
}
. bgviewimage{
width:100rpx;
height:100rpx;
margin-left:20rpx;
border:6rpxsolid#fff;
}
```

在 moments. json 中声明导航栏显示的文字内容，代码如下。

```
{
"navigationBarTitleText":"朋友圈"
}
```

程序运行后效果如图 3-77 所示。

接下来制作朋友圈消息。

预计完成的效果如图 3-78 所示。可以看到这 4 条朋友圈消息分别是带多张图片的消息、转发文章的消息、带单图的消息和纯文字的消息。它们的共同特点是都展示发消息的用户头像、用户昵称、消息内容（文字）以及本条消息更新的时间。在开发过程中可以先编写通用部分的代码，然后再根据不同的消息类型，对独特的地方进行单独开发。

图 3-77　朋友圈相册封面效果

首先需要在 moments. js 文件中创建所需页面的数据。imgs、img2 和 img3 是消息中显示图片的路径；contentData 是页面消息数据对象数组，需要对这个数据进行解析，并生成页面；contentData 是一个对象数组，其中每个对象表示一条消息数据的对象。

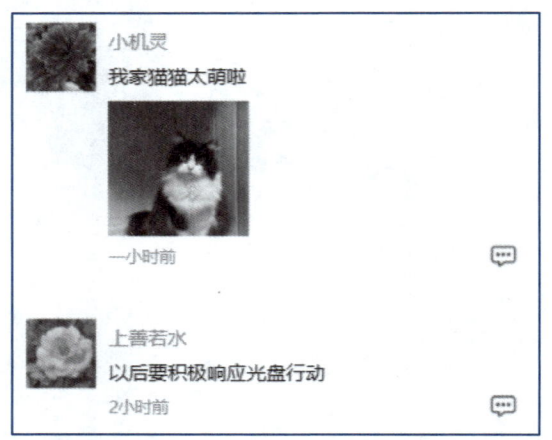

图 3-78 朋友圈消息效果

contentData 每条消息对象的结构如表 3-37 所示。

表 3-37 消息对象的结构

属性名	类　型	描　述
id	Int	消息的编号
isShow	Boolean	是否展现回复操作面板
image	String	用户头像图片存储的路径
contentText	String	朋友圈消息的文本内容
nickName	String	发消息人的用户名
updateTime	String	消息更新了多长时间
likes	String	消息已点赞的用户列表
reply	Obejct	消息相关的评论信息
hasLiked	Boolean	是否对这条消息点赞
isShowBox	Boolean	是否展现评论框
contentType	Number	消息的类型，共有 4 种值（0 代表多图片消息、1 代表分享信息、2 代表单图片消息、3 代表无图片消息）

其中 reply 对象的组成结构如表 3-38 所示。

表 3-38 消息对象的结构

属 性 名	类 型	描 述
name	String	消息评论的用户名称
content	String	消息评论的文本内容

首先将要在页面上显示的内容在 moments.js 中准备好（这里将朋友圈点赞和评论部分数据一并写好）。相关代码如下。

```javascript
data:{
…
imgs:['../../images/reward1.png', '../../images/reward2.png', '../../images/reward3.png'],
img2:"../../images/reward4.png",
img3:"http://127.0.0.1:3000/mao.jpg",
contentData:[{
        id:1,
        isShow:false,              // 点赞和评论显示框
        image:'../../images/avatar2.png',
        contentText:"新的一年,看遍祖国大好河山",
        nickName:"阳和",
        updateTime:"3 分钟前",      // 更新时间
        likes:"zhangsan, 王五",     // 点赞人
        reply:[{
                name:"zhanngsan",
                content:"故宫太雄伟了!!!"
            },
            {
                name:"lisi",
                content:"很喜欢颐和园"
            },
        ],
        hasLiked:true,             // 点赞状态
        isShowBox:false,           // 输入框显示状态
        contentType:0,             // 内容类型
    },{
        id:2,
        isShow:false,              // 点赞和评论显示框
        image:'../../images/avatar3.png',
        contentText:"山川锦绣、大好河山",
        nickName:"王伟",
        updateTime:"50 分钟前",     // 更新时间
        likes:"阳和",              // 点赞人
        reply:[],
        hasLiked:true,             // 点赞状态
        isShowBox:false,           // 输入框显示状态
        contentType:1,             // 内容类型
    },{
```

```
            id: 3,
            isShow: false,                 // 点赞和评论显示框
            image: '../../images/avatar4.png',
            contentText: "我家猫猫太萌啦",
            nickName: "小机灵",
            updateTime: "一小时前",          // 更新时间
            likes: "",                     // 点赞人
            reply: [],
            hasLiked: true,                // 点赞状态
            isShowBox: false,              // 输入框显示状态
            contentType: 2,                // 内容类型
        },
        {
            id: 4,
            isShow: false,                 // 点赞和评论显示框
            image: '../../images/avatar5.png',
            contentText: "以后要积极响应光盘行动",
            nickName: "上善若水",
            updateTime: "2小时前",          // 更新时间
            likes: "",                     // 点赞人
            reply: [],
            hasLiked: true,                // 点赞状态
            isShowBox: false,              // 输入框显示状态
            contentType: 3,                // 内容类型
        }
    ]
},
...
```

接下来将朋友圈消息渲染到页面上，moments.wxml 中相关代码如下。

```
...
<view class="content" wx:for="{{contentData}}" wx:key="id">
<!--显示用户头像、用户昵称和朋友圈消息文字-->
<view>
<image src="{{item.image}}" class="toux"></image>
<view>
<view class="title">{{item.nickName}}</view>
<view>{{item.contentText}}</view>
<!--显示多图片消息(消息 type 为 0,本地图片)-->
<view class="content_img" wx:if="{{item.contentType==0}}">
<image src="{{item}}" wx:for="{{imgs}}" wx:key="index" data-img="{{item}}"></image>
</view>
<!--显示分享消息(消息 type 为 1,显示效果包括转发文章缩略图和标题)-->
<view class="content_img bgccc" wx:if="{{item.contentType==1}}">
<image src="{{img2}}"></image>
<text>漂洋过海来看你</text>
</view>
```

```
<!--显示单图片消息(消息 type 为 2,网络图片)-->
<viewclass = " content_imgimgsize" wx:if = " {{item. contentType = = 2}}" >
<imagesrc = " {{img3}}" ></image>
</view>
<!--朋友圈消息更新时间-->
<viewclass = " dh" >
<text>{{item. updateTime}}</text>
</view>
</view>
</view>
</view>
…
```

页面样式文件 moments. wxss 相关代码如下。

```
…
. content{
padding:50rpx20rpx0;
font-size:28rpx;
width:100%;
box-sizing:border-box;
}
. content>view{
display:flex;
width:100%;
}
. content>view>view{
width:82%;
}
. content_img{
margin-top:18rpx;
display:flex;
align-items:center;
}
. content_imgimage{
width:120rpx;
height:120rpx;
margin-right:14rpx;
}
. toux{
width:100rpx;
height:100rpx;
margin-right:18rpx;
}
. title{
color:rgb(91,158,245);
margin-bottom:12rpx;
padding-top:8rpx;
```

```
}
.bgccc{
background:#eee;
}

.imgsizeimage{
width:200rpx;
height:200rpx;
}
.dh{
width:100%;
display:flex;
align-items:center;
justify-content:space-between;
padding-top:10rpx;
font-size:24rpx;
color:#999;
position:relative;
}
.dhimage{
width:40rpx;
height:40rpx;
margin-bottom:-5rpx;
}
}
```

4. 点击图片查看大图

接下来，我们将实现点击消息中的图片查看大图的功能。本功能实现相对简单，只需定义好查看大图的事件 showPopup，然后在 .wxml 文件中对相应的控件使用 bindtap 绑定点击事件即可。

在本项目中，多图的朋友圈消息使用的图片为本地图片，单图的朋友圈消息图片为网络图片。由于微信预览图片的 API（wx.previewImage()）预览本地图片会出现一直无法加载的情况，所以本案例中使用了两种方法实现图片的预览。对于本地图片，自行编写 showPopup()方法，通过点击图片触发该方法，并将预览的图片路径传递给 showPopup()方法，然后传递给 .wxml 文件中的 view 控件，以显示大图。对于网络图片，直接使用微信预览图片的 wx.previewImage()方法查看大图。

moments.js 相关代码如下。

```
...
data:{
...
imgUrl:"",
showImg:false,
...
```

```
showPopup(event){                          // 用于多图朋友圈消息的图片预览
this. setData({
showImg:true,
imgUrl:event. currentTarget. dataset. img   // 获取当前点击的图片路径
});
},
onClose(){                                 // 用于关闭预览窗口
this. setData({showImg:false});
},
showPopup3(event){                         // 用于单图朋友圈消息的图片预览
wx. previewImage({                         // 使用微信 API 接口
current:"",                                // 当前显示图片的 http 链接
urls:[event. currentTarget. dataset. img]  // 需要预览的图片 http 链接列表
})
},
…
```

设置好点击事件后，将 moments. wxml 中代码做如下改动。

```
…
<!--显示多图片消息(消息 type 为 0,本地图片)-->
<viewclass="content_img" wx:if="{{item. contentType==0}}">
<!--为图片添加点击事件,并且定义传递的数据-->
<imagesrc="{{item}}" wx:for="{{imgs}}" wx:key="index" bindtap="showPopup" data-img="{{item}}">
</image>
</view>
<!--预览窗口,根据 showImg 的值来显示与隐藏-->
<viewclass="dialog" wx:if="{{showImg}}" bindtap="onClose">
<imagemode="aspectFit" src="{{imgUrl}}" bindtap="onClose"></image>
</view>
…
<!--显示单图片消息(消息 type 为 2,网络图片)-->
<viewclass="content_imgimgsize" wx:if="{{item. contentType==2}}">
<!--为图片添加点击事件,并且定义传递的数据-->
<imagesrc="{{img3}}" bindtap="showPopup3" data-img="{{img3}}"></image>
</view>
…
```

在页面样式中添加相应的样式。moments. wxss 中添加的样式代码如下。

```
…
. dialog{
width:100%;
height:100%;
position:absolute;
top:0;
left:0;
background-color:rgba(0,0,0,0.7);
display:flex;
```

```
justify-content:center;
align-items:center;
}
```

运行代码，点击朋友圈消息中的缩略图片即可全屏查看大图，效果如图 3-79 所示。

5. 点赞与评论功能的实现

最后，将要完成的是点赞与评论的功能。首先在朋友圈消息的右下方添加一个消息的标志，在点击此标志后会弹出含有点赞和评论按钮的回复操作面板。点击"赞"后，自己的用户名会出现在朋友圈消息下方，如图 3-80 所示。

图 3-79　点击图片查看大图效果

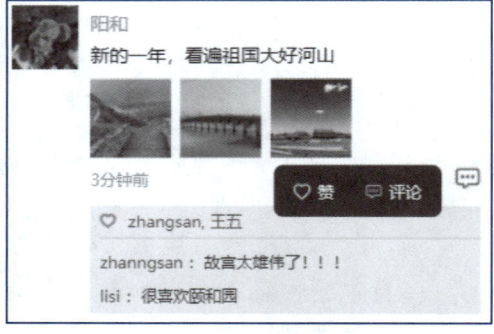

图 3-80　回复操作面板

代码：项目3项目实训 微信朋友圈点赞与评论功能

在 moments.js 中，我们将定义事件函数来控制点赞、评论的显示以及功能实现。当需要显示回复操作面板时调用 changeShow() 方法；点赞和取消点赞时调用 changeZan() 方法；发布评论时调用 addReply() 方法。相关代码如下。

完成后，运行代码，用户可以点击评论标志打开回复操作面板；可以点赞和取消点赞；也可以点击评论按钮，发表评论，效果如图 3-81 所示。

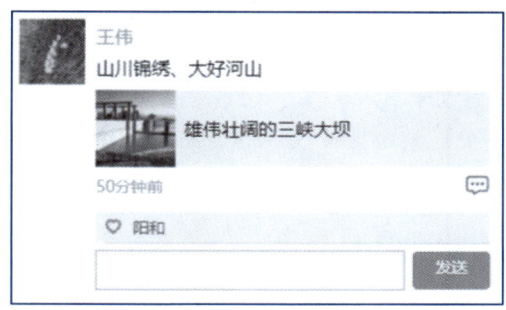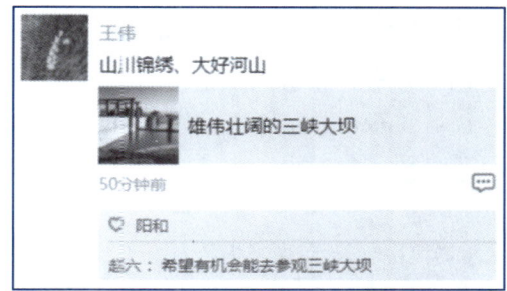

图 3-81　点赞、评论效果

项目总结

　　本项目需要学生综合运用所学知识与技能，在微信小程序平台上开发一款朋友圈程序。通过完成本项目，学生将能够掌握小程序常用组件的应用，能够实现基本交互逻辑的开发，能够利用 API 来实现项目中的特定功能，学会解决开发过程中常见的问题。

　　本项目训练的重点：小程序常用组件的操作与应用、事件逻辑的设计、数据的渲染与传递。

　　本项目实现的方法：将微信朋友圈按照功能及 UI 界面进行分解，分别实现页面布局的结构与样式和对应的功能组件。

　　本项目在实施中的注意事项：

　　① 创建页面时注意页面名需要与文件夹名一致，并在全局文件 app.js 中注册新建的页面；

　　② 由于页面渲染需要数据，因此需要合理设计页面数据结构；

　　③ 定义事件函数时需要注意数据传递的方式、数据类型等；

　　④ 在完成任务的同时注意代码的编写规范，添加必要的注释，培养良好的代码编写习惯。

课后练习

一、填空题

（1）小程序中，对全局样式进行配置的文件是_____。

（2）小程序的_____相当于小程序平台的一个身份证。

（3）app.json 文件中的_____字段是用于描述当前小程序所有页面路径，这是为了让微信客户端知道当前小程序页面定义在哪个目录。

（4）小程序中数据绑定使用_____将变量包起来。

（5）button 组件的 form-type 属性合法值有 2 个，其中提交表单的合法值是_____。

二、选择题

（1）下列关于微信小程序组件属性的说法中，错误的是（　　　）。

A. text 的 space 属性不是必填的属性

B. id 属性是组件的唯一标识

C. radio 的 checked 属性表示控件当前是否被选中

D. icon 的 type 属性不是必填的属性

（2）（　　　）属性可以指定小程序的默认启动路径。

A. entryPagePath   B. tabBar

C. navigationStyle   D. pageOrientation

（3）下列关于 WXML 语法的说法中，错误的是（　　　）。

A. 在组件上使用 wx:for 控制属性绑定一个数组，即可使用数组中各项的数据重复渲染该组件

B. 如果列表中项目的位置会动态改变或者有新的项目添加到列表中，并且希望列表中的项目保持自己的特征和状态，需要使用 wx:id 来指定列表中项目的唯一的标识符

C. 在框架中，使用 wx:if="" 来判断是否需要渲染该代码块

D. import 可以在该文件中使用目标文件定义的 template

（4）下列（　　　）数据格式不能是 JSON 的值。

A. 数组   B. 函数   C. 字符串   D. 对象

（5）存有小程序公共样式的是（　　　）文件。

A. app.js   B. app.json

C. app.wxss   D. project.config.json

（6）关于 scroll-view 组件，下列属性中允许纵向滚动的是（　　　）。

A. scroll-x   B. scroll-y

C. scroll-top   D. scroll-left

（7）下列中不属于 button 的 type 属性的合法取值是（　　　）。

A. warn   B. primary   C. mini   D. default

三、判断题

（1）微信小程序开发过程中只需要考虑如何兼容不同的浏览器。   （　　　）

（2）小程序开发需要使用微信的开发者工具进行开发。   （　　　）

（3）完成小程序开发后，无须提交代码至微信团队审核即可发布。　　　　（　　　）

四、思考题

（1）请简单说明小程序的开发流程的各个步骤。

（2）请简单说明如何在朋友圈项目中实现点击图片放大效果。

郑重声明

高等教育出版社依法对本书享有专有出版权。任何未经许可的复制、销售行为均违反《中华人民共和国著作权法》,其行为人将承担相应的民事责任和行政责任;构成犯罪的,将被依法追究刑事责任。为了维护市场秩序,保护读者的合法权益,避免读者误用盗版书造成不良后果,我社将配合行政执法部门和司法机关对违法犯罪的单位和个人进行严厉打击。社会各界人士如发现上述侵权行为,希望及时举报,我社将奖励举报有功人员。

反盗版举报电话　（010）58581999　58582371

反盗版举报邮箱　dd@ hep.com.cn

通信地址　北京市西城区德外大街4号

　　　　　高等教育出版社知识产权与法律事务部

邮政编码　100120

读者意见反馈

为收集对教材的意见建议,进一步完善教材编写并做好服务工作,读者可将对本教材的意见建议通过如下渠道反馈至我社。

咨询电话　400-810-0598

反馈邮箱　gjdzfwb@ pub.hep.cn

通信地址　北京市朝阳区惠新东街4号富盛大厦1座

　　　　　高等教育出版社总编辑办公室

邮政编码　100029

资源服务提示

授课教师如需获得本书配套的 PPT 课件、教学设计、习题答案等教学资源,请登录"高等教育出版社产品信息检索系统"（xuanshu.hep.com.cn）搜索下载,首次使用本系统的用户,请先进行注册并完成教师资格认证。